国外油气勘探开发新进展丛书（十四）

非常规页岩气有效开发

[英] William E. Hefley　Yongsheng Wang　主编

向建华　陈　艳　译

石油工业出版社

内 容 提 要

本文在介绍美国页岩气开发快速发展、页岩气建井及成本等状况的基础上，以宾夕法尼亚州、得克萨斯州为例，调研了页岩气开发对当地的经济影响；评估了页岩气开发对各种社会指标，包括住房、医疗、教育、犯罪以及居民对他们社区的看法；研究指出了各级法律和监管机构在页岩气开发中扮演的重要作用；分析了发电、运输和制造业等行业会受到的页岩气开发的直接影响；最后概述了包括经济、社会人口、环境和管理等各个方面的影响，表明平衡这些影响来进行开发的重要性，并提出了值得未来探索的主题。

本书适合从事页岩气开发的管理人员、技术人员以及政府相关职能部门的管理人员阅读参考。

图书在版编目（CIP）数据

非常规页岩气有效开发 /（英）威廉 E. 赫夫利，王永生主编；
向建华，陈艳译 . —北京：石油工业出版社，2018.1
（国外油气勘探开发新进展丛书 . 十四）
书名原文：Economics of Unconventional Shale Gas Development
ISBN 978-7-5183-2362-3

Ⅰ . ①非… Ⅱ . ①威…②王…③向… Ⅲ . ①油页岩
－油气田开发 Ⅳ . ① P618.130.8

中国版本图书馆 CIP 数据核字（2017）第 316271 号

Translation from English language edition:
Economics of Unconventional Shale Gas Development
by William E. Hefley and Yongsheng Wang
Copyright © 2015 Springer International Publishing AG
Springer International Publishing is a part of Springer Science + Business
Media All Rights Reserved

本书经 Springer 授权石油工业出版社有限公司翻译出版。版权所有，侵权必究。
北京市版权局著作权合同登记号：01-2015-8482

出版发行：石油工业出版社
　　　　　（北京安定门外安华里 2 区 1 号楼　100011）
　　　　　网　址：www.petropub.com
　　　　　编辑部：(010) 64523562　图书营销中心：(010) 64523633
经　　销：全国新华书店
印　　刷：北京中石油彩色印刷有限责任公司

2018 年 1 月第 1 版　2018 年 1 月第 1 次印刷
787×1092 毫米　开本：1/16　印张：13.5
字数：320 千字

定价：76.00 元
（如发现印装质量问题，我社图书营销中心负责调换）

序

为了及时学习国外油气勘探开发新理论、新技术和新工艺，推动中国石油上游业务技术进步，本着先进、实用、有效的原则，中国石油勘探与生产分公司和石油工业出版社组织多方力量，对国外著名出版社和知名学者最新出版的、代表最先进理论和技术水平的著作进行了引进，并翻译和出版。

从2001年起，在跟踪国外油气勘探、开发最新理论新技术发展和最新出版动态基础上，从生产需求出发，通过优中选优已经翻译出版了13辑70多本专著。在这套系列丛书中，有些代表了某一专业的最先进理论和技术水平，有些非常具有实用性，也是生产中所亟须。这些译著发行后，得到了企业和科研院校广大科研管理人员和师生的欢迎，并在实用中发挥了重要作用，达到了促进生产、更新知识、提高业务水平的目的。部分石油单位统一购买并配发到了相关技术人员的手中。同时中国石油天然气集团公司也筛选了部分适合基层员工学习参考的图书，列入"千万图书下基层，百万员工品书香"书目，配发到中国石油所属的 4 万余个基层队站。该套系列丛书也获得了我国出版界的认可，三次获得了中国出版工作者协会的"引进版科技类优秀图书奖"，形成了规模品牌，获得了很好的社会效益。

2016年，在前13辑出版的基础上，经过多次调研、筛选，又推选出了国外最新出版的 6 本专著，即《实用油藏工程（第三版）》《石油工程师指南———油田化学品与流体》《水力压裂解释———评估、实施和挑战》《管通完整性手册———风险管理与评估》《非常规页岩气有效开发》《油井生产手册》，以飨读者。

在本套丛书的引进、翻译和出版过程中，中国石油勘探与生产分公司和石油工业出版社组织了一批著名专家、教授和有丰富实践经验的工程技术人员担任翻译和审校工作，使得该套丛书能以较高的质量和效率翻译出版，并和广大读者见面。

希望该套丛书在相关企业、科研单位、院校的生产和科研中发挥应有的作用。

中国石油天然气集团公司副总经理

译者前言

美国的页岩气开发已取得了巨大的成功。我国的页岩气开发起步较晚，但经过国家重大专项在"十一五"及"十二五"期间的持续技术攻关后，已在资源评价及工程技术方面取得持续突破，解决了页岩气井的单井产能太小的问题。2016年，我国页岩气开发进入规模上产阶段，仅四川盆地预测可建年产能800亿立方米，国际、国内知名技术服务公司、钻井公司纷纷入川，大批钻井工作量即将铺开，大量从事油气开发的科研、生产以及管理人员投入到页岩气开发事业中，越来越多的人将直接或间接的与页岩气开发联系在一起。页岩气开发会对社会经济产生何等影响？页岩气开发会如何影响居民的生产生活？页岩气政策对页岩气开发又会产生什么影响？能否实现页岩气开发的和谐可持续发展？这些问题正日益受到人们的关注。

本书主要作者Willian E.Hefley和Shaun M.Seydor曾经于2011年出版专著《The Economic Impact of the Value Chain of a Marcellus Shale Well》，他们长期关注页岩气开发的经济影响，本书相对以前的文献，内容更全面、更深入，特别是对页岩气开发的间接影响的研究涉及更多，对今后的研究方向也进行了认真的思考。这些认识和思考，可以为我国的页岩气开发事业提供参考。

本书适合从事页岩气开发的管理人员、技术人员，政府相关职能部门的管理人员阅读。

在翻译过程中，得到了中国石油西南油气田分公司工程技术研究院部分领导、专家的支持与帮助，在此表示感谢。

本书涉及学科、专业十分广泛，由于水平有限，书中难免存在翻译失误。欢迎读者批评指正或交流，联系信箱：273484392@qq.com。

自然资源管理与政策

编辑：

David Zilberman

美国加利福尼亚州伯克利市

加利福尼亚大学伯克利分校农业与资源经济学系

Renan Goetz

西班牙赫罗纳大学经济系

Alberto Garrido

西班牙马德里技术大学农业经济与社会科学系

编辑申明：

人们越来越认识到自然资源，例如水、土地、森林和环境设施在我们生活中的作用。现在有许多利用自然资源的竞争，而社会面临的挑战正是管理好它们以改善社会福利。而且，对于自然资源的管理不善也会产生可怕的后果。可再生资源，比如水、土地和环境是相关联的，针对其中一个做出的决策可能会影响其他资源。现在对于自然资源的政策和管理需要用跨学科的方法，包括自然科学和社会科学，以真正满足我们的社会需求。

本丛书提供了许多最新的关于可再生生物资源在经济、管理和政策方面的研究成果，比如水、土地、农作物保护、可持续农业、技术和环境健康等。它融合了现代经济学和管理学的思想和技术。本系列书籍将把自然现象的知识和模型与经济学和管理决策框架结合起来，以评估关于自然资源和环境管理方面的比较选择方案。

编　辑

关于本丛书的更多信息详见

http://www.springer.com/series/6360

William E. Hefley . Yongsheng Wang

原书前言

William E. Hefley, Megan K. Kiniry, Yongsheng Wang

[摘 要] 美国的页岩气开发，是在现有的一定天然气储量基础上，结合水平钻井和水力压裂技术的应用，使得对这些资源的开发在经济上可行，从而改变了美国关于能源问题的认识。因为这一新的进展，美国的能源投资格局发生了显著变化。在未来几年内，天然气的重要性可能会更加显著，并预计将进一步增加环境方面的考虑，如温室气体排放等。

一、新兴非常规页岩气开发的重要性

水平钻井和水力压裂技术的进步，使得美国对页岩油气资源的开发变得经济可行，显著地改变了现有的能源格局。随着廉价天然气的供应，相关行业已开始在那些新的低成本的能源资源地附近建设工厂，在这些地区开始形成新的供应链和产业。这一新的发展提升了美国制造业的竞争力，并刺激了出口。在未来几年内，天然气的重要性可能会更加显著，并预计将会进一步增加如温室气体排放等环境方面的考虑（麻省理工学院能源倡议，2011）。

利用水平钻井和水力压裂技术，从诸如 Marcellus 这样的页岩储层开采天然气，正使美国从天然气的净进口国转变成天然气净生产国（天然气周刊，2010 年 7 月 19 日）。事实上，据研究估计，仅 Marcellus 页岩的可采储量就超过 $489 \times 10^{12} ft^3$，为世界第二大储量，仅次于卡塔尔和伊朗境内的南帕尔斯（South Pars）气田（Engelder，2009）。Marcellus 页岩储层分布面积为 $95000 milc^2$，位于纽约州、宾夕法尼亚州、西弗吉尼亚州、俄亥俄州、马里兰州和弗吉尼亚州境内，这个巨大的天然气矿藏实际上已靠近大西洋中部和美国东北部的人口中心地带。目前，日需求量超过 $160 \times 10^8 ft^3$ 天然气的现有市场和潜在市场的天然气，就来源于这个半径为 200mile 的 Marcellus 页岩气藏。

近年来，宾夕法尼亚州 Marcellus 页岩的钻井活动日益活跃。图 1 显示了在 2004—2013 年期间，宾夕法尼亚州许可和完钻的非常规井的数量。预测表明，到 2030 年宾夕法尼亚州 Marcellus 页岩气井的数量将多达 60000 口（Hopey，2011）。

由于有更多的钻机可完钻更多的新井，并且缩短了建井周期（即钻机可以钻更多的井，

作者简介：
William E. Hefley（威廉 E. 赫夫利）
美国宾夕法尼亚州 15260，匹兹堡；匹兹堡大学约瑟夫 M. 卡茨商学院和匹兹堡大学工商管理学院；e-mail：wehefley@katz.pitt.edu。
Megan K. Kiniry（梅根 K. 金尼）
美国宾夕法尼亚州 15260，匹兹堡；匹兹堡大学工商管理学院；e-mail：wehefley@katz.pitt.edu。
Yongsheng Wang（王永生）
美国宾夕法尼亚州 15301，华盛顿林肯大街南 60 号，华盛顿和杰佛逊学院经济和商业系，e-mail：ywang@washjeff.edu。
@ Springer 国际出版瑞士 2015
William E. Hefley，Yongsheng Wang（主编），非常规页岩气有效开发，自然资源管理和政策 45
DOI 10.1007/978-3-319-11499-6_1.

从而加快了天然气销售的周期），预计页岩气的实际产量会比先前估计的要高（Pursell，2010）。2011 年上半年，宾夕法尼亚州有 1600 多口 Marcellus 页岩气井在生产，共计生产了 4320×10⁸ft³ 的天然气（Olson，2011）。仅宾夕法尼亚州西南部的 Marcellus 页岩，包括 Allegheny 县、Armstrong 县、Beaver 县、Butler 县、Fayette 县、Greene 县、Washington 县和 Westmoreland 县，在 2011 年上半年产量就增长了 55%，达 1270×10⁸ft³（Litvak，2011）。

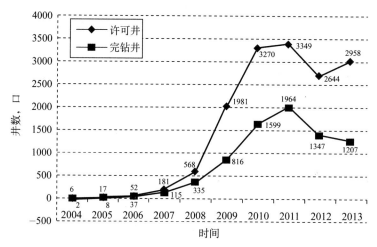

图 1　宾夕法尼亚州许可和完钻的非常规气井数

资料来源：宾夕法尼亚州环境保护部石油和天然气管理局的《石油和天然气报告》
（http：//www.portal.state.pa.us/portal/server.pc/comunity/oil-and-gas-reports/20297）

美国天然气工业的这些技术创新，对增加国内生产、就业、政府财政收入等方面带来了新的机遇，也节省了从他国购买能源的数百万美元的成本。特别是"页岩气"的生产已经非常普遍，在美国全境快速扩张并遍及全球。不仅是美国，其他许多国家也希望通过发展页岩气来减少对进口天然气的依赖。2014 年，英国政府计划为陆上页岩气勘探颁布许可（Williams，2014）。这些技术在页岩气勘探和生产上的应用，导致环境和社会经济格局的迅速转型，并将持续不断发展。因此，利益相关方必须要应对非常规页岩气开发在这些创新应用上所带来的冲击和挑战。

"页岩"一词在各类新闻中频繁报道。然而宣传并没有成效，因为美国有 50% 的受访者由于没有水力压裂方面的知识而根本没有在意，60% 的受访者对这个问题不感兴趣（Boudet，2014）。没有接受过专业教育的公众无法参与到这个国家增长机遇的建设，因此以下研究为人们认识和了解页岩气架起了桥梁。

采矿业之前已做过勘探和生产方面的经济影响研究。如 Black 等（2005）发现，早些时候煤炭产业的繁荣促进了非煤炭产业的经济增长，而随后煤炭产业的萧条则使该地区非煤炭产业的经济增长放缓。

如图 1 所示，宾夕法尼亚州 Marcellus 页岩从 10 多年前的第一口井开钻以来，气井数量已有大幅增长。随着 Marcellus 气井数量的持续增长，人们对这一行业的认识和理解也不断深入（不论是积极的影响还是潜在的负面影响）。已有许多评价 Marcellus 页岩开发对经济影响的研究，其中有几项研究致力于 Marcellus 页岩钻井的经济影响（Considine，2010；Considine 等，2010；Barth，2010；Higginbotham 等，2010；Perryman 集团，2008），还有其他对环境和社会方面影响的研究（Sample 和 Price，2011；Ubinger 等，2010；美国能源部，2009）。

除了 Marcellus 页岩气开发的直接支出所产生的影响外，Hefley 和 Seydor 在第 2 章将进一步讨论这些支出导致的额外经济影响。Kay 认为，这些影响可能交织在一起，有些影响会占据主导地位，而其他影响则不一定（Kay，2011）。这些影响遍及 Marcellus 页岩井的整个供应链和价值链，正如 Marcellus 页岩联盟的前主席兼执行董事 Kathryn Klaber 的描述，经济影响不仅仅是来自于钻井和勘探。在匹兹堡邮报的采访中（Gannon，2010），她说："只要有天然气公司存在，它的影响就不会停止。律师事务所、会计师事务所、小镇杂货店和干洗店的老板都开始意识到，在这个地区只要有钻探工作在开展，则在这整个供应链中都会有业务、有商机。"

这些附加影响包括间接影响和派生影响。

间接影响是在价值链网络中由行业本身的经济活动所产生的额外的经济活动；而派生影响是由直接影响和间接影响的经济活动所导致的，对其他所有与生产无关的企业和家庭的额外经济活动。Considine（2010）在他为美国石油学会的经济影响分析中，进一步阐述了 Marcellus 页岩经济活动的这些连锁反应的例子：

> 例如，钻井公司雇佣货运公司运输管线、水和其他材料到井场；货运公司必须购买燃料和其他物资以提供运输服务，还要雇佣司机驾驶卡车；卡车供应商则需要从其他公司获取物资和服务，如维修店、配件零售商和其他供应商。如此一来，Marcellus 的投资在整个经济中形成了一个 B2B 的消费链，这些经济影响被称为间接影响。当司机出门去消费，这个消费就会激发另一个类似的连锁反应，称为派生影响。例如，司机把他最近的收入花在钓鱼和打猎上，这就拉动了当地的渔具和猎具商店、便利店和其他公司。

非常规页岩气开发的发展是机遇与挑战并存。2014 年，环境法研究所以及华盛顿和杰佛逊大学对宾夕法尼亚州西南部页岩气开发的一项研究表明：

> 该行业创造了就业机会，给一些业主带来了财富，并且在州的影响费通过后，会给当地政府提供一项新的税收来源。但同时，这些资源的快速开发给联邦地方政府的管理和规划带来一系列问题，包括对社会经济、健康、环境和经济影响等因素的考虑（环境法研究所，华盛顿和杰佛逊大学，2014）。

通过培训可以促进利益相关者对页岩气开发目前的发展和未来的长远规划作出更明智的决策，但这仍然还有许多方面的问题。农民关心他们有机作物的生长状况，居民关心他们的家园和城市，其他人担忧水和其他可能的环境问题，例如来自钻井、水力压裂和开采过程中的污染（Kretschmann，2014；Crompton，2013；Mufson，2014；Beaver，2014）。

如果管理成功，可以减少对国外资源的依赖，减少污染，并加强经济建设。平衡的政策会对页岩气地区提供一个可持续的发展。关键是要说服各方坐下来，抱着开放的态度讨论并寻求解决的方案。很显然，如果没有传统矿物燃料资源直接或间接的支持，现有技术不可能满足我们所有汽车的燃料供应，也不可能百分之百的用可再生能源给所有家庭供电。根据美国能源信息署（EIA）的报道，事实上，2013年可再生能源的消耗量在所有能源消耗量中不到10%，80%以上的能源仍由矿物燃料提供。❶ 要改变一个国家的能源结构，即使没有技术上的障碍，也需要花费大量的时间。不用说我们都明白：风不是一直都在吹；并不是所有的州都如佛罗里达州和亚利桑那州那样阳光明媚；可以种植具有工业级别的农作物来制作生物燃料的土地是有限的；原子能的建设周期太长。那么，我们如何才能从矿物燃料向可再生新能源过渡呢？而页岩气由于拥有大量的储量，可以作为过渡燃料的来源。天然气比其他煤和石油等矿物燃料的碳排放量更少。在没有风和多云的时候，它可以使风力发电厂和太阳能发电厂持续运行；它可以代替石油气给车辆加气；它也可以代替煤用于发电。这些能源的变化将转变经济结构，为此需要在政策和资源方面为页岩气开发相关劳动力的转移及培训做好准备。

水力压裂和水平钻井技术使得从页岩中开采石油和天然气具有商业价值。增加的产量可担负起国家的能源供应，已被证实是有效的增产技术。没有这些先进技术，估计在5年内美国会减少45%的国内天然气产量和17%的石油产量（美国石油学会，2014）。通过水力钻井技术的广泛应用，美国已成为主要的天然气生产国，预计到2020年将成为最主要的石油生产国（Smith，2013）。根据美国制造商协会预测，通过这项技术的应用，到2020年可提供60多万个就业岗位，到2025年将增加到100万个。2012年，非常规石油和天然气的开发主要来自于页岩，提供了170万个工作岗位，其中非常规天然气的开发带来了90万个工作岗位。预计到2035年，由非常规天然气的开发而增加的工作岗位将达到200多万个（HIS，2012）。美国化学理事会决定将乙烷（一种来自页岩气的液体）的供应量增加25%，这样就能够增加更多的就业机会，给联邦、州和地方政府带来数十亿美元的税收收入，并刺激数十亿美元的资本投资。IHS环球透视预测，在2012—2015年期间，页岩气资源开发每年将增加926美元的家庭可支配收入，到2035年将增加到2000美元。

这些成效主要源于水平井结合"水力压裂"工艺的大规模使用，这个过程要用到水、砂和化学物质的混合物（被称为泵送液体），这些液体被高压注入，通过井筒向下直达距离地表10000ft以下的页岩储层。密闭的高压环境使地下岩层破裂，裂缝因加砂压裂液的充填而持续张开，让天然气从页岩中流出。化学添加剂有助于石油和天然气的流出。混合液中化学物质的含量不到1%，压裂液和砂占99%以上。大约需要200辆油罐车，运输100多万加仑的水用于压裂。2010年，美国环保署估计美国每年要使用 $700 \times 10^8 \sim 1400 \times 10^8 gal$ 的水用于35000口井的压裂作业（土方工程，2011）。水力压裂需要的水量巨大，有能力支持40~80个拥有5000人口城市的年耗水量。（FracFocus，2010）。考虑到水力压裂对环境的影响，提出了压裂液回收利用的工艺。Marcellus页岩就有压裂液回收再利用的例子，返排到地面的压裂液被回收并在新井中再利用。返排和生产的水在进行处理和回收利用之前，

❶ 美国能源信息署，http：//www.eia.gov/beta/MER/index.cfm?tbl=T01.03#/?f=A（2014年7月30日检索）。

通常存储在蓄水池或坑中。返排液的循环利用减少了对淡水的需求和对废水的处理。

在过去 10 年中，水力压裂和水平钻井技术的应用掀起了全国对页岩气开发的热潮，并为新的区块带来大规模的天然气开采（土方工程，2011）。这项技术也仍在老井开采中继续使用，专家预测未来 10 年美国所钻的 60%～80% 的气井中，仍将需要水力压裂来维持开采（FracFocus，2010）。

宾夕法尼亚州的 Marcellus 页岩气井普遍采用这些技术，并在近几年来快速增长。在 2005—2007 年期间，宾夕法尼亚州完钻了 161 口井；2008 年完钻了 332 口井，比之前增加了一倍多；2009 年达到 816 口，几乎又翻了一番；2010 年，Marcellus 气井数达到 1599 口，数量再翻了一番（DEP，2014）。在 2011 年早些时候，宾夕法尼亚州环境保护部数据显示，Marcellus 页岩气田已经完钻了 2773 口井，已经签发了大约 7500 个许可证，预计 2030 年宾夕法尼亚州将有多达 60000 口 Marcellus 气井（Hopey，2011）。由于有更多的钻机可完钻更多的新井，并且缩短了建井周期（即钻机可以钻更多的井，从而加快了天然气销售的周期），预计页岩气的实际产量会比先前估计的要高（Pursell，2010）。到 2014 年上半年，宾夕法尼亚州已有 7600 多口 Marcellus 页岩气井在生产（DEP，2014）。宾夕法尼亚州西南部的 Marcellus 页岩产量，仅包括 Allegheny 县、Armstrong 县、Beaver 县、Butler 县、Fayette 县、Greene 县、Washington 县和 Westmoreland 县。

美国能源部确定的其他页岩气田包括：Antrim（密歇根州）、Barnett（得克萨斯州）、Caney（俄克拉何马州）、Conasauga（阿拉巴马州）、Eagle Ford（得克萨斯州）、Fayetteville（阿肯色州）、Floyd（阿拉巴马州）、Gothic（科罗拉多州）、Haynesville（路易斯安那州）、Collingwood-Utica（密歇根州）、New Albany（伊利诺伊州、印第安纳州、肯塔基州）、Pearsall（得克萨斯州）、Chattanooga、俄亥俄和 Marcellus 页岩（宾夕法尼亚州、纽约州、俄亥俄州、西弗吉尼亚州）、Utica（宾夕法尼亚州、纽约州和俄亥俄州）和 Woodford（俄克拉何马州）的页岩气田。其他国家也有大量页岩气资源，包括中国、阿根廷、墨西哥、南非、澳大利亚、加拿大、利比亚、阿尔及利亚、巴西、波兰和英国。

通过强有力地勘探、生产和水力压裂，页岩气生产可能会取得引人注目的成果。还有其他许多针对土地使用、安全、交通和其他页岩资源开发的潜在影响的法规。各州都有着悠久的历史和成功的经验来管理石油天然气活动。州监管机构通过与行业以及公共－私人合作关系（如 FracFocus 公司）、州石油天然气环境法规评审组（STRONGER）以及地下水保护委员会（GWPC）的协作努力，不断评估着法规的可行性。

利用水平钻井和水力压裂技术，从诸如 Marcellus 这样的页岩储层开采天然气，正使美国从天然气的净进口国转变成净生产国。事实上，据研究估计，仅 Marcellus 页岩的可采储量就超过 $489 \times 10^{12} \text{ft}^3$，为世界第二大气田，仅次于卡塔尔和伊朗境内的南帕尔斯气田。

为了开采绵延数英里的页岩区块需要先进的基础设施的支持。到 2035 年，东北地区的开发预计将拉动 800 亿美元的基础设施建设，其中 700 亿美元都要归功于 Marcellus 页岩开发（Novak，2014）。这一发展预示着未来天然气市场的繁荣，未来的发展和成长需要维持生计的工作、流程的改进和可用的经济资本。

评估页岩气开发对国家的价值需要专家和非专业人士的共同参与，结合综合立法和国家发展状况进行开发决策，必须评估非常规页岩气开发的经济潜力。

对水力压裂的监管是在联邦政府层面，但各州也有一定的监管权，在全国范围内各州的监管情况有所不同。由 Murtazashvili 编写的第 8 章，主要介绍了纽约州和宾夕法尼亚州联邦在监管环境上的差异。即使将监管权力下放到地方一级，也存在需要审批页岩气开发相关手续的监管问题（KDKA，2014；Mufson，2014）。例如在 Marcellus 页岩附近，在这些未曾开发过的地区进行水力压裂，由于当地居民不熟悉资源开采的相关规定，预计他们之间的矛盾将会有所加剧。纽约州法院在最近的裁决中判定，地方性法规特别是乡镇区域法规，可以限制页岩气的开发（Taylor 和 Kaplan，2014）。各州一直在努力维持获取新资源的经济效益与保护公众卫生、饮用水和环境之间的平衡。

水力压裂技术有强大的环境追踪记录，并在州、地方和联邦监管部门的严密监督下使用（页岩能源，2013）。与煤炭的燃烧相比，水力钻井机械通过减少一半的汞或重金属的排放量，减少了温室气体的排放，而发电量并没有减少。宾夕法尼亚州在最近推翻的 13 号法案中，对于化学品的少量使用还要进行额外的监管。新的立法要求，钻井公司要向州政府提供水力压裂期间使用的化学药品的清单。虽然所有的发展都面临挑战，水力压裂在勘探和生产过程中不会带来新的或独特的环境风险，但应用这一技术的潜在操作规模已经备受关注。对于这样的担忧确实存在，石油天然气行业已认识到需要对开发过程和采取的措施进行更广泛的讨论，以确保安全操作。2013 年，宾夕法尼亚州征收的影响费超过 2.25 亿美元，主要用于回馈和支持当地社区，包括改善和保护环境等项目的活动（公共事业委员会，2014）。

在这些作业中，水力钻井作业通过其井下操作（包括防护套）为大量环境资源提供保护。防护套也被称作套管，要求用大约 10in 的钢管和混凝土来保护或"隔离"地下含水层。防护有行业标准，并需要恰当的程序。需要用到的资源包括水（90% 的压裂液），只有 5% 的化学制剂，这些制剂常用于化妆品和家用洗涤剂产品中（页岩能源，2013）。为了保护地下水，可以安装回流阀，通过单向水流阻止受污染的水进入地层。受污染的水储存在蓄水池中，并一直监测到完钻后再将蓄水池拆除。回收作业也可在以后的钻井作业中使用。

图 2 表明了与非常规油气钻探活动相关的潜在利益相关者的范围，利益相关者可以影响他们在页岩气生产中所处的优先顺序和范围。要兼顾考虑生产的目标和相关管理规定，采取合法的行为可以带来良好的经济发展前景。在生产、管理以及生活等过程中，确认生产多少是过剩以及这项活动是否安全都将是需要持续关注的问题。

从对个人的影响来看，自 2000 年以来，有超过 1530 万美国人居住在距离井口 1mile 的范围内。利益相关者们已承认，在密歇根或纽约市，有 1530 多万人口在遭受钻井过程的影响（Quora，2014）。但这仅仅是水力压裂多个层段中任一层段压裂所带来的影响，日益增长的个人影响率将超过数亿。

其他利益相关者主要参与非常规油气的钻井活动。正如本书所讨论的，就业市场认为非常规页岩气的开发会影响当前和未来的劳动力状况，包括那些在金融市场的权利人、出租人、投资者和分析师，还存在重大法律和监管措施方面的担忧，因此监管机构、立法机关和有关的行政和执法人员也是利益相关者。这些影响波及整个非常规页岩气开发的价值链。最后，还有一些其他团体的利益相关者，包括贸易协会和贸易促进组织、各种非政府组织、当地的民间团体和其他特殊的利益集团。

根据美国能源信息署的报告，美国以外的页岩油气资源大约是美国的 10 倍以上。在南非的 Karoo 页岩、阿根廷的 Vaca Muerta 页岩以及在中国、英国和波兰的其他地区，已经开始了一些勘探开发。在得克萨斯州南部的 Eagle Ford 页岩，被认为已经延伸到了墨西哥的国界边境线。

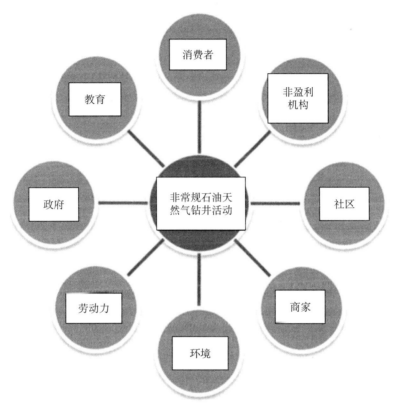

图 2　利益相关者分析

资源的可持续性与创造就业机会的价值一样重要。自从 1859 年美国第一口井开钻以来，石油和天然气的钻井活动已增长到 110 万口井。从长远来看，在短期钻探活动和可持续发展之间找到一个平衡点是很重要的。这些活动对自然环境和消费者的日常生活有多大影响？要获得可持续发展带来的挑战是如何让这些活动可以从巨大的自然资源中获利，而不是让所有利益相关者面临风险。

美国是准备让页岩气昙花一现还是维持能源经济的稳定增长？这得由当前和下一任的决策者来决定。我们希望这本书能够帮助读者了解页岩气勘探的现实、影响和潜在的一些问题。

二、本书概述

本书共有 9 个章节，各章节通过各个州、各州不同地区、不同行业和供应链的实例，来揭示页岩气开发各个方面的情况。

由 Hefley 和 Seydor 编写的第 1 章，从单井的视角揭示了页岩气开发的直接影响。他们调查了宾夕法尼亚州西南部 Marcellus 页岩气井周边钻井和生产的供应链，并评估了页岩气井 8 个阶段的生命周期。据估计在 2011 年初，单井建设成本在 700 万美元以上。随着技术和经济规模的发展，在近几年来成本已有所降低。

在理解单井的生命周期和影响后，第 2 章由 Wang 和 Stares 以宾夕法尼亚州的 Washington 县为例，评估一个县页岩气开发的经济潜力。Washington 县是 Marcellus 页岩开发的一个主要地区。Marcellus 页岩的第一口气井，就是由伦吉资源公司于 2004 年在该县完钻。许多页岩气公司在 Washington 县都设有总部或办事处。根据 2011 年的经济和钻井数据，假设税率为 15%，就业率为 4.9%～5.3%，估计页岩气开发钻井和生产活动的经济潜力可能在总产值的 8.9%～9.3%。具体的影响主要取决于这些活动的本地化水平和地方支出的税收收入。

宾夕法尼亚州东北部 6 个县所钻的页岩气井，占宾夕法尼亚州的一半以上。它们分别是 Bradford 县、Lycoming 县、Sullivan 县、Susquehanna 县、Tioga 县和 Wyoming 县。由 Hardy 和 Kelsey 编写的第 3 章，探讨了这些县页岩气开发的影响。它们主要是农业县，之前没有油气开发的历史，与宾夕法尼亚州东南部各县（如 Washington 县）的经历有所不同。从 2007 年到 2011 年，这 6 个县所在地区的租金、税收、专利和版权收入增加了 500% 以上；在同一时期，宾夕法尼亚州增长了 37%。在 2001—2007 年间，6 个县所在地区采矿行业的就业增长了 166%，宾夕法尼亚州增长了 63%。

由 Kelsey 和 Hardy 编写的第 4 章表明，在宾夕法尼亚州，页岩气开发的影响主要体现在相关行业工人的报酬上，就业机会有适量的增长。尽管 Marcellus 页岩开发在宾夕法尼亚州仅占一小部分生产力，但在过去的几年里它是就业增长的主要来源。其影响集中在页岩气钻探活动比较活跃的几个县附近，而对没有钻井活动的县影响较小。相比数十亿美元的投资规模，这些影响并不那么显著。

除宾夕法尼亚州以外，另一个主要的页岩气区是得克萨斯州。由 Tunstall 编写的第 5 章，调查了 Eagle Ford 页岩对周边县和得克萨斯州的经济影响。2012 年，Eagle Ford 页岩气开发创造了 610 多亿美元的经济效益，提供了 116000 个就业机会。大幅增加了当地铁路和管道基础设施的建设，扶持了当地的一些贫困县。未来页岩气开发的重点在于如何使经济多元化，并在页岩气热潮过后保持其可持续性增长。

页岩气开发的多数地区都在乡村。这种行业活动可能会极大地改变当地的文化和生活。Braiser 等编写的第 6 章，利用定量和定性的数据探讨了这个问题。评估了各种社会指标，包括住房、医疗、教育、犯罪以及居民对他们社区的看法。虽然定量数据显示的地区差异和长期趋势是有限的，但通过定性数据表明当地居民对社区变化和未来前景的看法已有实质性改变。

上述经济和社会的改变,不仅受页岩气开发活动的影响,还会受地方和州法规的影响,各级别的法律和监管机构在页岩气开发中扮演着重要作用。Murtazashvili 编写的第 7 章,通过对宾夕法尼亚州与纽约州的比较讨论了这一问题。宾夕法尼亚州通过名为 13 号法案的正式立法,积极应对页岩气开发。相反,纽约州事实上通过延长审查和研究的过程禁止开发。这两个相邻州有着相似的资源状况,为 Marcellus 页岩资源开发的研究提供了一个很好的例子。通过评估表明,宾夕法尼亚州的监管反应是"有效"的,每个州不同的反应可以通过他们的政治特征来解释,而不是地理、相对价格和制度方面的原因。研究结果还表明,各州的分权管理比联邦政府统一管理要好得多。

发电、运输和制造业等几个行业会受到页岩气开发的直接影响。由 Krupnick 等编写的第 8 章就调查了这些影响。作为一种过渡性的清洁燃料,天然气开始取代煤,为越来越多的电厂提供发电来源。环境保护署(EPA)最近公布的清洁能源计划进一步推动了这一发展。天然气在运输方面的应用,虽然仍处于早期阶段,但预计会在加气基础设施和改善天然气汽车技术上增加更多投资。在美国和海外的石油化工和其他制造业,通过在美国本土投资制造项目来降低天然气的价格。

能源是现代经济和社会的基础,开发像页岩气这样的新能源是一个复杂的过程,它会影响各个不同的方面。由 Lipscomb 等编写的第 9 章,概述了包括经济、社会人口、环境和管理等各个方面的影响,它表明平衡这些影响来进行开发的重要性,并提出了值得未来探索的主题。

本书旨在对页岩气开发及其影响提供一些见解,并不全面,本书的案例和研究来自美国页岩气开发最活跃的地区。我们希望它可以作为社区、政策制定者、该行业和研究人员获取信息、开放讨论的一个好的开端。

参 考 文 献

American Petroleum Institute (2014) Hydraulic fracturing: Unlocking America's Natural Gas Resources. http://www. api. org/oil-and-natural-gas-overview/exploration-and-production/ hydraulic-fracturing/~/ media/Files/Oil-and-Natural-Gas/Hydraulic-Fracturing-primer/ Hydraulic-Fracturing-Primer-2014-lowres. pdf

Barth J (2010) Unanswered questions about the economic impact of gas drilling in the Marcellus Shale: Don't Jump to Conclusions. JM Barth & Associates. Inc. Croton on Hudson. http://occainfo. org/documents/ Economicpaper. pdf

Beaver W (2014) Environmental concerns in the Marcellus Shale. Bus Soc Rev 119 (1): 125-146

Black DA, McKinnish TG, Sanders SG (2005) Tight labor markets and the demand for education: evidence from the coal boom and bust. Ind Lab Relat Rev 59 (1): 3-16

Boudet H (2014) "Fracking" controversy and communication:using national survey data to under-stand public perceptions of hydraulic fracturing. Energy Policy 65: 57-67

Considine TJ (2010) The economic impacts of the Marcellus Shale: implications for New York. Pennsylvania. and West Virginia. The American Petroleum Institute, Washington. DC. http:// www. scribd. com/ doc/34656839/The-Economic-Impacts-of-the- Marcellus-Shale-Implications-for-New-York-Pennsylvania-

West-Virginia

Considine TJ, Watson R, Blumsack S (2010) The economic impacts of the Pennsylvania Marcellus Shale natural gas play: an update. The Pennsylvania State University, College of Earth and Mineral Sciences, Department of Energy and Mineral Engineering. State College

Crompton J (2013) Activists oppose drilling in area protesters criticize 'Piggish' industry in Lawrence County. Pittsburgh Post-Gazette, Jan 28. B. 1

Earthworks (9 Aug 2011) "Hydraulic fracturing 101." Web. 22 Mar 2014

Energy from Shale "Groundwater Protection." Energy tomorrow. 2013. Web. 05 Apr 2014

Engelder T (Aug 2009) Marcellus 2008: report card on the breakout year for gas production in the Appalachian Basin. Fort Worth Basin Oil & Gas Magazine. 18-22. http://www.marcellus.psu.edu/resources/PDFs/marcellusengelder.pdf

Environmental Law Institute and Washington and Jefferson College (2014) Getting the boom without the bust: guiding Southwestern Pennsylvania through shale gas development. http://www.eli.org/sites/default/files/eli-pubs/getting-boom-final-paper-exec-summary-2014-07-28.pdf

FracFocus (20 July 2010) Hydraulic fracturing: the process. Accessed 28 Mar 2014

Gannon, Joyce (24 Jan 2010). Marcellus Shale group leader excited: talking with Kathryn Z. Klaber. Pittsburgh Post-Gazette (Pennsylvania), Sunday Two Star Edition, Business Section. C-l

Higginbotham A, Pellillo A, Gurley-Calvez T, Witt TS (2010) The economic impact of the natural gas industry and the Marcellus Shale Development in West Virginia in 2009. Bureau of Business and Economic Research. College of Business and Economics. West Virginia University

Hopey D (27 Feb 2011) Fracking 101: Jury is out on health, 'green' concerns. Pittsburgh Post-Gazette. http://shale.sites.post-gazette.com/index.php/background/fracking-101

IHS (2012) America's new energy future: the unconventional oil and gas revolution and the US economy, Volume 1: National Economic Contributions. http://marcelluscoalition.org/wp-content/uploads/2012/10/IHS_Americas-New-Energy-Fututre.pdf

Kay D (Apr 2011) The economic impact of Marcellus Shale gas drilling: what have we learned? What are the limitations? (Working paper series-a comprehensive economic impact analysis of natural gas extraction in the Marcellus Shale). Cornell University. http://www.greenchoices.cornell.edu/downloads/development/shale/Economic_Impact.pdf

KDKA (2014) Beaver County braces for Shale gas infrastructure. http://pittsburgh.cbslocal.com/2014/07/23/beaver-county-braces-for-shale-gas-infrastructure/

Kretschmann D (2014) Veggies and help, personal correspondence, July 15

Litvak A (16 Aug 2011) Marcellus Shale production jumps in southwest Pennsylvania. Pittsburgh Business Times. http://www.bizjournals.com/pittsburgh/blog/energy/2011/08/large-spike-in-marcellus-production.html

MIT Energy Initiative (2011) The future of natural gas: an interdisciplinary MIT Study. Massachusetts Institute of Technology, Cambridge. MA. http://web.mit.edu/mitei/research/studies/documents/natural-gas-2011/NaturalGas-Report.pdf

Mufson S (2014) How two small New York towns have shaken up the national fight over fracking. Washington Post, July 2. http://www.washingtonpost.com/business/economy/how-two-small-new-york-towns-have-shaken-up-the-national-fight-over-fracking/2014/07/02/fe9c728a-012b-11e4-8fd0-3a663dfa68ac_story.html

Natural Gas Weekly (19 July 2010) Fracturing ban not likely, but compliance Costs likely to rise, 2-3

Novak S (2014) Marcellus to drive $70 billion in infrastructure development. Pittsburgh Business Times. Energy Inc, 18 Mar 2014. Web. 1 Apr 2014

Olson L (19 Aug 2011) State gas production spikes; 6-month figures show 60% increase for Marcellus Shale wells. Pittsburgh Post-Gazette 85 (19): A-1, A-7

The Perryman Group (2008) Drilling for dollars: an assessment of the ongoing and expanding economic impact of activity in the Barnett Shale on Fort Worth and the surrounding area. Waco, The Perryman Group. http://www. bseec. org/sites/all/pdf/report. pdf

Public Utility Commission (2014) Act 13/Impact fees. https://www. act13-reporting. puc. pa. gov/ Modules/ PublicReporting/Overview. aspx

Pursell D (2010) Natural gas supply study update, 15 Oct 2010. Tudor, Pickering, Holt & Co. Securities, Inc, Houston. http://tudor. na. bdvision. ipreo. com/NSightWeb_v2. 00/Handlers/Document. ashx?i=bb6943 81e0774244ab6eb028b8c73910

Quora (2014) How many people are affected by fracking?Forbes. Forbes Magazine, 24 Mar 2014. Web. 28 Mar 2014

Sample V, Price W (2011) Assessing the environmental effects of Marcellus Shals gas develop-ment: The State of Science. Pinchot Institute for Conservation, Washington, DC. http://www. pinchot. org/uploads/ download?fileId=963

Smith G (2013) U. S. to be top oil producer by 2015 on Shale, IEA Says. http://www. bloomberg. com/news/ 2013-11-12/u-s-nears-energy-independence-by-2035-on-shale boom-iea-says. html

Taylor K, Kaplan T (2014) New York towns can prohibit fracking, State's top court rules. The New York Times, 30 June. http://www. nytimes. com/2014/07/01/nyregion/towns-may-ban- fracking-new-york-state-high-court-rules. html

Ubinger JW, Walliser JJ., Hall C, Oltmanns R (2010) Developing the Marcellus Shale: environ- mental policy and planning recommendations for the development of the Marcellus Shale Play in Pennsylvania. Harrisburg: Pennsylvania Environmental Council. http://www. pecpa.org/sites/pecpa. org/files/downloads/ Developing_the_Marcellus_Shale_1. pdf

U. S. Department of Energy. Office of Fossil Energy, National Energy Technology Laboratory (2009) Modern shale gas development in the United States: a primer. National Energy Technology Laboratory, Strategic Center for Natural Gas and Oil, Morgantown. Available at http://www. dep. state. pa. us/dep/deputate/minres/ oilgas/US_Dept_Energy_Report_Shale_Gas_Primer_2009. pdf

Williams S (2014) Britain to award licenses for shale-gas exploration. Wall Street J CCLXIV (23), July 28. B2

目　　录

第 1 章　Marcellus 页岩气井价值链的直接经济影响

William E. Hefley，Shaun M. Seydor

[摘　要] 本章调查了位于宾夕法尼亚州西南部的 Marcellus 页岩气井的直接经济影响。本研究是一项侧重于直接经济影响的经济影响评估，而不是仅仅关注该地区的感知利益和影响。我们的分析是基于广泛的实地调查，包括现场参观和与业内人士的访谈。通过对这一领域的研究，我们认为一口 Marcellus 页岩气井生产的直接经济成本超过了 700 万美元。

1.1　Marcellus 页岩气井的经济影响

本章研究的重点是 Marcellus 页岩开发的直接经济影响。对于一个特定的经济活动可以有几种类型的经济影响，具体分为直接影响、间接影响和派生影响。本研究调查了宾夕法尼亚州西南部 Marcellus 页岩的一口单井，采用水平钻井和水力压裂技术进行开发的直接影响。通过利用一口单井作为研究的标准单元，本研究有助于更好地了解 Marcellus 页岩。研究旨在通过了解一口 Marcellus 页岩气井从钻前准备、钻井、水力压裂到投产所需要的直接支出，来量化 Marcellus 页岩气井单井价值链的"商业"影响因素。

现有的许多关于经济影响的研究都是基于投入—产出模型（Miller 和 Blair，2009；美国商务部，1997）。但 Barth（2010）得出的结论是，Marcellus 的劳动力流动可能与投入—产出模型的基本假设不相符。因此，为了弄清这个问题，Crompton（1995）提醒大家，研究应明确各部分所占的成本，目前的研究重点仅是针对 Marcellus 页岩的一口单井在 Marcellus 页岩钻井过程中的直接经济影响。❶

而本章的直接经济影响是通过对勘探和生产公司的成本进行估算的，这些公司广泛利用了服务商提供的大量设备和劳动力。我们之前的研究（Hefley 等，2011）通过调查公司的成本结构相互验证了这些成本，强调低成本和纵向一体化管理。

1.2　Marcellus 页岩气井生命周期的各个阶段

开发一口井典型的生命周期包括多个阶段，而每个阶段又包含多个步骤。依井场条件的不同，各个阶段的各个步骤都会有所不同。这取决于各种因素，例如，井场当前的钻井

作者简介：
William E. Hefley（威廉 E. 赫夫利）
美国宾夕法尼亚州，邮编 15260；匹兹堡大学约瑟夫 M. 卡茨商学院和匹兹堡大学工商管理学院；e-mail：wehefley@katz.pitt.edu。
Shaun M. Seydor（肖恩 M. 塞依德）
美国宾夕法尼亚州，邮编 15260，匹兹堡；匹兹堡大学创新学院卓越创业研究所；e-mail：iee@innovation.pitt.edu。

❶ Crompton（2006）认为"研究发起人的动机总是决定研究的结果。"为了克服这些经济影响研究普遍存在的局限性，本研究不是由 Marcellus 页岩行业的任何一个勘探和生产公司来发起或资助的。

状况、租赁情况以及其地质情况。一口典型井生命周期的各个阶段如下:

(1) 阶段 1——矿权租赁 / 收购和审批;

(2) 阶段 2——井场建设;

(3) 阶段 3——钻井;

(4) 阶段 4——水力压裂;

(5) 阶段 5——完井;

(6) 阶段 6——生产;

(7) 阶段 7——修井;

(8) 阶段 8——封井和报废 / 环境复原。

图 1.1 给出了这些阶段和关键步骤的直观描述。来自不同渠道的各种资源汇聚在一个钻井井场,价值链是从井场准备开始一直贯穿到后期生产的整个过程中。井场需要平整,留出合适的通道以保障设备的出入;接着所有的钻井设备到位,其中可能包含一些租赁设备,需要用卡车将其运送到井场;开钻前,配套设施都需要提前运到井场,包括给整个井场供电、使用非道路用柴油的发电机,还包括员工宿舍;安全措施要到位,整个钻井过程的所有用水需要通过管线或卡车运到井场;当钻井开始时,所有用于润滑的"泥浆"材料,包括水、盐和各种化学品,需要采购并运输过去;然后就是调配钻井液,大多数钻井液都是循环使用,钻井碎屑被钻井液携带出井口并被分离出来,然后用卡车运走;直井部分完钻后,注入固井液以保持井筒的完整性,保护井筒本身和周围的环境。然后开始水平钻井程序,这个过程也需要润滑用的"泥浆",完井时要确保水平段固结良好;下一个环节是页岩的压裂过程,这个过程需要的费用包括压裂液和将其泵送到井下的费用,压裂液是水、砂和其他化学剂、添加剂的混合物。返排出的压裂液也需要临时就地存放再被运到井场外,或者是直接被运走;压裂阶段完成后,压裂设备被搬走,将管线等基础设施连接到永久井口或采油树上。

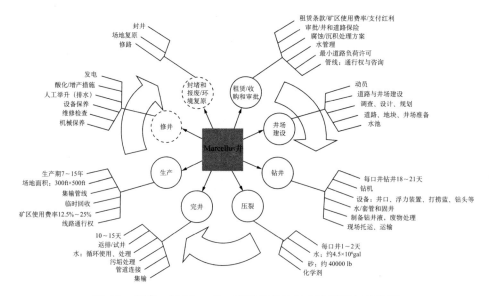

图 1.1　开发一口 Marcellus 页岩气井的各个阶段和主要步骤

本章重点剖析了 Marcellus 页岩气井从阶段 1 到阶段 6 的直接经济影响，阶段 7 贯穿了一口生产井的整个生命周期，阶段 8 发生在一口井生命周期的最后阶段，本文未对这个阶段进行分析。考虑到一口井预计的生产周期可以经历许多年，这些成本确实会给当地带来持续的经济效益，但本研究未涉及这一方面。在下面的章节中，会对 Marcellus 页岩水平井整个生命周期的每一个阶段作简要描述。关于每一阶段的更多细节可以参见水平井钻井的动画视频（路易斯安那石油天然气协会，2008）或其他报告（美国能源部，2009）。

1.3 数据收集

通过在宾夕法尼亚州华盛顿县一口页岩气井施工现场的实地考察，研究团队得以全面了解 Marcellus 页岩钻井和水力压裂的整个过程。他们深入井场，并在 EQT 公司的帮助下更好地认识了 Marcellus 页岩气井的供应链。除了现场参观，研究团队还广泛采访业内人士，并采取间接调研的形式来建立成本模型。

有多重限制可能会影响分析的结果，包括每口井的独特性，每个井口的不同特点，以及实际成本的不透明性。

一口井有许多特征，某些特征可能因穿越的井场和地质条件的不同而有所不同。我们选取的典型井口的特征为：

（1）位于宾夕法尼亚州西南部，钻入 Marcellus 页岩储层；

（2）造斜点在垂直井段大约 6000ft 处；

（3）单个水平分支，水平段大约 4000ft 长；

（4）井深 11000ft（总测量深度）；

（5）井场面积 300ft × 500ft=3.5acre。

这些假设的特征，让我们能够建立一个典型井口的成本模型，并在价值链中得以体现。它描述了 Marcellus 页岩气井生命周期的每一个阶段，以及在每个阶段的直接经济影响。

这项调查开展于 2011 年初，反应了在钻井活动放缓之前的成本。该分析利用了庞大的数据资源，包括法律法规、公共记录、发表文献以及到 Marcellus 气井现场参观的观察和访谈，与业内人士的大量电话和电子邮件采访。

1.4 Marcellus 页岩井的价值链

基于图 1.1 所示的生命周期，通过调查宾夕法尼亚州西南部一口典型气井的所有相关支出，概述了 Marcellus 页岩气井的价值链。它遵循一般生命周期的流程，详述了生命周期的具体步骤和各自的成本，形成了一个典型 Marcellus 页岩气井的价值链。

1.4.1 阶段 1——矿权租赁／收购和审批

当分析钻一口天然气井的总成本时，必须考虑两个基本步骤：矿权租赁（或收购）以及审批。这两个步骤是建一口井的关键，在整个成本中占相当大的比重。

勘探生产公司或者是为他们做事的租地人，必须要与土地所有者进行接触和谈判，以获得矿产租赁权（表 1.1）。这个过程通常从要征用的最大一块土地开始，逐步争取，直到获得充分的权利以进行有效生产。本研究假设，审批的最小土地面积是 320acre，理想的最小面积是 640acre（1mile²）。邻近的所有权也应该在矿权许可证上标明，比如地表 / 非地表租赁是允许在该地块放置物资，还是只能进行地下资源的开采而不可以占据地表空间。

表 1.1　标准条款和条件

条款	说明	条款	说明
期限条款	基本期限 / 二次期限	气井	报废井和注入井
矿区土地使用费	—	联营	—
延迟租金	趸交、年付	皮尤条款	垂直、水平井段深度
关井	价格、持续时间	深度限制	Marcellus 或其他地层
不可抗力	—	税收	遣散费，从价税
地表使用 / 非地表使用	限制性使用、设备限制、位置、公路宽度、管线	解约和终止	解约权、设备搬家、终止使用 / 附属建筑的留存 / 记录
地表损害	—	隐含职责	保护排水系统等
附属建筑物	管线、进出道路等	审计	
水质	钻前测试、更换	争议处理	事故数据记录器、司法权
用水	池塘、河流、水井等	其他	承租人 / 出租人的需要
储气	—		—

其次，矿权审批阶段需要准备符合要求的档案，或者是获得州和地方的许可证，并发布必要的债券，然后才可以开始进行井场准备工作。

1.4.1.1　租赁 / 收购

收购矿权和对拟建单元的开发是 Marcellus 页岩开发钻井过程的第一步。假设确定了有足够和合适的土地，就可以开始进入租赁和收购阶段。地质勘探及其相关成本不在本文分析之列。

土地拥有者或称出租人，会出租他们各自的矿权，确切地说是出租蕴藏在他们地底下的石油和天然气的矿权。签约后，他们获得的主要收益是以签约奖金的形式，也被称为是有偿租赁或矿区使用费。

租地员的主要职责是要拟定谈判条款形成有约束力的协议，与土地拥有者接触和谈判以获得租赁地块的矿权。租地员通常代表一个运营公司，而该公司就是承租人。租地员必须要一次性租赁到包括拟建井场邻近土地在内的不小于 640acre（1mile²）的土地，以减少申请次数，确保钻井开工的权利。分析认为涉及的收购成本与收购面积直接相关。为了确保实际的矿权利益，要进行土地所有权的调查，以确保签约方是真正的土地所有者，并有权利在指定的时间段内出租矿产权。

土地所有者的最大收益来自于租赁过程中的几项不可预见费。上文已经提到，租赁最重要的条款是签约奖金和矿区使用费。签约奖金是短期收益，吸引土地所有者在一定期限内将土地出租给经营者。签约奖金有别于矿区使用费，需要单独协商，在大多数情况下，是地块所有人签订协议后立即可以获得的收益，因而是出租人进行出租的唯一动力。

在租用的土地上，很可能由于位置原因，或者是无法建立井场单元，或者该区域已有其他的生产井或矿产资源等原因而不能再打新井。因此，签约奖金很可能是出租人唯一的收入来源，从而成为谈判中最重要的因素。签约奖金的平均值是 2700 美元 /acre（www.pagaslease.com）。以此推算，签约奖金的总额（一个单元 640acre）为 1728000 美元。这个结果是基于所有涉及此项租赁单元的土地拥有者都出租了相同的面积估算而来的。

与其他成本一样，这个金额差异很大。表 1.2 列出了收购土地的平均成本。估计首次租赁的平均租期为 5 年 ❶，之后运营公司可能会将租期再延长 5 年，续签合同时土地所有人可以再次获得签约奖金。这样，同样一块地要续签租约，成本就要加倍。这样做的原因是，如果这块地在前 5 年之内未被开发，进行续签后，就准许他们在延长的租期内进行钻井等事宜。

表 1.2 获得土地的平均成本①

劳务成本				租赁成本（预付）				成本总计 美元
项目	平均时间 （每地块所用 的时间） d	费率 （平均日 费） 美元	成本 小计 美元	项目	平均成本 美元	数量	成本小计 美元	
租地员人工费	375	300.00	112500	签约奖金	2700（每英亩）	640acre	1728000	
所有权 调查	调查费	10	275.00	137500	津贴	10000 （每个井场）	1 个	10000	
	核查费	25	275.00	6875	封井费 （通常不支付）	10（每英亩）	640acre	6400	
					县政府存档费	78.5（每地块）	50 块	3925	
总计			256875				1748325②	2005200③

注：收购 / 租赁 640acre 的单元；组合在一起的地块数量为 50 块；1 年 =250 工作日。
①译者注：对原表格式进行过修改。
②译者注：原文为 1934250，通过译者实际计算核实，应为 1748325。
③译者注：原文为 2191125，通过译者实际计算核实，应为 2005200。

矿区使用费率是与完钻井产量有关的一个百分数。例如，在一个 640acre（1mile²）的单元，假设一个出租人拥有 320acre 的土地，如果矿区使用费率商定为 1/8（即 12.5%），那么出租人的收益就是总产值一半的 12.5%。其余的 320acre 土地将依据其他矿权人各自的矿区使用费率及拥有的土地大小来分配收益。

❶ 译者注：根据后文续签租约成本就要加倍，租期应是 5 年（原文为 "50-year"）。

　　另一个值得关注的问题是签订的租约类型，土地所有人有权决定是地表出租还是非地表出租。地表出租允许运营公司有出入井场位置的权利，非地表出租允许经营者只能钻入地层开采石油和天然气。这需要通过在井场上打一口斜井延伸到能够到达的距离来实现。由于非地表出租对地面使用权利的限制，很多时候因为面积太小不足以建一个井场，因此非地表出租的租金大多比较低。由于修建一个井场通常要 5acre 以上的地块，签订地表出租合同的土地所有人常常可以获得数倍的租金。如果他们的地块被选作钻井井场，则估计签约金额平均会达到 10000 美元（土地所有权调查员"C"，个人交流，2011 年 4 月 12 日）。

　　封井费是土地租赁成本的最后一项支出。尽管封井费一般都不值得关注，并未在收购成本中考虑，但它们会给开发商带来成本。封井费是签合同时要预先考虑的，这个费用是当经营者因为多种原因被迫关井停产时，要支付给土地所有人的费用。在这种情况下，本来可以生产的井被关闭，土地所有人收到的封井费通常会很低，会按日计、月计或年计。Marcellus 页岩的运营公司从其资本需求的角度，充分意识到生产和销售天然气以获取利润的必要性，因此通常不考虑封井费。

　　为了修建一个能够进行钻井施工的井场，租地员根据不同的情况协商谈判租赁合同的具体条款。租地员通常是作为独立的承包人被各个运营公司雇佣，公司按日给他们支付服务费。单个租地员要租到一块用于钻井施工用的场地，平均需要大约 1 年半或者是 375 个工作日的时间（租地员，个人交流，2011 年 4 月 17 日）。以平均日付费为 300 美元 / 天计，租地员的有关劳务费估计有 112500 美元。这个数目其实是平均数，实际的劳务费率在 150~450 美元 / 天不等，不包含每日的津贴和差旅费（租地员，个人沟通，2011 年 4 月 17 日）。租地所需要的时间也大不相同，最好的情形是要 9 个月，最糟糕的状况是 5 年。所租地块周围的土地面积和土地所有者的意愿，与所需成本有很大关系。一个集中租赁单元包括的地块数量至少是 5 个，最多有 500 个，地块的数量取决于周围土地所有者拥有的土地面积大小。谈判需要涉及的地块数量越多，这个过程就会越复杂，甚至要花几年的时间才能完成。我们暂定以 50 个地块为基准作为一个租赁单元的平均数（租地员，个人沟通，2011 年 4 月 17 日）。

　　签订租赁合同后，就该调查确定矿产权益了。租地员首先要对所租土地的所有权进行谨慎地调查。与地产相关的财产继承权的调查需要追溯到大约 1850—1880 年期间。调查的日期要有针对性，由宾夕法尼亚州最初钻井和勘探的日期确定。大概在这个时间所钻的第一批井，对出租人收益的影响会一直持续到现在。为了确定矿权利益，土地所在县政府大楼地契办事处的记录员会采取一些措施。

　　在做完初步的土地所有权核查之后，租约被带到县政府拟成文件，登记存入公共信息系统。估计每项租约要花费 78.50 美元，按一个单元 50 个地块计算，则总共需要的费用不到 4000 美元。租赁的文档记录可以让其他公司清楚这个租约的承租者，以便进一步调查和实施联合经营。

　　估计安排一个抽样调查的平均时间为 10 个工作日，最好的情形是 5 天，最遭的状况是 6 个月（产权调查员"B"，个人沟通，2011 年 4 月 4 日）。所有权调查员通常是作为独立的承包人来雇佣和付费。通常的日费平均为 275 美元 / 天，变化范围为 150~400 美元 / 天

（产权调查员"A"，个人沟通，2011年4月4日）。这个价格差异比较大，取决于相关承包人的工作经验以及支付公司的情况。

开发单元所包含的土地数量，是影响抽样核查成本的最大因素。若一个指定单元平均包含50块土地，平均日费以275美元计算，则一个土地单元的总成本为137500美元（产权调查员"C"，个人沟通，2011年4月12日）。影响这个数额的主要因素是所有权的复杂程度和单元内地块的数量。最好的情形是一个单元有5个地块，日费为150美元/天，每个地块的调查需要5个工作日，则抽样核查的劳务花费为3750美元。相反最糟的状况是，土地单元包含250个地块，日费为400美元/天，需要6个月的工作时间。则这个费用就变成了一个天文数字，需要1200万美元。以这样的花费，运营公司哪怕是在页岩气生产的有利形势下也不能获利。

收购成本的最后一部分涉及土地所有权的调查和收购，也就是对土地所有权的核查及开发。每个单元的核查工作需要的平均时间为25个工作日（产权调查员"A"，个人沟通，2011年4月14日）。这个时间段可能在10个工作日（2周）到120个工作日（6个月）不等。平均劳务费还要取决于独立签约人的日费，估计平均费用为275美元/天（产权调查员"B"，个人沟通，2011年4月19日）。核查同样数量的费用依不同的抽样调查部门而有所不同，为150～400美元/天。每个单元核查和收购的平均总成本约为6875美元。

最后，全部租赁成本以租地员和土地所有权调查产生的相关劳务费计算共计约220万美元/640acre。具体数额的变化取决于众多条件和环境因素的影响，最好的情形是总成本大约为10万美元，而最糟的状况是将近2070万美元。状况的复杂程度和地块的面积大小以及土地所有者出租的意愿，都会导致总成本在这个范围内有所变化。

表2描述了获得土地的总成本的一般情况。Hefley等（2011）提供了围绕气井生产成本敏感性分析的更多细节。

1.4.1.2 审批

Marcellus页岩气井的审批费总共包括三个部分：申请费、报废井附加费和孤儿井附加费。在宾夕法尼亚州钻一口气井时，经营者必须获得环境保护部（DEP）的批准。许可申请上必须标明井的位置、距离煤层的远近程度以及离地表水、供给水源的距离。环保部门的技术人员要审查申请，以确定这个拟建井是否会带来环境影响以及与煤矿业务发生冲突。

为了应对页岩气开发相关的其他环境问题，环保部针对页岩气开发专门编制了附录。环保部动用了大量人力资源，来审查Marcellus页岩开发的其他附加信息，审查的内容包含了一些关于水的质量和数量的问题，这通常是在其他气井的许可申请中没有涉及的。

截至2009年4月18日，申请页岩气井许可的费用依井筒长度和井身结构类型按比例计算。在2009年4月18日之后收到的任何申请，除对废弃井和孤儿井收取额外费用外，还必须包括新的申请费。

审批费是在预计井身总长度也即是水平井的总测量深度（TMD）的基础上确定的。如果实际钻井的深度比申请的要长，申请人需要缴纳原始预计深度与实际深度的差额，另外还需缴纳整个完钻费用的10%。若补缴与原申请费的差额并支付额外的审批费后，附加费可以免除。未钻到申请所审批的井深不予退款。

气井的审批费用于在米德威尔、匹兹堡和威廉斯波特三个地区雇佣其他员工来进行审批工作，以更好地监督全州范围内的钻井活动。宾夕法尼亚州法典第 25 部第 78.19 章的审批申请费明细表，规定了钻一口井要获得州级许可的费用结构。我们假设一口井，总测量深度为 11000ft，则审批费为 3050 美元。用一口更具典型意义的水平井来计算，垂直井段的深度为 8000ft，另有 3 个 4500ft 长的水平分支，则其总的审批费为 5150 美元。

依照宾夕法尼亚石油和天然气法案，Marcellus 页岩对每口孤儿井和废弃井分别收取 200 美元和 50 美元的附加费，这些附加费是气井审批费之外作为孤儿井和废弃井封堵的费用，见表 1.3。

表 1.3　需要的许可费和债券

许可费和债券		金额，美元
宾夕法尼亚法典第 25 部 78.19 章许可费（钻井）	许可费	4900
	孤儿井附加费	200
	废弃井附加费	50
宾夕法尼亚法典第 25 部 78.310 章气井债券		2500
宾夕法尼亚法典第 25 部 102.6 章侵蚀和沉积控制计划		1900
宾夕法尼亚法典第 25 部 91.22 章水质管理		500
宾夕法尼亚法典第 67 部 441.1 章最小使用车道许可		25
共计		10075
附加		
宾夕法尼亚法典第 67 部 189.4 章超重车辆的道路保险费		12500（每英里）

依照宾夕法尼亚法典第 25 部 78.310 章气井债券，宾夕法尼亚州在 1985 年 4 月 17 日以后所钻的气井，都要求发行债券。债券是一种经济激励手段，可以确保生产商有足够的资金完成钻井作业，解决钻井过程中可能带来的任何供水问题、井场回收以及根据审批意见在井的生产末期进行妥善的封堵。每口井发行债券的审批费为 2500 美元，包含任意井数的债券审批费总计 25000 美元。

宾夕法尼亚法典第 25 部 102.6 章提出了侵蚀和沉积控制的费用。该费用为 1900 美元，外加受到影响的土地，按 100 美元 /acre 来计算。那么，假设一个井场 300ft 宽，500ft 长，即是面积为 3.5acre，则其侵蚀和沉积控制的费用约为 1900 美元。

法典规定，在州内所有涉及土地使用的项目，都要制订侵蚀和沉积污染控制方案，并在钻井过程中采取最佳的管理措施来控制沉积物污染。侵蚀和沉积物控制方案确保在土地开发中采取适当的开发手段。

在 Marcellus 页岩气井开发过程中，通常使用的两种不同用途的水要有所区分：首先是钻井用水；其次是水力压裂过程中需要的大量用水。水的来源主要有几个方面，包括河流、溪流、大型湖泊的地表水以及地下水。所有这些水源的使用，必须经宾夕法尼亚环境保护部（PADEP）以及 Susquehanna 河盆地委员会（SRBC）的批准。天然气公司也与其他经营商签署水资源共享协议，以减少行业的影响。

自 2008 年 8 月 14 日起，Susquehanna 河流域委员会要求，在该流域进行 Marcellus 页岩气井的建井过程中，天然气公司必须征得他们的同意才可以汲取和使用河水。未经该委员会批准，不允许天然气公司开展井场建设、钻井或水力压裂（Abdalla 和 Drohan，2010）。

宾夕法尼亚法典第 25 部 91.22 章，规定了水质管理的审批费。Marcellus 页岩气井的许可申请，包括生产方必须向环境保护部提交水资源管理方案的附件。由于在页岩的水力压裂过程中需要使用大量的水，该附件是必要的。审批意见要评估在压裂过程中水的使用量以及对废水的管理、处理和排放等信息。

对水资源管理计划的审查还要占用环保部工作人员的一定时间，因为它要求工作人员评估页岩水力压裂过程中水的使用量信息，包括对废水的回收管理、处理以及排放。这个审批费用为 500 美元。

当井场面积在 5acre 以上时，必须取得水管理许可证。涉及的区域包括井场、相关道路、管线和井场建设用的仓储区。受影响的地表土地所有者和煤矿经营者，对于井场位置的选取有权提出反对意见。如果环保部的审批人员认为不会导致负面的影响，生产商就可以获得钻井许可的文件。

宾夕法尼亚法典第 67 部 189.4 章，针对重型车辆制定了公路保险法，每英里公路要收取 12500 美元的保险费。重型车辆对公路保险费的缴付可以有以下几种方式：保险公司发布的银行保函、保付支票、银行本票、不可撤销的信用证，或者如果资质允许的话，自身契约也可以。保险费数额与通过的公路类型和为保障重型车辆通行需要对道路进行的维护保养有关。通常未修筑过的道路为 6000 美元 /mile，修筑过的道路为 12500 美元 /mile，修筑过的道路被损毁到未修筑过的状况为 50000 美元 /mile。承运商在众多收费公路上行驶，要给每条公路的所有者交付 10000 美元的抵押金。

宾夕法尼亚法典第 67 部 441.4 章，规定办理车道通行证的费用至少为 2500 美元。作为公路系统不可分割的一部分，基于车道的安全性、效率等功能，公路的设计和施工要考虑通过车辆的数量、类型以及与之相连公路的类型和特点。根据他们预计提供的交通量，驾驶车道分为 4 个等级。对于一口气井的建设而言，最低等级的车道即可满足要求。如果每天通行量不超过 25 辆车，可以使用最低等级的车道。

1.4.2　阶段 2——井场建设

阶段 2 为井场建设阶段，包括用于道路和井场修建的井位规划和设计，也称为"定井位"。这个阶段包括的诸多事项为：井位调查、井场规划和设计、水资源准备（即水池的规划，水源供应是用卡车运输还是管线输送）、进出道路的修建、公路和井场施工（即定井位）、现场拖车的摆放、储水容器或水池点的建造以及腐蚀防护等。

井场建设阶段从各个公司应邀参加井场建设项目的投标开始。依据拟建井场的面积和勘探生产公司建设井场的需要，可以有 3 - 20 家公司参与投标。钻井公司给每个投标方发放一份有井场大小和位置设计的井场规划方案，投标方也可以到现场实地考察。

中标公司在井场建设开始的第一步，就是召集公共事业部门协商井场建设的相关事宜。这些公共事业单位如档案馆、燃气公司和自来水公司，召集他们一起来到井场，对井场范围内各自的基础设施用旗子标记位置，以避免井场建设时对现场任何管线的损坏。

第二步是确定需要采取的侵蚀防护措施。当井场建设时土壤被破坏，会导致大量的沉积物冲刷井场，侵蚀防护就是用于保护小溪、河流和公路免受毁坏的一系列防护措施。环保部门会明确规定对溢出的淤泥应该采取怎样的防护措施。这一环节要花费 10000~20000 美元不等的费用，具体价格因其防护措施是使用带木桩的淤泥围栏还是淤泥网而有所不同。

在侵蚀防护措施完工后，可以修建道路来运输井场建设所需要的设备。修路的费用因道路长度和类型的不同而有较大差异。宾夕法尼亚州井场公路的平均修建费用在 10000~20000 美元。将设备运送到井场的过程称为动员，其费用平均为 10000~20000 美元。设备动员过程中，要将推土机、挖土机、拖拉机、刮削器、滚压机和托运卡车等设备运送到井场。这些建筑设备是由重型运输公司运送，用于平整井场，建造主要由石头筑成的井场地基。

一旦设备就位，井场就可以开始进行铲除和挖掘工作。铲除过程就是要将井场范围内的所有树木砍掉。对于直径大于 6in 的树木，土地所有者会将其作为木材卖掉；直径小于 6in 的树木，可以用作木屑处理。挖掘工作是要将井场范围内的所有灌木和树桩移走。铲除树木、运移木材通常承包给第三方完成。这一过程需要的费用，取决于树木的茂密程度和灌木丛覆盖的面积大小，从没有植物覆盖的土地到茂密的树林，其费用为 0~45000 美元不等。

当场地的树木、灌木被铲除移走之后，进入井场平整阶段。这个过程首先需要把表面用于耕作的土地移走并保留起来。上覆土壤必须保存，以便在临时征用期过后能够回填以继续耕种。平整井场的过程与其他任何类型的建筑平整地面的过程相似，场地需要被开挖或填充以修建平整的地面。井场要求修筑 40in 的坡台，以防止任何水或液体的外流。坡台保护周边地区免受任何泄漏流体的污染。宾夕法尼亚州平整一块井场的费用平均为 125000~300000 美元，具体金额取决于需要平整井场的地貌。

在平整场地过程中，如果需要可以建造一个压裂用的蓄水池。压裂用水池的平均建造费用为 60000~80000 美元。

场地的土方工程完工后，井场建设要用到石料。井场地基需要铺垫 8~12in 厚的粗骨料，粗骨料上面是 3~4in 厚的被压碎成更小颗粒的细骨料。当这些细骨料被一个光滑的滚筒压实后，井场看起来就像停车场一样平整。平均一个井场需要 10000~20000 美元的石料，石料的平均价格是每吨 25~30 美元，与距离采石场的远近有关。

一旦场地平整完毕，修建井场的最后一步就是在井场外围和坡台上播种。播种和铺上网状物（或者垫子）有助于重新培育出植被防止土壤流失。当井场四周 75% 的面积都覆盖上植被后，土壤流失的问题就得以控制。每个井场在这个过程需要 20000~50000 美元的费用。这对于井场周围的区域免受侵蚀破坏是一个重要的保护措施。

井场建设完工后，将设备运离井场就可以开始下一阶段的工作。表 1.4 总结了井场建设的相关成本。

表 1.4　与井场建设有关的平均成本

步骤	成本，美元
召集协调会议	—
土地侵蚀防护	15000
道路建设	15000
设备动员	15000
铲除和挖掘植被	23000
平整场地	213000
挖水池和做衬里①	70000
铺垫石块	15000
播种和做防护网	35000
总计	401000

①衬里费按 40000 美元计算。

1.4.3　阶段 3——钻井

每口井的钻井周期为 23～35 天，包括 5 天的设备动员和 18～21 天的钻井时间。这个阶段需要大量设备来配合钻机工作，如发电设备、处理和处置废液和废渣（包括钻井时的碎屑和钻井液返排时带出的碎屑）的设备、井口装置以及下部钻具总成（BHA）。

虽然本研究关注的是一个井场的一口单井，实际上有可能一个钻井平台有多达 6 口井，而且每口井有一个或多个水平分支。

Marcellus 页岩气井的钻井过程可以划分为两个不同的阶段：第一阶段，钻直井段到达 Marcellus 页岩产层上部，然后下入套管。套管的作用不仅可以保护井筒的完整性以防止井身垮塌，更重要的是可以保护井筒穿越任何含水层。钻 Marcellus 页岩气井的第二阶段，采取了适用于本行业的若干项最新的工艺技术。钻井承包商会用到井下马达和电磁探测设备，可以对钻头进行任意方向的导向操作，来钻遇在数千英尺以下、储层厚度不足 20ft 的疑似 Marcellus 页岩储层。气井的水平段可以使井筒有更大的泄流面积，从而采出更多的天然气。水平钻井的好处在于，一口水平井的产量相当于 6～10 口直井的产量。但钻水平井和直井的每一阶段都有不同的工序，钻井过程中每个阶段的成本大不相同。

总的钻井成本依井筒的垂直深度和水平段长度而定。Marcellus 页岩储层位于 Appalachian 盆地宾夕法尼亚西南部地区的地下大约 7000ft 处。一旦直井段钻至 Marcellus 页岩储层上部（大约 6000ft）时，就要开始在井筒内造斜。这个造斜段的垂直深度通常要 1000ft。造斜段在这个深度逐渐变得水平或与地表平行，这个深度通常被称为总垂直深度（TVD）。水平段通常要从造斜点开始，一直延伸到 Marcellus 地层深处约 4000ft 处。结果总的测量深度约为 11000ft，在业内通常被称为总测量深度（TMD）。

由于钻机的相关成本太高，大多数生产公司没有自己的钻机，也不自己操作钻机。在钻井过程中，他们会将这项工作以签订合同的形式承包给专业的钻井公司。

在钻一口 Marcellus 页岩气井的过程中，通常需要使用两个不同的钻机。小一点的钻机一般采用空气钻井的方式，先钻井筒的直井段，钻至 Marcellus 页岩产层上部。空气钻井时，钻机通过钻头向井内泵入大量空气，以用来携带钻屑返排到地面。另外一种大好几倍的钻机用来钻井筒的水平段。这个大型钻机使用水基或油基钻井液（通常称为钻井泥浆），在钻井过程中通过钻井液循环，将钻屑返排到地面。因为 Marcellus 页岩的脆性特征，在钻水平段有必要采用液体钻机。这种液体是不可压缩的，这样它才能够在钻杆钻进过程中支撑井壁，直至在井筒中下入套管。这种密度较大的钻井液（通常为 12～14lb/gal）还可以在钻井过程中，压住任何可能突然钻遇的高压气体（通常称为"溢流"）。

对于一个典型井场，钻一口井通常要 25～30 天，其水平钻机的租赁费加上人工费的总成本平均为 225500 美元。在钻井作业中，负责钻井作业监督和后勤管理的人员称之为钻井现场监督，他们的平均费用为 25500 美元。此外，生产公司还必须支付设备动员费和钻机安装费，这些费用平均为 32250 美元。

在每一个钻井阶段，钻机被放置在特殊防护区域内的一个装有衬里的坑里。每个井场的这些衬里费用约为 24000 美元，它仅用于在钻水平井和直井时，防止任何意外喷出的液体污染土地。

其他诸如浮式装置、扶正器、打捞篮等设备还要花费生产公司 11750 美元，这些设备在钻井过程中下入井筒内部以保护套管。钻机在井场就位后，生产公司还要支出的费用包括在整个钻井过程中钻机的燃料费、各种钻头以及扩眼器的费用。钻机运转的燃料费用平均为 32250 美元；钻头以及扩眼器的成本为 50000 美元；还有用于租用控制井眼轨迹的设备和工具，需要的成本总计为 45000 美元；各种卡车的运输费 5000 美元，以及租用各种各样的工具和服务的费用需要 56500 美元。

柴油发电机可以给整个钻井井场供电，这些发电机作为租赁设备的一部分，通常与钻机一起租赁得到。

每个井场多达 3 台 700A 的交流发电机，发电机采用变频驱动，所发的电与家用供电网络的功率一样。一般是两台发电机连续工作，第三台发电机备用，发电机轮换使用可以防止过度使用和发生故障。

发电机使用的燃料是非道路用柴油，是一种红色的免税柴油，它比普通的柴油价格便宜，但品质要差一些。一个钻井井场总共消耗的柴油费用约为 200000 美元。不仅是发电机要消耗柴油，还有其他使用柴油的设备。发电机每天消耗的柴油约为 2000～3000gal，每口井由发电机消耗的燃料费为 50000～75000 美元，这是按 2000～3000 gal/d，25 天的标准钻井时间计算而来。

Marcellus 气井在钻水平段之前，直井段的钻井费用平均为 457500 美元。

钻井期间，套管是用水泥固结在地下的。在钻垂直井段时，要使用 4 种不同尺寸的套管。第一层是导向套管，通常直径为 20in，有 20～40ft 长，具体深度依井筒中首次钻遇坚硬岩层的深度来决定。导向套管的作用是为井筒和后面的套管提供牢固的基础。导向套管的安装不需要水泥固定，通常是直接打入坚硬的岩层。第二层套管是表层套管，

直径为 $16^3/_4$ in。这层套管的长度要超过地下水层。Marcellus 页岩气井表层套管的费用平均为 19500 美元。

固定表层套管的固井水泥浆费用还要 15000 美元。接下来下入第一层技术套管，也被称为煤层套管，因为这个套管被下入井筒并要到达一定深度，以确保穿过地层当中的自然煤层。第一层技术套管的直径为 $11^3/_4$ in，下到大约 650ft 深，然后向上返回到地表。煤层套管的成本为 12625 美元，加上使用的水泥浆还要花费 10000 美元。最后，第二层技术套管要下到 2650ft 的深度，并再次向上返回到地表。第二层技术套管的下入深度远远大于表层套管和第一层技术套管，因为这层套管需要下到所有可能钻遇的水层和煤层以下。这层套管的成本由于其长度的原因要高得多，为 51500 美元，固井水泥浆的费用为 20000 美元。在所有的套管都下入井筒后，就要安装井口以悬挂每一层套管。井口装置的成本为 5000 美元。

在钻直井过程中所用到的水量，相比气井完井之后的其他作业而言很少。钻直井段唯一需要用水的地方，就是在空气钻井和用水泥固井的过程中，使钻下的泥土等碎屑悬浮起来，回流到有衬里的泥浆池中。钻每口井的用水量都有所不同，通常为 500000gal。则钻井过程中所用的淡水成本是 500000gal×3 美元 /10^3gal=1500 美元，而这通常是最低的价格，因为水的价格为 3～15 美元 /10^3gal 不等。天然气公司以 1000gal 为单位支付，他们也会与其他公司达成联合用水协议来降低行业的影响。

依井场地理条件的不同，钻井用水可以储存在水池或压裂罐中。这些水罐的数量各不相同，一般平均是 6 个左右。储水罐可以租借，相应的租金成本取决于租赁公司以及所租用水罐的大小。

通常，钻井用水是用卡车运到井场。当用管线输水时，管线的数量依据水源距离井场位置的远近而定。最长的距离大概是 5mile（钻井专家，个人通信）。管线的租用价格按英尺来计算，由于管线的租用成本为 90 美元 /ft，则管线的最高成本为 5×5280ft×90 美元 = 2376000 美元。采用水泵输水时，用于连接到水源的临时管线与其他钻井设备一样，也是租用的。

钻井液（即钻井泥浆）的其他材料成本大概是每口井 7500～25000 美元，这个金额取决于水平段的长度。通常，钻井泥浆可以在一定时间内重复使用，直到它开始变质就需要作适当处理。

宾夕法尼亚州西南部 Marcellus 页岩气井直井段的总钻井成本为 663275 美元。

直井段的钻井工作完成后，各级套管被水泥固结到位，直井钻机就会从井场撤走。

和直井钻机相同的是，大多数生产公司自己都没有水平钻机，这一阶段也必须与钻井公司合作。租用水平钻机的费用和操作钻机的人工费平均为 209000 美元。水平段钻机的设备搬迁和安装费需要 171000 美元。另外，还需要雇钻井现场监督来监督水平钻机的操作，费用为 26500 美元。

租用其他诸如浮式装置、扶正器以及打捞筒等工具，需要花费开采公司 15000 美元，他们还要支付的其他费用包括在水平钻进过程中，钻机运转的燃料费、不同型号的钻头以及扩眼器的费用。燃料费平均为 38000 美元，钻头和扩眼器的费用总共为 4000 美元，还有租用各种卡车的费用需要 25000 美元，以及各种类型的工具和杂七杂八的服务费共计144750 美元。

平均来看，生产公司安装和操作水平钻机的成本为 633250 美元。

水平钻井从直井段底部的造斜点开始。典型的水平井段大约为 5000ft 长，然而在钻井过程中每口井的长度也有差异，例如具体的地质状况会影响钻井的决策，从而影响水平段的长度，最长可达 9000ft，通常采用的策略是"在经济条件允许的情况下尽可能地延长水平段"（生产专家，个人通信，2011 年 8 月 18 日）。

钻井新技术的应用使得钻机能够控制钻头的钻井轨迹，从而能从垂直井段打到水平井段。为了钻水平井，开采公司必须租用专门用于控制钻头从直井钻到水平井的设备，需要的租赁费为 85250 美元。钻井结束后，要下入 $5\frac{1}{2}$in 的生产套管，费用为 248500 美元，水泥固井的费用为 80000 美元。此外，固井阶段运输水的费用为 4000 美元。这个钻井阶段井口设备的总费用为 25000 美元。

钻井过程中，需要专门的设备将钻屑从水中分离出来，即振动筛，它的费用也包括在钻机的成本中。需要处理的钻屑大约有 80 车，一辆卡车的载重量为 62000lbf（大约 28tf），每车的费用为 250 美元（钻井监督，个人通信，2011 年 3 月 25 日）。每倾倒一车钻屑的费用，依垃圾池的使用情况而有所不同。这个费用标准取决于特殊许可文件中"垃圾填埋场接受来自 Marcellus 页岩钻屑"的相关规定。

不论是钻直井还是水平井，都需要用到钻井液和化学剂。钻井液是水、黏土和各种化学剂的混合物，用来悬浮钻井时产生的岩屑和泥土，并将其返排到地面。这些钻井液在钻井过程中是循环使用的。在直井钻机搬离井口，等待水平钻机到位之前，井筒里会充满钻井液以避免井壁垮塌，保持井筒的完整性。填充直井段井筒的钻井液需要花费生产公司10000 美元，而在水平井段则需要更多的钻井液，费用为 127800 美元。钻井液会在完井后回收并用于下一口井的钻井。

在钻井的不同阶段，地质学家和工程师们都在发挥着他们的作用。他们不但要确定井位，还要直接在钻井平台上工作。他们与钻井工人们并肩作战，在钻井过程中随时进行分析和调整。因此，除了钻井液的相关费用外，生产公司还要给地质专家支付费用，用于对返排到地面的钻井液和岩屑进行分析。这个过程即录井，能够让钻井工人知道在钻井过程中钻遇地层的地质情况。这个技术不仅对钻井重要，而且对调配钻井液的化学组分，以适应不同深度的钻井条件都非常重要。在直井段的录井费用为 12000 美元，水平段为 11050美元。

宾夕法尼亚州西南部 Marcellus 页岩井水平段的钻井费用平均要花费 1214850 美元。

当气井完钻并下入生产套管后，就要把水平钻机拆卸并搬至另一个井场，这个费用已包括在上面提到的设备动员费里面。

钻一口井深为 11000ft 的 Marcellus 页岩气井的平均成本为 1878125 美元（钻井费用的各项明细见表 1.5）。总的说来，依钻遇地层条件的不同，Marcellus 页岩气井的钻井周期大约为 18～21 天。

还有其他许多因素会影响钻井和压裂的成本，例如在钻井过程中任何有可能用到的安全措施都会增加成本。考虑到钻井零部件价格昂贵,如钻头和昂贵的配件等,需要将这些设备或材料储存在安全储物柜中,如 CONEX 集装箱。每个这样的储物柜依其大小的不同,加上运到井场的费用一般为 2000~4000 美元,甚至会更多。购买井场的防护栏要花费60000~110000 美元,如果租用的话花费要少一些。

1.4.4　阶段 4——水力压裂

水力压裂是在高压条件下,向井内注入压裂液的过程。高压下的水和各种添加剂的混合物可以压开页岩,压裂液中携带的砂可以支撑裂缝,使得天然气从储层中流出(Harper和 Kostelnik)。

一旦 Marcellus 页岩气井完钻并下入套管,水泥浆固井达 24h 以上,就可以开始进入完井阶段。完井费用大概占整个气井费用的 40%~60%,估计行业的平均价格为每英尺500~600 美元。

表 1.5　钻井相关成本分析

阶段	成本分析	金额,美元
垂直钻开阶段	表层套管(淡水):$16\frac{3}{4}$in	19500
	第一层技术套管(煤层套管):$11\frac{3}{4}$in	12625
	第二层技术套管:$8\frac{5}{8}$in	51500
	井口装置	5000
	浮式装置、扶正器、打捞筒等	11750
	按日计费的钻机	225000
	钻机动员费:所有钻机	32250
	燃料	32250
	钻头、扩眼器、工具、动力钳	50000
	水池衬里	24000
	钻井液与化学材料	10000
	钻井类型(定向钻井、转向井)	45000
	表层套管固井	15000
	第一层技术套管固井	10000
	第二层技术套管固井	20000
	卡车运输	500
	泥浆录井	11900
	工程顾问/井场大班	25500
	各种工具、服务和租赁费	56500
	运输用于固井和钻井的淡水	5000
	垂直钻井阶段小计	663275

阶段	成本分析		金额，美元
水平钻井阶段	生产套管：$5\frac{1}{2}$in		248500
	井口装置		25000
	浮式装置、扶正器、打捞筒等		15000
	按日计费的钻机：轻便顿钻机，技术套管钻机，水平段钻机		209000
	钻机动员费：所有钻机		171000
	燃料		38000
	钻头、扩眼器、工具、动力钳		4000
	钻井液与化学材料		127800
	钻井类型（定向钻井、转向井）		85250
	生产套管固井		80000
	卡车运输		25000
	泥浆测井		11050
	工程顾问/井场大班		26500
	各种工具、服务和租赁费		144750
	运送用于固井或钻井的淡水		4000
	水平钻井小计		1214850
总钻井费用			1878125

　　这个价格随水平井段的长度和压裂段数的不同而有所不同。如水平井段较长，可以有更多的长度来摊薄固定成本，降低单价。如果压裂段数较多，需要更多的时间和材料来完成压裂，则提高了每英尺的价格。对于一个水平段有 4500ft 长，假设需要进行 15 段压裂的 Marcellus 页岩水平井而言，估计所有相关成本大概为 250 万美元。给 Marcellus 页岩提供水力压裂服务的公司有哈里伯顿公司、BJ 服务公司、贝克休斯公司、卡尔压裂服务公司和斯伦贝谢公司。

　　完井阶段的第一步是要洗井，然后把射孔枪下入井筒，直至到达水平段的最远端。这两个步骤可以通过连续油管作业设备来完成。有时射孔枪也可能是通过定向钻井作业下入井筒，这要视具体情况而定。初次洗井和第一阶段射孔的费用大概是 35000~50000 美元。这个过程如果通过连续油管作业来完成需要 3~5 个工人和一台连续油管作业设备。

　　一旦第一阶段的射孔完成后，提出射孔枪开始压裂。这个过程需要在井口周围的拖车上安装 12~18 个大型水泵作为辅助设备，以 75~100lb/min 的泵速向井底注入压裂液。所有水泵都要用高压水管线连接，水泵的联合功率为 25000~30000 液压马力。

　　水是从井场上的完井用水池中抽汲上来的，这种池子能够容纳几百万加仑的水。当然也可以通过其他方式来提供压裂用水。当大量的水被注入井底，井筒压力升高。Marcellus 页岩地层的破裂压力为 6500～9000psi，这取决于当前的地层压力，平均破裂压力为 7000psi。压裂用水和各种添加剂混合制成压裂液，被泵注到井底，进入套管的射孔处。压裂液在 4000～8000ft 长的水平段从各个射孔处喷射出去，并在储层中延伸，从而压开储层。页岩非常致密，在压裂之前通常不会释放气体。

完成一个阶段的压裂需要 12～18 台水泵运转，估计需要消耗的柴油燃料为 4000gal，目前这种非道路用柴油的价格为每加仑 4 美元。

通常每口井所需的压裂用水的数量各不相同，因而在本节内容中收录的信息有一定差异。有的调查认为每口水平井用于压裂的淡水大概为 4×10^6～4.5×10^6gal 或者是 5.6×10^6gal（钻井专家，个人通信，Chesapeake，2010）。还有的调查认为，压裂一口水平井大约需要的淡水为 3×10^6gal（Soeder 和 Kappel，2009；Airhart，2007）。而近期宾州州立大学的一项研究表明，水平井压裂用水为 4×10^6～8×10^6gal（Abdalla 和 Drohan，2010）；也有报道说每口井需要 4×10^6gal 的水、砂和化学剂（Hamill，2011）；对于一口 Marcellus 页岩的直井，需要消耗 500000～1000000gal 的水（Harper，2008）。

由于 Marcellus 页岩大多是水平井，从经济影响角度评估，一口 Marcellus 页岩气井在压裂过程中消耗 4×10^6gal 的淡水量是合理的。按 4×10^6gal 的淡水，3 美元 /10^3gal 的单价计算，则需要 12000 美元。一些 Marcellus 页岩气井在整个开采过程中需要多次重复压裂（Abdalla 和 Drohan，2010）。

压裂用水通常存储在 1～2 个水池中，水池的费用依其大小、需要移除的覆盖物多少、池子所在位置的地形、地势以及其他因素决定。建造这样的水池平均需要大约 120000 美元；另外，水池的衬里和围栏需要花费 60000～70000 美元。对于这样的池子，只需要进行一些例行的检查，偶尔对衬里做一些小的维修，没有多少必要的维护措施。

至于在钻井过程中所用到的水，也需要用管线来输送。这种情况下，根据水源到储水池距离的远近，需要安装几千英尺到几英里（最多 5mile）长的管线。这些管线是租用的，按英尺为单位来计算，租用的单价为每英尺 90 美元，则租用管线最多需要花费 $5 \times 5280 \times 90 = 2376000$ 美元。

除了用储水池，偶尔也会用储存罐来存储用水。

注压裂液所用到的泵一般都是从输水公司租用的，其费用依据运转时间的长短、使用的天数以及其他若干因素来决定。

压裂液除淡水外还包括其他一些成分，这些材料的费用通常是完井成本的一部分，一些服务公司如哈里伯顿公司和 BJ 服务公司等都是这样计费的。

在压裂过程所使用的砂用于支撑裂缝，让气体更容易流出。估计每 300ft 长需要用 250t 的砂。目前压裂砂的售价（包括运输的费用）估计为每吨 4 美元。这取决于柴油的价格和距离井场位置的远近，有各种等级的砂可以使用。

在一些公共出版物中刊登了关于压裂液常规组分的文章，但这种专业论文通常不为大多数人所理解。压裂液通常由 92.23% 的水、6.24% 的砂，还有 1.54% 的其他流体组分和添加剂组成，其作用是有助于提高压裂效果（哈里伯顿公司，2011）。不同的压裂作业所使用的压裂液组分是不同的，这取决于公司的习惯做法、水源性质和地层特征（如储层的盐分）等因素。常见的成分包括盐酸（HCl）、减阻剂、杀虫剂和除垢剂（哈里伯顿公司，2011）。这些添加剂的总费用为 75000～200000 美元。

有少量压裂液（大约 10%～20%）会返排到地面。一般在压裂后的前两周，需要对返排的压裂液进行处理。压裂用水涉及很多环境问题，因为其中可能含有压裂溶液、浓盐水和从井内返排出来的其他矿物。在压裂过程中，这些返排液大约占 10%，其中一部分可以重新用于压裂。

在 Susquehanna 河盆地的 220 口井中，在 2008 年 6 月 1 日至 2010 年 5 月 21 日期间，59% 的井都使用了压裂过程中的返排液，88% 的返排液都在现场得以利用（Abdalla 和 Drohan，2010）。在这 220 口井中，返排液再利用的总量是 44.1×10^6gal，其中处理的返排液量为 21.0×10^6gal（Abdalla 和 Drohan，2010）。

此外，钻井和压裂两个工序使用水（钻井过程用水和返排的压裂液）的过程是完全相同的。然而，即使每天返排的水量只有 5～100bbl，但在气井的整个生命周期中处理好水是一个持续的过程。水力压裂平均需要 4.5×10^6gal 的水，则这个过程需要回收 450000～900000bbl 的水。

这两类水回收利用的成本主要取决于返排水需要净化处理的程度。简单处理的费用为 10～14 美元 /bbl。但由于近期有关法规的变化，限制了水处理厂对 Marcellus 页岩气田废水的回收。循环水依其净化等级的不同，价格为 3.50～5.50 美元。当水仍然含有盐分和少量化学成分，能够在钻井和压裂过程中再次使用时成本就较低。5.50 美元价格的水已经非常纯净，能够达到饮用水标准。

要获得循环水和处理水可以有以下几个选择：要么在井场放置一个可以移动的设备以限制运输成本，将水运到污水处理厂或者是地下水回注站；要么是建立一个管网系统直接将水输到处理厂。后者的变动成本较低，但只有在多口井同时存在于一个比较集中的区域才有意义。地下回注比循环使用的费用更高，但比水处理的费用要低（Cookson，2010）。

移动式废水处理装置可以购买也可以租用。购买一套设备大约需要 4000000 美元，租用的话每个月为 79500 美元。另外，操作成本（如燃料费、人工费等）有 73000 美元。无论选择何种方式，循环用水的成本大致相同。使用移动净水器进行处理的费用为每桶 2～4 美元，费用高低取决于净化的程度，最低标准为 2 美元的水就可以循环使用（Fountain Quail 自来水管理公司，www.fountainquail.com，个人通信）。

返排液要做循环处理的话，需要水罐车运输 200～300 车次。钻井公司可以选择将这些水回收利用到新井中，这样这些返排液就可以在另一个井场进行循环利用。应用循环用水模式，每口井可节省 200000 美元，减少水罐车 1000 车次的运输量（Cookson，2010）。

除了返排液外，井口产出物还包括井下垃圾、损坏的材料和设备。钻井公司需要保持钻机清洁，确保其测量功能正常。所以，他们需要与专业的刮洗钻头的清洁公司合作，以保证工程师在钻井过程中顺利读取测量数据。

水力压裂作业需要一支 25～30 人的专业队伍，包括工程师和现场操作人员。一旦第一段成功实施压裂后，就要下入桥塞封隔已压裂段，防止水进入已完成段并阻止天然气喷出地面。与这个桥塞一道，要下入另一支射孔枪以进行第二段射孔。

这可以通过连续油管或钢丝作业来完成。桥塞和射孔枪要下入垂直井段的底部，并且需要到达第一段的底端。这个过程可以通过向井底泵入水来将桥塞和射孔枪送入到所需位置。一旦桥塞坐封，射孔枪就可以射孔，压裂过程就如此重复进行。将桥塞和射孔枪泵送到井底需要 3～5 个操作工人以及钢丝绞车、吊车和压力控制设备。桥塞和射孔枪的价格分别为每个 5000～15000 美元，完成一个 400ft 长水平段的射孔和下入桥塞的费用为 15000～25000 美元。

对每口井而言，压裂的段数和每一段的长度都要通过专门的工程设计。大致来讲，对于一口水平段长 4500ft 的井，会分为 10～20 段（平均 15 段），每一段长 200～500ft（平均 350ft）。完成每一段的时间表是依照施工计划进行的，如果每天施工 12h，可完成 2～3 段的压裂；每天施工 24h，可完成 4～5 段的压裂。

每一段压裂的全部费用预算为 120000～180000 美元，这个价格包括之前提到的所有费用（压裂砂、燃料、桥塞、射孔枪、服务费）、部分动员费及复原费为 75000～150000 美元（取决于井场的位置）以及压裂服务费（成本的其他部分）。在压裂过程中还可能需要如照明、住房等其他设施，可以通过向生产公司或服务公司租赁或购买。

对于一口水平段长为 4500ft 的 Marcellus 页岩气井，平均压裂段数估计为 15 段，每一段的平均长度为 300ft。若以完成每一段的平均压裂费用为 150000 美元来计算 [(120000+180000)/2=150000 美元]，则成功压裂一口 Marcellus 页岩气井的费用为 250 万美元。

1.4.5　阶段 5——完井

气井完井需要 10～15 天，包括回收返排液、试井、水的回收利用 [和（或）处理]、点火（若需要）以及安装采油树。

压裂过程结束后，最后的工序就是钻桥塞、返排和洗井。这个过程无论如何需要 150000～250000 美元。本研究中，我们取平均值 200000 美元，而实际一口井的完井费用与井场位置、需要回收使用的水量有密切关系。一旦返排结束，压裂过程使用的大量液体返排后，这口井就可以移交给生产公司开始生产。

钻井结束后，具有多个组成部件的井口装置（包括套管头、油管头和采油树）被安装在井口，然后就可以准备从井中开采烃类物质了。地层内的高压气体和液体会释放出来，需要井口装置能够承受 2000～200000psi 的压力。由于暴露于各种天气条件下，井里的返排液有潜在的腐蚀性，要求井口装置采用不锈钢材料，并可以承受 −50～150℃ 的温度变化。井口装置必须能够承受足够的压力以防止泄漏和井喷的发生（NaturalGas.org，2010）。

安装井口部件的总费用估计为 400000～500000 美元（生产工程师，个人通信，2011 年 4 月 24 日），主要包括：

（1）安装费。安装整个井口装置的人工费，大致为 50000 美元。

（2）场地碎石费。平均使用 500t，按每吨 30 美元计算，则大致需要 15000 美元。

（3）套管头。在套管和地面之间起密封作用的重型部件，材料通常为钢或合金钢，依井口压力等级的不同，平均成本为 200000～300000 美元，取决于井口压力的高低。

（4）油管头。油管头起密封套管内的油管和油套环空的作用，连接和控制井内流出的气体和液体。平均价格为 50000～75000 美元。

（5）采油树。安装在套管头和油管头上面的一个部件，包含管件和阀门，用于控制从井内流出的干湿烃类和其他流体，它的作用是控制油气以一定的生产制度从井筒产出。典型的采油树高约 4ft（Sweeney 等，2009），用钢和合金钢制成。平均价格为 50000 美元。

（6）测量系统。监测天然气的生产，平均价格为 25000～50000 美元。

井口装置安装完成后，井场之前被临时征用但后面不会用作生产的土地就要进行复垦回收。在钻井作业结束后，临时土地的复垦要依据该井开发活动开始之前批准的计划来进行。复垦井场需要评估以下几个因素：井场所在环境生长的动植物的质量和数量、自然特征，这些环境和地产的综合特征，目前生长在该地块的植物和野生动物种类，以及基于现在的环境有可能在此地块生存的物种种类等，这些特征在不同的井场有很大差异（自然资源保护部，2011）。

一口井在钻井过程中，井场面积大约为 300ft×500ft，在复垦回收期，最初修建井场面积的 40% 可以被恢复，其余 60% 的井场面积被用来留作维护通道、产出水的贮存以及上述提到的生产设备。因此，复垦的土地面积大约为 120ft×200ft（Anderson，Coupal 和 White，2009）。

复垦部分的费用估计为 500000～800000 美元，其价格主要取决于现场条件，具体包括：

（1）把井场清理干净恢复原貌的费用为 75000～150000 美元，这在很大程度上取决于地貌特点以及为平整井场所运移的土方量（建筑专家和生产专家，个人通信，2011 年 4 月 12 日）。

（2）复原用碎石建造的临时公路预算为 180000～250000 美元。这个价格取决于现场情况以及到主干道的距离（建筑专家和生产专家，个人通信，2011 年 4 月 12 日）。

（3）表层土的复原（按 2in 厚计算）大约需要 6912000in³（或 40t）的土方，复原表层土的费用大致为 20 美元/yd³，则估算复原表层土的总成本为 3000 美元（CSGNetwork.com，2011）。这一成本不包括临时修建的道路，因为道路的远近差别较大。表层土可以在井场建设期间储存起来，就节省了购买表层土的费用。

（4）绿化与植被恢复，需要使用本地的各种植物种子，以使土地恢复到原来的自然状态。如果该地区原来是农场，则仅需要在上面播种即可，其成本通常为 30000～50000 美元。如果该地区是茂密的森林或还包含其他种类的植物，则复原到其原始面貌的成本差异就比较大。土地所有者也有可能要求在土地复原时，加种某些特别的树和种子（建筑专家和生产专家，个人通信，2011 年 4 月 12 日）。

（5）水池的复原，平均需要 15000～25000 美元（建筑专家和生产专家，个人通信，2011 年 4 月 12 日）。包括水池衬里的拆除、水池回填以及当水池衬里出现裂口后对周边环境的补救。

（6）公路的修复与井场开发过程中对其损坏的程度密切相关。某些市政府正计划要求经营者预留出 150000～300000 美元的费用用于公路维修（Bath，2011）。宾夕法尼亚州通常在道路使用协议中要求，道路使用者在经营活动结束后 60 天以内，要自费将道路恢复至使用之前的状态或者更好的状态（泥土和碎石路研究中心，2011）。修复公路需要的费用会超过500000美元甚至更高，与现场状况有关（建设专家，个人通信，2011年4月12日）。

（7）井场周围通常要安装铁丝网围栏（160ft×300ft），假设每一段围栏是6ft高、6ft宽，则每月的租金大概是215美元，或者按每6ft宽需要1.42美元来计算，总的租用成本依据围栏的数量和气井生产的时间而有所不同（国家建设租赁代表，个人通信，2011年4月26日）。

1.4.6 阶段6——生产

考虑到此研究的目的，生产阶段只包括了集输系统和管线，天然气（和其他副产品）的处理过程不在本研究范围之内。而在我们的研究范围内，包含了一口井在7~15年的生命周期中所必须的一些设备。成本费用包括各种一次性成本，如完成井场（通常为300ft×500ft）平整的费用、集输管线、临时复垦（如防腐处理、环境复原、道路维修）等费用，还有不断支付给出租方的跟生产相关的矿区使用费。

1.4.6.1 集输管线

钻井和压裂阶段完成后，天然气就开始从井底流出，需要安装输气管线将天然气从井口输送到用户市场。根据美国石油协会（API）的规定，天然气集输管网包括三个系统：

（1）集输系统。生产井通过小直径的管线相连接，这些管线将符合管道外输标准的天然气从井口直接输送到主管网。但是，由于宾夕法尼亚州西南部的大部分Marcellus页岩气井生产的天然气都是湿气，需要在净化厂进行处理以去除杂质和天然气凝析液（NGLs），例如丙烷和丁烷，然后再进入转输系统。

（2）转输系统。"通常从产地经过长距离的输送将已净化的大然气输送到国内各地的分配系统"（美国石油协会，2011a）。转输系统中29%为州内管线，71%为州际管线。

（3）木地分配系统。分配系统作为地方公共设施，是一条连接"城市门户"的洲际管线（美国石油协会，2011b）。天然气由此输送到各个家庭、企业和其他终端用户。

在确定地役权后，集输管线要在生产活动开始之前进行铺设。集输管线将多口气井连接起来，依据产量的大小，管线的直径通常为4~24in（Klaber，2010b），从我们对公司的采访得知，集输管线的安装和材料费大致为每英尺90美元。因此在加上地役权费用后，集输管线每英尺的总成本为95~120美元，其中地役权费的多少决定了此项费用的高低。与集输相关的成本见表1.6。

表1.6 与集输相关的成本

集输管线每英尺成本，美元		单井平均集输管线长度 ft	单井总成本 美元
地役权使用费	材料和安装费		
15	90	4500	472500

然而，由于"Marcellus集输管线的直径和压力通常要大于宾夕法尼亚州已有的生产集输系统"，一些行业资料也显示：每英里新管线的经济影响大约为100万美元（Klaber，2010a），相当于每英尺189美元。

1.4.6.2 矿区使用费

钻井之前,生产商需要与土地所有者进行谈判,签订矿产租赁协议。然而,整个租赁过程(从钻井和开始生产之前拥有石油和天然气的租赁权,而后历经整个生产阶段一直到生产结束)都要支付使用费。(环境保护部,2010)。法律规定付给土地所有者的矿区使用费,最少为油气产出价值的1/8,即是12.5%(油气租赁,宾夕法尼亚州法典第58部第33章和第34章)。基于各个公司的考虑,矿区使用费为12.5%~25%不等,目前行业的平均值大约为15%(Green,2010)。

计算土地所有者矿区使用费的方法有多种(宾夕法尼亚州,2011)。其中,天然气矿区使用费估算法(http://geology.com/royalty/)(Geology.com,2011)在各生产公司和土地所有者的谈判中被广泛采纳。

矿区使用费的估算见表1.7,是基于一个生产单元也是钻天然气井的最小理想单元进行预算。为了计算一个生产单元的矿区使用费,需要作如下假设:Marcellus页岩气井的平均行业矿区使用费率为15%;基于2010年的平均水平,井口气价格为4.16美元(美国能源信息署,2011),平均单井产量为$1.3 \times 10^6 ft^3/d$(Harper和Kostelnik),在一个640acre的生产单元只有一口井。估算表明预计支付给土地所有者的矿区使用费约为每年300000美元。在一口井的整个生命周期内,矿区使用费率的大小在很大程度上影响着每年支付的矿区使用费的金额。

表1.7 天然气的矿区使用费

天然气矿区使用费估算	最可能的情形
矿区使用费率,%	15
井口气的平均价格,美元	4.16
平均日产量,$10^3ft^3/d$	1.3
气井生产单元中的自有面积,acre	640
气井生产单元的面积,acre	640
预计每年的矿区使用费,美元	296088

资料来源:geology.com/royalty/。

1.4.7 阶段7——修井

在我们的经济影响分析中并不包括修井,它作为确保气井持续生产的一部分,不仅仅发生在气井的最初开发阶段,而是贯穿于井的整个生命周期。修井工作包括发电,例如用太阳能和各种现场发电机给采油树供电,增产措施(如水力压裂)、设备维修和保养等。

1.4.8 阶段8——封堵和废弃/环境复原

井的封堵、废弃和井场环境复原的相关工作,例如景观修复和道路维修,不在我们经济分析考虑的范畴。

1.5 Marcellus 页岩单井价值链的概述

本研究通过调查 Marcellus 一口页岩水平井的直接经济影响，评估了 Marcellus 页岩天然气的开采过程，一口典型井的成本费用超过 700 万美元。这些费用见表 1.8。

总的来说，当成本较高时，Marcellus 页岩气井的开发就有可能对该地区产生较大的经济影响。开发中的主要成本有：井场准备和复原（接近总成本的 2/5）、设备和材料的搬迁（包括钻机和水力压裂设备）、整个过程所要用到的发电机，还有钢材和钢铁制品。本文主要分析的是最显著的直接经济效益，未包括间接的和派生的经济效益。

对于一些勘探与生产公司来说，他们依靠租用或购置设备以及引进人力资源，让个体企业专注发展其核心竞争力，并为专业公司提供机会，让他们都参与到这个价值链中。

表 1.8　估计 Marcellus 页岩气井的总成本

阶段描述	金额，美元
收购和租赁	2191125
许可	10075
井场准备	400000
垂直钻井	663275
水平钻井	1214850
压裂	2500000
完井	200000
生产集输	472500
总计	7651825

政府对当前行业的规范管理起着关键作用，宾夕法尼亚州正在考虑对现行法律法规的修订工作。出台新的法规或针对现行法规作出的某些修订，会对未来 Marcellus 页岩气井的钻井和开采成本产生影响。随着生产公司对这些法规的执行，必然会引起价值链的影响。显然，目前所开展的直接经济影响分析的研究是准确的。而对于将来，Marcellus 页岩气井总的直接经济影响将因管理成本、执行成本、通货膨胀压力和材料、人工成本的改变而有所不同。

感谢对本研究大力支持的匹兹堡大学（约瑟夫 M. 卡茨商学院和卓越创业研究所）和华盛顿县的能源合作伙伴（一个企业集团，是当地政治和经济的发展组织）（Bradwell，2010）；感谢 EQT 公司让我们得以进入钻井现场，并向工作人员搜集到第一手的数据资料。

参加这项研究的有卡茨商学院 MBA 班的学生，他们分别是：Michelle K. Bencho，Ian Chappel，Max Dizard，John Hallman，Julia Herkt，Pei Jiuan Jiang，Matt Kerec，Fabian Lampe，Christopher L. Lehner 和 Tingyu（Grace）Wei；还有 CBA 商学院本科班的一些学生：

Bill Birsic，Emily Conlter，Erik M. Hatter，Donna Jacko，Samuel Mignogna，Nicholas Park，Kaitlin Riley 和 Tom Tawoda。卓越创业研究所 Panther 实验室的 Eric Clements 和 Rorflan Harlovic 作为学生们的实习顾问，参与了这样研究工作。

参 考 文 献

Abdalla CW，Drohan JR（2010）Water withdrawals for development of Marcellus Shale gas in Pennsylvania（Marcellus Education Fact Sheet）. Penn State College of Agricultural Sciences，Cooperative Extension，University Park. http：//extension. psu. edu/water/resources/publications/consumption-and-usage/marcelluswater. pdf

Airhart M（2007）A super-sized thirst. Jackson School of Geosciences，The University of Texas at Austin. http：//www. jsg. utexas. edu/news/feats/2007/barnett/thirst. html

American Petroleum Institute（2011a）Natural gas pipelines：introduction. http：//www. adven-turesinenergy. com/Natural-Gas-Pipelines/index. html

American Petroleum Institute（2011b）Natural gas pipelines：city gates. http：//www. adventuresin-energy. com/Natural-Gas-Pipelines/City-Gates. html

Anderson M. Coupal R，White B（2009）Reclamation costs and regulation of oil and gas development with application to Wyoming. Western Economics Forum，Spring 2009. http：//agecon-search. umn. edu/bitstream/92846/2/0801005. pdf

Barth J（2010）Unanswered questions about the economic impact of gas drilling in the Marcellus Shale：Don't Jump to Conclusions. JM Barth & Associates，Inc，Croton on Hudson. http：//occainfo. org/documents/Economicpaper. pdf

Bath M（14 Apr 2011）County，drillers nearing accord on road use agreement. Steuben Courier. http：//www. steubencourier. com/news_now/x230265204/County-drillers-nearing-accord-on-road-use-agreement

Bradwell M（Aug 2010）Washington county designated as "Energy Capital of the East". Washington County Business Journal. http：//www. washingtoncountybusinessjournal. com/stories. php?id=aug10p07s01&month=aug10

Center for Dirt and Gravel Road Studies（2011）Municipal road use agreement. Center for Dirt and Gravel Road Studies. Larson Transportation Institute. Penn State University. http：//www. dirt-andgravel. psu. edu/Marcellus/Documents/Sample_RUMA. pdf

Cookson C（2010）Technologies enable frac water reuse. The American Oil & Gas Reporter. Retrieved from http：//www. drakewater. com/Oil_Gas_Reporter_March 2010. pdf

Crompton JL（1995）Economic impact analysis of sports facilities and events. J Sport Manage 9（1）：14-35

Crompton JL（2006）Economic impact studies：instruments for political shenanigans?J Travel Res 45：67-82

CSGNetwork. com（2011）Top soil cover quantity and cost calculator. http：//www csgnetwork. com/topsoilcalc. html. Accessed 24 Apr 2011

Department of Conservation and Natural Resources（2011）Gas exploration：managing the impacts. http：//www. dcnr. state. pa. us/forestry/marcellus/impacts. html. Accessed 24 Apr 2011

Department of Environmental Protection（2010）Landowners and oil and gas leases in Pennsylvania：answers to questions frequently asked by landowners about oil and gas leases and drilling. Department of Environmental Protection（DEP）. Commonwealth of Pennsylvania. http：//www. elibrary. dep. state. pa. us/dsweb/Get/Document-81979/5500-FS-DEP2834. pdf

Geology. com（2011）Natural gas royalty estimate. http：//geology. com/royalty/

Green E（February 28，2010）Marcellus Shale could be a boon or bane for land owners. Pittsburgh Post-Gazette.

http：//www. post-gazette. com/pg/10059/1038976-28. stm

Halliburton （2011） Hydratilic fracturing：fluids disclosure. Accessed 10 Aug 2011. http：//www. halliburton. com/public/projects/pubsdata/Hydraulic_Fracturing/fluids_disclosure. html

Hamill SD （27 Feb 2011） Scope of Marcellus Shale drilling job creation a matter of conjecture. Pittsburgh Post-Gazette. http：//www. post-gazette. com/pg/11058/1128037-85. stm

Harper JA （2008） The Marcellus Shale an old "new" gas reservoir in Pennsylvania. Pennsylvania Geology 38（1）：2-13. http：//www. dcnr. state. pa. us/topogeo/pub/pageolmag/pdfs/v38n1. pdf

Harper JA，Kostelnik J （n. d. ） The Marcellus Shale play in Pennsylvania. Commonwealth of Pennsylvania. Department of Conservation and Natural Resources. http：//www. dcnr. state. pa. us/topogeo/oilandgas/Marcellus. pdf

Hefley WE，Seydor SM，Bencho MK，Chappel I，Dizard M，Hallman J，Herkt J，Jiang P J，Kerec M，Lampe F，Lehner CL，Wei T，Birsic B，Coulter E，Hatter EM，Jacko D，Mignogna S，Park N，Riley K，Tawoda T. Clements E，Harlovic R （2011）. The economic impact of the value chain of a Marcellus Shale Well. Working paper. Katz Graduate School of Business. University of Pittsburgh. http：//d-scholarship. pitt. edu/10484/

Klaber K （2010a） The Marcellus multiplier：expanding Pennsylvania's Supply Chain （October 21. 2010） [PowerPoint slides]. Marcellus Shale Coalition，Canonsburg. http：//www. scrantoncham-ber. com/uploads/press/ShalePresentationPart11287772770. pdf

Klaber K （2010b） Safety and utility oversight of natural gas gathering pipelines in Pennsylvania. [PDF document]. Marcellus Shale Coalition，Canonsburg. http：//www. puc. state. pa. us/naturalgas/ pdf/ MarcellusShale/MS_Comments-MSC. pdf

Louisiana Oil and Gas Association （2008） Horizontal drilling animation. Haynesville Shale Education Center. Louisiana Oil and Gas Association. http：//www. loga. la/drilling. html

Miller RE，Blair PD （2009） Input-output analysis：foundations and extensions （2nd revised edition） . Cambridge University Press，Cambridge，UK

NaturalGas. org. （2010） Well completion. NaturalGas. org. 2010. http：//www naturalgas. org/naturalgas/well_completion. asp. Accessed 24 Apr 2011

Penn State （2011） Royalty calculator. The Pennsylvania State University. College of Agricultural Sciences Cooperative Extension. http：//extension. psu. edu/naturalgas/royalty-calculators

Soeder DJ. Kappel WM （2009） Water resources and natural gas production from the Marcellus Shale （Fact Sheet 20093032） . U. S. Geological Survey，U. S. Department of the Interior. Baltimore

Sweeney MB et al （2009） Study guide I. Marcellus Shale natural gas：from the ground to the customer. （The League of Women Voters of Pennsylvania Marcellus Shale Natural Gas Extraction Study 2009-2010） . The League of Women Voters of Pennsylvania. http：//palwv. org/ issues/Marcellus Shale/Marcellus% 20Shale% 20Study% 20Guide% 20Parts% 2015. pdf

U. S. Department of Commerce （1997） Regional multipliers：a user Handbook. for the Regional Input-output Modeling System （RIMS II） ，Third Edition，March 1997. U. S Department of Commerce，Economics and Statistics Administration，Bureau of Economic Analysis，Washington，DC. https：//www. bea. gov/ scb/pdf/regional/perinc/meth/rims2. pdf

U. S Department of Energy，Office of Fossil Energy，National Energy Technology Laboratory （2009） Modern Shale gas development in the United States：a primer. National Energy Technology Laboratory，Stategic Center for Natural Gas and Oil，Morgantown. http：//www. dep. state. pa. us/dep/deputate/minres/oilgas/US_ Dept_Energy_Report_Shale_Gas_Primer_2009. pdf

U. S. Energy Information Administration （2011） Natural gas [Data File]. http：//tonto. eia. doe. gov/ dnav/ng/ hist/n9190us. 3M. htm

第2章 宾夕法尼亚州华盛顿县页岩气的经济分析

Yongsheng Wang，Diana Stares

[摘　要] 本研究调查了宾夕法尼亚州华盛顿县非常规页岩气钻采活动的经济潜力，它填补了宾夕法尼亚州西南部 Marcellus 页岩开发对县级经济分析研究的空白，Marcellus 页岩是美国页岩气开发最活跃的地区之一。本研究采用投入—产出模型，基于公共信息对钻采活动进行分析，以估算其总体经济潜力。另外，还研究讨论了在租金、矿区使用费、专利和版权费、其他应纳税收入、当地住房和租赁价格、县实际的房地产税收收入、营业税收入、酒店入住率以及县级土地使用费收入等方面纳税收入的变化。

2.1　概述

宾夕法尼亚州华盛顿县位于 Marcellus 页岩区的重点区域，在 Marcellus 页岩开发的最初几年里，经历了重大的气井开发和生产过程，这些资源的开发给当地经济带来了机遇和挑战。尽管 Washington 县凭借其以前在油气开发和煤矿开采方面的历史经验，采掘业比较熟悉，但目前新兴产业经济活动的激增对该县的劳动力和经济实力都会带来不小的冲击。因此，大量具有非常规天然气工作经验的工人、工程师和专业服务人员，从加利福尼亚州、科罗拉多州、路易斯安那州、俄克拉何马州和得克萨斯州等传统的油气生产地区，跟随开采的装备来到宾夕法尼亚州。

使用这些州输送的专业人员和设备会带来两个经济问题：地方化和可持续性。本研究所谓的地方化指从事非常规页岩气产业的企业单位及其员工、私营业主（即页岩气公司的所有者和页岩气资源的所有者）在 Washington 县当地消费所占的比例，这在区域研究中被称为当地采购率（LPP）❶。这种发展带来了两个问题：非常规天然气开发活动如果有较高的地方化水平会带来更多的经济效益吗？深化这一新兴产业的经济关系会给县里的发展带来长期的繁荣吗？

为了回答第一个问题并把握该行业的大局，本研究提出了非常规天然气开发在产量、税收和就业方面的经济潜力。本研究未对第二个问题提供明确的应对方案，然而研究表明，在过去的 10 年中，当地的经济活动如零售业、酒店租赁以及住房的购买和出租都有所增长，很明显与非常规页岩气的开发有关。但非常规页岩气的开发还处于早期阶段，随着开

作者简介：
Yongsheng Wang（王永生）
美国宾夕法尼亚州华盛顿林肯大街南 60 号，华盛顿杰佛逊学院经济与贸易系；e-mail：ywang@washjeff.edu。
Diana Stares（戴安娜·斯特尔斯）
美国宾夕法尼亚州华盛顿林肯大街南 60 号，华盛顿杰佛逊学院能源政策和管理中心；e-mail：dstares@washjeff.edu。

❶ 当地采购率被定义为是对当地经济产生影响的价值。源自经济影响分析报告 http://implan.com/V4/Index.php。

发的深入还会表现出更为显著的影响。

2.2　Washington 县的经济

　　Washington 县位于宾夕法尼亚州的西南角，是匹兹堡大都市统计区的 7 个县之一。根据美国 2010 年人口普查统计，该县有 857mile²，有 207820 个居民。

　　100 年来，Washington 县的经济主要以农业为基础，从 19 世纪晚期到 20 世纪中叶，其经济因工业的发展而迅速增长。根据华盛顿计划委员会 2005 年的介绍，Washington 县的煤矿、钢铁厂和相关产业的开发和经营，已是宾夕法尼亚州西部钢铁制造业集团的一部分。

　　始于 19 世纪末期的石油和天然气开发，对 Washington 县的经济发展也起到了一定作用。自 1880 年代以来，该县蕴藏在地下的油气储量主要是通过常规气井的开发。2005 年，华盛顿计划委员会指出，在 20 世纪早期，随着 Washington 县西部 McDonald 油田的发现和生产，该县进入石油的繁荣期，同时，宾夕法尼亚州也成为美国石油的主要产地。直到现在，宾夕法尼亚州仍然是以常规井生产石油为主，但相比其他州的产量已大幅减少。2011 年，宾夕法尼亚州的原油❶产量大约为 270×10⁴bbl。常规天然气产业一直持续至今，2001—2011 年，Washington 县完钻了 653 口常规天然气井❷。

　　根据美国社区调查显示（美国人口普查局，2011），现在 Washington 县的经济主要是基于服务的性质。Washington 县位于两条州际高速公路相交的关键位置（I−79 和 I−70），在大匹兹堡机场南面 15mile，具有一套综合运输系统，包含 2875mile 的高速公路（其中 1123mile 的州级公路和 1707mile 的地方公路）、2 条 1 级铁路、3 个机场、Monongahela 河 40.5mile 的河岸、2 条内海航运线、26 个码头和 7 条巴士线路。Washington 县为宾夕法尼亚州、俄亥俄州和西弗吉尼亚州进入城市和市场提供了完备的通道，各种各样的交通路线和模式促进了人口的流动和货物的流通。13 个工业区促进了经济的发展；16 个大型购物中心给大量零售商提供了机会；14 个公立学校、2 个高等教育机构、2 个社区大学和 3 所贸易/职业学校通过培训让公民们参与到经济活动中❸。

2.3　宾夕法尼亚州页岩气开发

　　在过去 10 年里，宾夕法尼亚州通过参与页岩气开发已经彻底改变了国家的能源格局。根据美国能源部 2009 年的介绍，曾经被认为开采成本太高的页岩，通过水平钻井和水力压裂技术的应用，使得从页岩储层获得大量石油和天然气变得经济可行。美国能源信息署于 2011 年确定了几个位于宾夕法尼亚州的页岩储层，包括 Marcellus 页岩和 Utica 页岩。而 Marcellus 页岩在过去的几年里已成为宾夕法尼亚州开发的热点。Marcellus 页岩是位于

❶　宾夕法尼亚环境保护部（2013）关于宾夕法尼亚州石油和天然气的钻井和生产。http：//www.elibrary.dep.state.us/dsweb/Get/Document−94407/8000−FS−DEP2018.pdf Retrieved14 July 2014。
❷　宾夕法尼亚州环境保护部《石油和天然气报告》，http：//www.depre−portingservices.state.pa.us/ReportServer/aspx?/Oil−Gas/Wells−Drilled−By−County. Retrieved 13July 2014。
❸　华盛顿县，http：//www.co.washington.pa.us/index.aspx?nid=233. Retrieved 13 July 2014。

Appalachian 盆地中泥盆纪的黑色页岩，储层面积为 9500mile^2，包括宾夕法尼亚州和西弗吉尼亚州大部、东俄亥俄州部分地区和纽约州南部、马里兰州西部以及弗吉尼亚州西部。其中宾夕法尼亚州在 Marcellus 页岩区中拥有最大的份额（35%）。

随着 Marcellus 页岩第一口气井的成功开发，宾夕法尼亚州 Marcellus 页岩的矿权租赁、审批和钻井工作迅速开展起来（表 2.1）。

表 2.1　宾夕法尼亚州许可和完钻的非常规天然气井数　　　　单位：口

类别	2004	2005	2006	2007	2008	2009	2010	2011	2012	2013
许可井	6	17	52	181	568	1981	3270	3349	2644	2958
完钻井	2	8	37	115	335	816	1599	1964	1347	1207

资料来源：宾夕法尼亚环境保护部石油和天然气管理局的《石油和天然气报告》。

页岩气开发在 2008—2011 年期间的快速增长表明：宾夕法尼亚州从之前 75% 的天然气消耗量依靠进口的状况，到现在已转而成为给其他州提供天然气的净出口地 ❶。

Washington 县从一开始就是 Marcellus 页岩区最重要的地区之一。如同大多数页岩储层一样，Marcellus 页岩地区各地的产量并不均衡。正如该州的 Marcellus 页岩咨询委员会所描述（2011），有"甜点"或低成本的高产地区。宾夕法尼亚州有 2 个甜点区：东北部的 Bradford 县、Tioga 县和 Susqnehanna 县，以及西南部的 Washington 县和 Greene 县。表 2.2 列出了 Washington 县 2004—2013 年这几年里，许可和完钻的非常规页岩气井的井数。

数据表明，从 2004 年至 2007 年，Washington 县完钻的非常规井数占宾夕法尼亚州所有非常规井数的 43%，2004—2011 年所占的比例为 13%。而根据美国 2010 年人口普查统计，Washington 县人口数量仅占宾夕法尼亚州的 0.35%，土地面积仅占 0.41%。2012 年，Washington 县完钻了 194 口非常规天然气井，比 2011 年完钻的非常规井数（155 口）增长了 26%。而 2012 年所钻的常规天然气井数，自 2003 年以来首次跌至个位数（9 口井）。尽量多钻非常规井、少钻常规井已成为 Washington 县近 5 年来的一个发展趋势。

Washington 县不仅是甜点区，也是页岩气的一个主要开发区。Washington 县生产的天然气有别于东北部地区的甜点区所生产的天然气，会更多地影响开发的速度。东北部几个县生产的页岩气被认为是干气，因为它不含天然气的液体组分。西南部几个县生产的页岩气被认为是"湿"气，因为它含有天然气的液体组分，如乙烷、丙烷和丁烷，它们必须进行处理后才能输送给用户。天然气的液体组分由于有较高的英热单位（Btu），往往比甲烷更有价值。它们从天然气中分离出来可以销售给其他用户：乙烷用于制作石油化学产品，丙烷用于家庭供暖和制造石化产品，丁烷用于汽油的精炼。❷ 虽然干气只需要很少的

---

❶ 宾夕法尼亚州环境保护部（2013），宾夕法尼亚州石油和天然气井的钻井及生产，http：//www.elibrary.dep.state.us/dsweb/Get/Document—94407/8000—FS—DEP2018 pdf. 2014 年 7 月 13 日检索。宾夕法尼亚州的独立石油和天然气协会"常规石油和天然气工业"，http：//www.pioga.org/publicationfile/pioga—traditional—industry—fact—sheet.pdf. 2014 年 7 月 14 日检索。

❷ 美国能源信息署（2012 年 4 月 20 日）"天然气凝析液是什么，如何使用它们？"http：//eia.gov/todayinenergy/detail.cfm?id=5930.Retrieved 6 July 2014。

处理过程就可以进行销售，但对于湿气的开发，其液体组分产生的额外价值能带来更多的利润❶。根据环境保护部的数据，2012 年 Washington 县非常规气井生产了 $179027481 \times 10^6 ft^3$ 的天然气，1710650bbl 凝析油和 52239bbl 原油。Washington 县自 2011 年以来产量急剧增加，其中天然气增长 59%，凝析油增长 223%。尽管 2012 年天然气的价格创下历史新低，但由于 Washington 县大部分位于 Marcellus 页岩的湿气区，所受到的影响不大。❷

表 2.2　宾夕法尼亚州 Washington 县许可和完钻的非常规气井数　　单位：口

类别	2004	2005	2006	2007	2008	2009	2010	2011	2012	2013
许可井	1	12	26	52	111	210	249	264	325	414
完钻井	0	5	20	45	66	101	166	155	194	220

资料来源：宾夕法尼亚州环境保护部，石油和天然气管理局的《石油和天然气报告》。

正如 Brundage 等所述（2011），Washington 县的这个新兴产业还有独特的经济影响，主要是对于那些已在 Washington 县设立总部和分公司，从事非常规天然气产业的经营实体。值得一提的是 Southpointe 的开发，它是一个位于 Canonsburg 的工业园区，2011 年，几家上游公司保留了在这里的总部（或办事处），并且至少有 92 家能源相关的企业也随之如此。❸ 通过维持他们在 Washington 县的办事处，这些公司显著扩大了他们在 Washington 县的业务。

2.4　新的经济机遇和挑战

页岩气开发这个新产业在宾夕法尼亚州各县开展的钻采活动，带来了大量活动和变化，创造的机遇与挑战并存。这个新产业最明显的特征就是需要大量工人在井场工作。正如 Brundage 等所述（2011），一口 Marcellus 单井生产需要 150 个不同职业中的大约 420 个劳动力：这些人完成了相当于 13.1～13.3 个全职工人的工作量。在天然气开发的各个后续阶段（包括处理和分配阶段），都需要不同的劳动力。

页岩大然气的升米，让那些资源的所有者通过租金和矿区使用费的形式也会带来新的收入来源。Gamrat（2013）介绍了宾夕法尼亚州 Marcellus 页岩矿区使用费的快速增长情况。尽管租金和矿区使用费的金额是通过协商确定，但"宾夕法尼亚州石油和天然气租赁法案"规定了有效租赁的最小矿区使用费率，明确矿区使用费率不少于从矿区所有者的地产中所开采天然气产值的 1/8（或 12.5%）。❹

除了创造个人财富，Marcellus 页岩的开发还有潜力增加公共资金。如宾夕法尼亚州、

---

❶ 美国能源信息署（2014 年 5 月 8 日）"天然气凝析液的高价值驱使美国生产商瞄准湿天然气资源"，http：//www.eia.gov/todayinenergy/detail.cfm?id=16191，2014 年 7 月 6 日检索。

❷ 宾夕法尼亚州立大学 Marcellus 推广和研究中心，干—湿气地图，http：//www.marcellus.psu.edu/resources/maps.php，2014 年 1 月 3 日检索。

❸ 通过参考 Southpointe2011 年地图和调查他们居民的商业活动来确定。

❹ 宾夕法尼亚州石油和天然气租赁法案，于 2013 年 7 月 9 日发布，修订了 1979 年的 58 附录部分 1-5 宾夕法尼亚州最低矿区使用费的法案。

县（市）政府、州立大学（综合性大学）和学区这些公共实体，拥有包括蕴藏在其地底下的天然气所有权，可以出租开采权获得同样的矿区使用费作为他们的收益。❶ 例如，在 2011 年和 2012 年，Washington 县从 Cross Creek 公园的 15 口页岩井生产的天然气中，分别获得了 140 万美元和 160 万美元的矿区使用费。❷

其他的公共资金来自于非常规天然气开发所产生的各种税收，以及 13 号法案新增的影响费。13 号法案是由宾夕法尼亚州于 2012 年颁布，用于管理常规和非常规油气的开发。❸ 影响费由页岩气生产商进行支付和分配，一部分支付给代管页岩气开采活动的县、市，用于减少 Marcellus 页岩开发对社区的影响。❹2011 年度报告的影响费在 2012 年进行分配，共计为 2.04 亿美元，其中 Washington 县获得了将近 440 万美元（2.08%），Washington 县下属的 66 个城镇共获得了将近 720 万美元。❺ 有了这些资金，Washington 县及其所属城镇获得的影响费金额在该州排名第三，紧随 Bradford 县和 Tioga 县。在 2013 年对 2012 年度报告的 2.02 亿美元影响费的分配中，Washington 县获得大约 470 万美元，其他城镇共计获得大约 790 万美元。❻Washington 县及其城镇预期获得的年度影响费还会持续一段时间，其期限和数额取决于该县新钻井的数量和天然气的价格。

与这些机会相对应的是这个新行业所带来的各种挑战，这些挑战包括利用这个新行业自身所带来的就业机会，确保宾夕法尼亚州的劳动力得到足够的培训；制订政策，允许并促进对页岩气的充分利用，通过支持页岩气开发并制订足够严格的监管标准，减轻对社区的影响，特别是对空气、地表水和地下水的影响，充分保护环境和公众健康，以减轻该行业发展的外部成本。宾夕法尼亚州和 Washington 县能妥善应对这些挑战是页岩气产业开发最终成功的关键，除了这些挑战，还必须进行其他专题研究，Washington 县面临的挑战是如何确保创造的经济效益有助于该县的发展。为了应对这一挑战，Washington 县确保成功的第一步就是要了解该县的经济潜力，这正是本研究的目的所在。

2.5 评估钻采活动的经济潜力 ❼——数据和方法

本研究基于公共数据，评估了 Washington 县非常规天然气的钻井以及从非常规气井中生产天然气和相关产品的经济潜力。由于目前尚处于页岩气开发的初期，因此提供该县潜在经济能力的总体状况比调查某一年的具体情况更为重要。为了做这些评估，项目团队选择了 2011 年（首次报告影响费的那一年），作为分析的基础。钻非常规气井以及生产天然

---

❶ 宾夕法尼亚州环境保护部（2012）土地所有者和石油天然气租赁。http：//www.elibrary.dep.state.pa.us/dsweb/Get/Document–91369/8000–FS–DEP2834.Pdf，2014 年 7 月 14 日检索。

❷ 华盛顿县财政部门。

❸ 宾夕法尼亚州 13 号法案，2012 年 2 月 14 日颁布，No.13.58 附录部分 2301 等。

❹ 13 号法案第 23 章，58 附录部分 2301–2316.

❺ 宾夕法尼亚州公共事业委员会，http：//www.puc.state.pa.us/filing resources/issues–laws_regulations/act_13_impact_fee.aspx.2014 年 1 月 16 日检索。

❻ 宾夕法尼亚州公共事业委员会，http：//www.puc.state.pa.us/filing resources/issues–laws_regulations/act_13_impact_fee.aspx.2014 年 1 月 16 日检索。

❼ 在本研究中，"钻井"是指钻非常规气井的整个过程，包括井场准备、钻直井和水平井、水力压裂、完井和生产集输。"生产"指从非常规气井中开采天然气和相关产品以及修井的过程。其价格是基于井口价格减去折旧费、集输管线费以及在过去几年发生的其他摊销费用来计算的。

气和相关产品是上游页岩气公司的主要活动，这些实体企业的活动正是我们分析的焦点。总的经济潜力意味着钻采活动中可能产生的直接、间接和派生影响的总和。直接经济潜力是该县在钻采活动中的直接支出；为支持钻采活动所进行的采购产生间接经济潜力；派生经济潜力源于家庭工资收入的支出和矿区使用费，即工人和矿区使用费收益人如何直接或间接地支出他们的收入。❶

为了评估天然气钻采活动的直接经济潜力，项目团队从政府机构（这些政府机构包括宾夕法尼亚州的环境保护部和税务部）的财务报表和记录等公共记录中，搜集了有关总的钻井成本和产值的信息。图 2.1 显示了从 2004 年到 2012 年 Washington 县每年完钻的常规井和非常规井的数量。

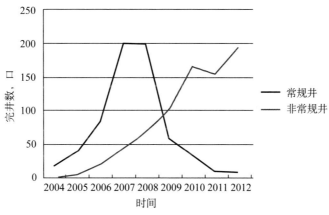

图 2.1　Washington 县历年完钻的天然气井数

资料来源：宾夕法尼亚州环境保护部

在此期间非常规井的数量大幅增长，并成为 Washington 县新井的主要类型。2011 年仅完钻了 10 口常规气井，而完钻的非常规井为 155 口。在生产方面，非常规井可以生产天然气、凝析油和原油。图 2.2 显示了 Washington 县从 2010 年到 2012 年期间，这三个产品的实际生产情况。2011 年，Washington 县生产了 112260435×10⁶ft³ 的天然气、529623bbl 凝析油和 384336bbl 原油。随着页岩气钻采活动的增加，经济产出和就业随之增长，如图 2.3 和图 2.4 所示。

为了计算间接和派生的经济潜力，项目团队使用了规划影响分析系统（IMPLAN），它是一个采用输入—输出模型进行经济影响分析的数据和软件系统。❷ IMPLAN 是基于从联邦经济分析局和其他几个联邦和州政府机构获得的数据。IMPLAN 提供专门的区域经济统计数据，可以用来衡量某个事件或产业对一个区域或地方经济的影响。这些对区域经济的潜在影响，依据总产量、地方政府的收入和就业情况进行衡量。在 IMPLAN 中，产量被定义为工业生产的价值加上任何净库存的变化。对于服务行业来说就是销售价值，它是零售和批发行业的毛利润。

---

❶　本研究用"规划影响分析系统"修订了在不同矿区使用费率下派生支出的标准。
❷　IMPLAN，http：//implan.com/V4/Index.php。

　　间接潜在影响的大小取决于对当地的有效投入,对当地更有效则导致的间接潜在影响就更大。派生潜在影响的大小,取决于支付给员工的收入和天然气矿权所有人获得的矿区使用费金额以及他们在当地的开销。他们在当地支出得越多(即地方经济流失的越少),则派生的潜在影响就越大。在非常规天然气开发的背景下,矿区使用费是天然气矿权所有者的主要收入来源,如果他们在当地消费就会有巨大的潜力。

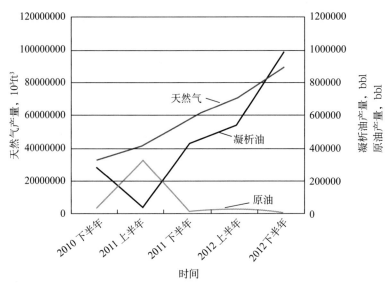

图 2.2　Washington 县非常规井的产量时间

资料来源:宾夕法尼亚州环境保护部

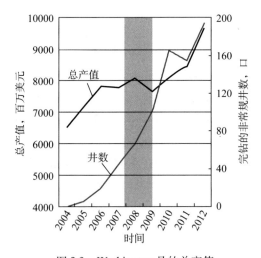

图 2.3　Washington 县的总产值

其中未能提供该县 2005 年的总产值数据,是用 2004 年和 2006 年的平均值作代表;
阴影区域表明在国家经济危机期间

资料来源:宾夕法尼亚州环境保护部、国家经济研究局以及规划影响分析系统

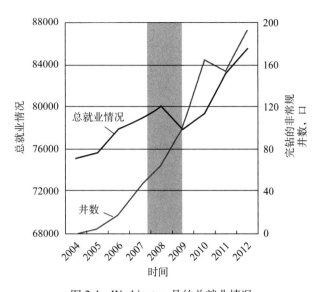

图 2.4   Washington 县的总就业情况

阴影区域表明在国家经济危机期间

资源来源：劳工统计局、国家经济研究局和宾夕法尼亚州环境保护部

为了充分了解某一特定地区经济发展的潜在影响，有必要了解经济的流失状况，或当支出没有本地化时会发生的状况。流失是指在一个地区挣得的收入不在该地区花费的金额。它包括储蓄、税收和发生在该地区以外的支出。页岩气开发是 Washington 县的一个新产业，其投资和支出随着时间的推移一直在增长。由于它的动态特征，难以估计支出和投资的本地化率。为了给这个新产业的未来潜力提供一个全面的描述和说明，本研究创建了一个二维表，从矿区使用费支出和钻井活动本地化率的不同组合来说明对总经济潜力的影响。

在创建这个分析架构之后，下一步就是估算每个组合下的本地化率的经济潜力。通常，研究人员通过使用规划影响分析系统（IMPLAN）选择调查研究活动涵盖的部门，以分析其经济潜力。然而，规划影响分析系统设定的默认值人多是发生在本地的活动，并且官方数据（如来自劳工统计局关于就业和工资的季度普查数据）为一特定行业准确地反映了这些活动。正如 Halaby 等（2011）和 Higginbotham 等（2010）的研究，当分析本地的传统行业或者是分析一个大的地理区域，涵盖了一个行业的大部分活动时，这个假设通常是正确的。但对于像 Washington 县非常规天然气开发这样的新兴产业来说，却并非如此。Kelsay 等（2012）报告了宾夕法尼亚州东北部的另一个钻井县——Bradford 县的类似情况。因为许多钻井活动会转包给其他地区的钻井公司，他们的短期活动通常是向他们公司总部所在地的政府机构报告，而不是汇报给他们工作所在地的政府机构。在这种情况下，传统的对单一部门进行调查的方法会错误判断其经济潜力。通过访谈可以反映出，有许多外来的分包商会同时在当地或外县订购材料、住宾馆和个人购物。为了准确地获取当地的潜在影响，本研究采用的方法是通过对 IMPLAN 的当地采购率（LPP）进行部分修正后进行分析。顾名思义，这种方法是基于其供应链，通过不断输入的方式来分析一个行业，然后结合每个组分的潜在影响来单独分析员工工资的支出，从而计算一个行业总的经济潜力。这种方法允许分析师输入购买的数量和指定的位置，因此通常被认为是一种要结合当地经济分析师认知的方法，如 Lazarus 等（2002）关于投入—产出的早期研究。

基于对当地的调查，Hefley 等（2011）研究评估了钻一口非常规天然气井的 5 个主要活动：井场准备、钻井、水力压裂、完井和生产集输。井场准备包括场地平整、实施侵蚀控制、设备动员和修建进出的道路。钻井、完井和水力压裂需要 5 个常用要素：水、燃料、劳动力、特殊材料和专用设备。水是取自当地或通过回收获得，使用水的主要成本在于运输。正如 Hefley 等（2011）所提到的，钻井现场的设备使用的是免税的红柴油，不论是燃料和特殊材料都可以在本地购买或从外面运送来，专用设备可以购买也可以租用，生产集输是生产前的最后一步，❶ 除了采购材料和安装设备，公司需要给地表土地所有者支付通行权和地役权费用，在获得他们的授权后才能进行这些活动。钻井的经济潜力主要取决于上述活动在该县的本地化率。

生产包括两个主要的活动：开采和修井作业。大多数与生产活动相关的工作由本地员工来完成。此外，如上所述，在宾夕法尼亚州西南部的许多天然气生产公司，已在 Washington 县设立了总部或分支机构，这些办事处不仅管理着 Washington 县这些公司的运营，还包括在该地区附近的县和美国东部与天然气开发相关的其他地区。

生产成本的最后一笔费用是矿区使用费。因为矿区使用费是私下协商，没有直接的信息来源来评估该县的矿区使用费收入水平。有许多因素会影响矿区使用费率的确定，并根据不同的产权性质而有所不同。其中的关键因素是地块大小、出入的方便程度、环境的限制以及潜在的产量大小。如上文所述，宾夕法尼亚州石油和天然气租赁法案 58 附录 33 及以下部分，要求天然气生产商根据天然气产量和市场价格，支付天然气所有者最低 12.5% 的费用。宾夕法尼亚州最高法院在 2010 年规定，天然气公司可以在支付矿区使用费之前扣除后期的生产成本。❷ 因此，天然气价格在扣除管道费用后计算的矿区使用费的价格相对合理。

如图 2.5 所示，矿区使用费收入的金额可以通过调查矿区使用费税收收入的变化来间接评估。宾夕法尼亚州申报的纳税收入包括租金、矿区使用费、专利和版权（RRPC）的收入，这就间接反映了矿区使用费收入的变化。

根据宾夕法尼亚州税务部的数据，Washington 县在 2004—2010 年期间 RRPC 收入有 322% 的增长，而同期宾夕法尼亚州的平均增长水平为 72%。最有可能导致 Washington 县和宾夕法尼亚州增长水平差异的收入类别主要是矿区使用费收入。RRPC 收入与非常规气井数量的相关系数为 0.81，而非 RRPC 收入与非常规气井数量的相关系数为 0.63。项目团队通过访谈了解到，天然气所有者在理想状况下可以获得高达 18% 的矿区使用费率，而 Washington 县通常为 15%。如前文所述，Washington 县矿区使用费的经济潜力，取决于支付的矿区使用费金额和在当地支出的矿区使用费的百分比。

---

❶ 本研究中生产集输的成本包括支付通行权、地役权、材料成本和安装费，以及在处理厂和主要管网之间短距离的管线成本。

❷ 指基尔默 V. Elexco 土地服务有限公司，990 A.2d 1147（PA 2010）。

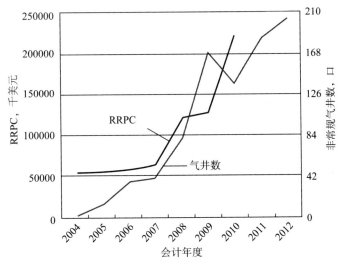

(a) 从租金、矿区使用费、专利权、版权（RRPC）获得的收入

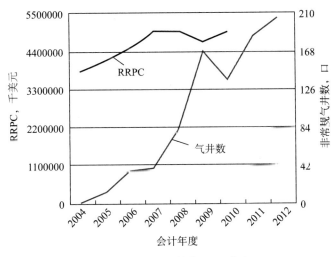

(b) Washington 县的非 RRPC 收入

图 2.5　Washington 县的应纳税收入

RRPC，即 Washington 县的租金、矿区使用费、专利权、版权的总应纳税收入；宾夕法尼亚州的会计年度从头年的 7 月到次年的 6 月，图中所有数据都根据会计年度时间做了相应调整

资料来源：宾夕法尼亚州税务部和环境保护部

　　因此，本研究评估的是三种不同矿区使用费率情况下的经济潜力，而不仅仅是一种矿区使用费率的情况。这三种矿区使用费率分别是：12.5% 的法定税率、在我们的访谈中通常支付的 15% 的税率和被认为是该县的最高税率 18%。在每一种情况下，本研究从 6 个角度来展示经济潜力，包括：

　　(1) 产量的总经济潜力；

　　(2) 经济潜力与当地投资；

（3）州和地方税收收入；

（4）经济潜力与税收收入；

（5）就业。

如上所述，15% 的税率被认为是最常见的税率，会在调查结果中详细讨论。

2.6 地方税收收入和商业活动

除了通过使用输入—输出模型来计算经济潜力，本研究还从公共资源中收集了大量的商业和税收信息，包括酒店入住率、房地产市场数据（包括租赁和购买）和当地的零售业数据，以反映当地经济随着页岩气开发所表现出来的特征。有些信息来自 Washington 县政府（其时间按新历年计），有些信息来自宾夕法尼亚州政府（从头年 7 月到次年 6 月作为一个会计年度），所用的钻井数据已根据会计时间做相应调整。

这项研究反映当宾夕法尼亚州以外的承建商搬到 Washington 县工作后，他们的员工会住当地的酒店，租住公寓，甚至会购买独栋房屋，这取决于他们计划呆在该县的时间。如图 2.6 所示，酒店入住率税与非常规井数之间的相关系数是 0.97。根据 Washington 县财政部门的数据，2004—2012 年期间酒店入住率增加的税收约为 200%，在此期间 Washington 县固定收取 3% 的酒店服务税。税收收入的变化直接反映了酒店收入的变化。

在 2004—2012 年期间，Washington 县住房租赁市场的需求不断增长。图 2.7（a）表示公寓的租赁价格，图 2.7（b）表示单户住宅的租赁价格。图 2.7（a）表明三、四居室公寓的租金与非常规气井开发的关系，要比更少居室公寓的租金与非常规气井开发的关系要密切一些。这可能是由于这些类型的住宅更便于家庭居住或员工同住，单户家庭房屋的租赁市场也遵循类似的模式。三、四居室的房子比更少居室的房子与气井开发的关系更为密切。

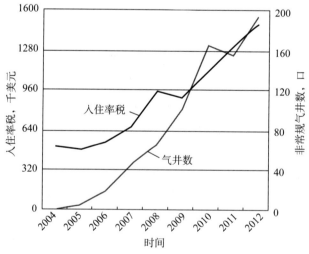

图 2.6　Washington 县征收的酒店入住率税

资料来源：Washington 县财务部和宾夕法尼亚州环境保护部

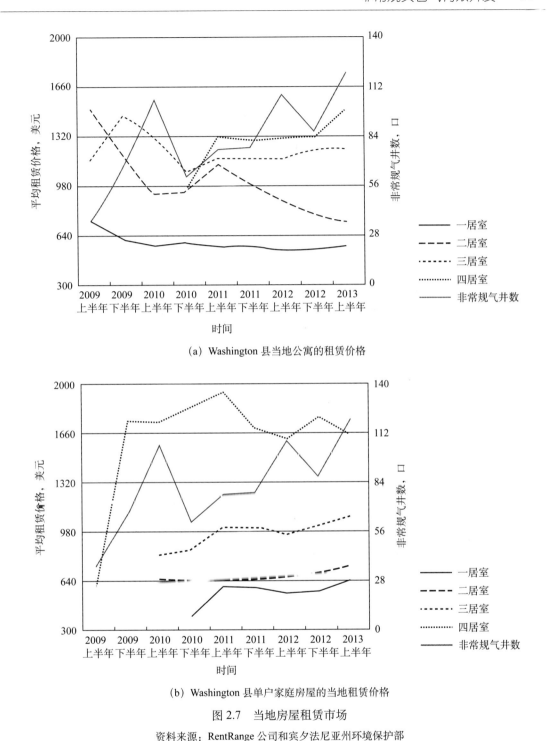

（a）Washington 县当地公寓的租赁价格

（b）Washington 县单户家庭房屋的当地租赁价格

图 2.7　当地房屋租赁市场

资料来源：RentRange 公司和宾夕法尼亚州环境保护部

　　图 2.8（a）（b）分别显示了 Washington 县的房价、实际的房地产税收收入与非常规气井数量的关系。在 2007 年底最近的一次国家经济危机来临之前，房价的增长随着非常规气井数量的增长而稳步增长。不出所料，房价在经济危机期间有所下跌。但令人惊讶的是，在这

场危机正式结束的前几个月里,当地的房地产市场就恢复了元气,这次经济危机是美国自大萧条以来最严重的一次。然而,Washington 县 2007 年之前的页岩气开发非常有限。由于用图表不能明确描述这种关系,Gopalakrishnan 和 Klaiber(2012)以及 Muehlenbachs 等(2012)对 Washington 县房屋价格与非常规页岩气开发之间的关系进行了更详细的分析;Lipscomb 等(2012)提供了对于房屋价格和非常规气井开发的大体认识。Washington 县实际的房地产税收收入也在稳步增长。虽然 2009 年税率增加,但为了方便比较,本研究保持整个研究期间的税率不变。

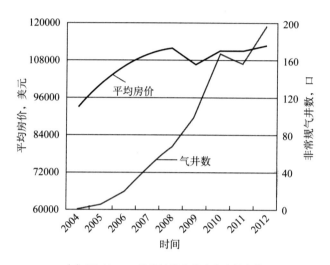

(a) Washington 县当地单户家庭住宅的房价

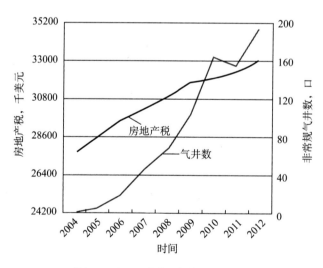

(b) Washington 县实际征收的房地产税

图 2.8　当地房地产市场情况

资料来源:(a)楼市快讯和宾夕法尼亚州环境保护部;为了保持一致,图(b)的研究不包括 2009 年后增加的厘计税率。厘计税率在整个数据取样期间一直保持为 21.4。(b)Washington 县财务部和宾夕法尼亚州环境保护部

最后一个相关领域是零售销售。对于销售税的征收主要涉及三种类型的零售销售：机动车辆（MV）销售、非机动车辆（NMV）销售以及葡萄酒和白酒（WL）的销售。任何一个产业的地方支出都会推动当地经济，即使它在当地机构只有部分支出。图 2.9 显示了宾夕法尼亚州政府从 Washington 县征收的销售税，包括机动车辆（MV）的销售税和非机动车辆（NMV）的销售税。在研究期间，Washington 县的销售税固定为 6%。

销售税收入的变化直接反映了销售的变化。宾夕法尼亚州在 2009 年上半年，正值经济危机末和钻井速度快速增长的时期，机动车（MV）和非机动车（NMV）类的销售税有显著增长。2009 年与头一年相比，非常规气井钻井数量的增长超过了 100%。2009 年是 Washington 县所钻水平井数首次达到 170 口的第一个财政年度，在随后的三年中，每年的平均井数都超过 170 口。

在宾夕法尼亚州，州政府要调节白酒和葡萄酒（WL）的销售。非机动车（NMV）的销售税收入不包括白酒和葡萄酒（WL）的销售税，但包括啤酒的销售税。图 2.10 显示 Washington 县白酒和葡萄酒（WL）的销售在经济危机之前稳步增长，在经济危机期间遭受了损失，甚至在 2011 年还低于危机前的水平。然而，白酒和葡萄酒（WL）的销售相比该县其他种类零售业的销售，与所钻井数的相关性更低。

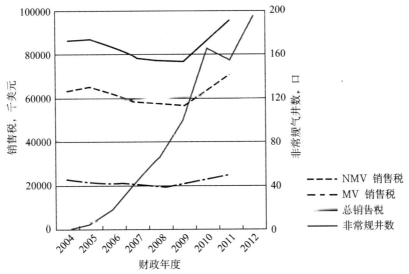

图 2.9　宾夕法尼亚州从 Washington 县征收的营业税收入

宾夕法尼亚州财政年度从当年 7 月到次年 6 月，图中所有数据根据会计年度都做了相应调整

资料来源：宾夕法尼亚税务部和环境保护部

2.7　研究成果

本节介绍了矿区使用税率分别为 12.5%，15% 和 18% 情况下的输入—输出模型的结果❶。为了便于讨论，主要以当地矿区使用费支出率为 50%，钻井活动本地化率为 50%

❶　本节数据结果均为基于 2011 年的价格。

(50/50 的本地化率)的情况为例,其次分别以 25/25 的本地化率和 100/100 的本地化率的情况为例。表 2.3 显示了在 50/50 的本地化率情况下的总经济潜力。

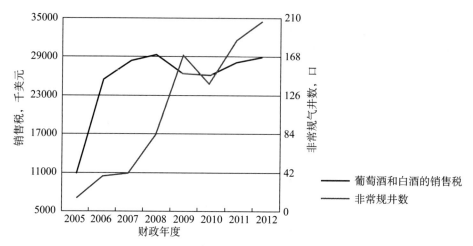

图 2.10 宾夕法尼亚州从 Washington 县征收的葡萄酒和白酒的销售税

宾夕法尼亚州财政年度从当年 7 月到次年 6 月,图中的所有数据都根据会计年度做了相应调整

资料来源:宾夕法尼亚州酒类管制局及环境保护部

这表明,在矿区使用费率为 15% 的平均水平下,2011 年 Washington 县非常规天然气生产商的钻采活动对当地经济的潜在影响:假设在本地化率为 50/50 的情况下有 9.01% 的影响;在本地化率为 25/25 的情况下,潜在影响可能有 6.64%;在本地化率为 100/100 的情况下,潜在影响将是 13.75%。本地化率越高,对当地经济的影响就越大。但 Washington 县不能提供确切的本地化率信息。在不同的本地化率下了解经济潜力的变化,将帮助行业和感兴趣的利益相关者更好地理解该县的经济潜力,为地方发展制定政策。

表 2.3 在 50/50 的本地化率下 Washington 县钻采活动所产生的总经济潜力占总产出的百分比

占比, %　　年度	矿区使用费率, %		
	12.5	15	18
2011	8.97	9.01	9.06

如表 2.4 所示,在矿区使用费率为 15%、本地化率为 50/50 时,从 Washington 县非常规天然气开发中,每 1 美元地方支出的经济潜力是 142%。当本地化率分别为 25/25 和 100/100 的情况下,地方投资对当地消费的影响可以分别产生 139% 和 146% 的地方支出。

表 2.4 在 50/50 的本地化率下 Washington 县钻采活动所产生的总经济潜力占地方总支出的百分比

占比, %　　年度	矿区使用费率, %		
	12.5	15	18
2011	141	142	143

表 2.5 和表 2.6 表明，在 50/50 的本地化率情况下，总经济潜力中可能有 6.27% 为州和地方税收收入，这些新产生的税收收入可能占到当地钻采活动支出总额的 9%。

表 2.5　在 50/50 的本地化率下州和地方税收收入的经济潜力占总经济潜力的百分比

占比，% ＼ 矿区使用费率，% ＼ 年度	12.5	15	18
2011	6.24	6.27	6.31

表 2.6　在 50/50 的本地化率下州和地方税收收入的经济潜力占当地钻采活动支出总额的百分比

占比，% ＼ 矿区使用费率，% ＼ 年度	12.5	15	18
2011	8.83	8.91	9.02

表 2.7 显示了就业的潜力。在 50/50 的本地化率下，通过非常规天然气的相关开采活动会直接或间接地给该县创造 5.01% 的就业机会。另外，本地化率越高，创造就业机会的成本就越低。

表 2.7　在 50/50 的本地化率下钻采活动所产生的就业潜力占 Washington 县总就业潜力的百分比

占比，% ＼ 矿区使用费率，% ＼ 年度	12.5	15	18
2011	4.97	5.01	5.06

正如 Weinstein 和 Partridge（2011）所述，当评估一个新产业进入当地经济时，其经济潜力的大小至少有两种可能的问题，就是替代和流失。替代影响是指，新产业可能会潜在地吸收现有产业的工人，而不利于当地就业的总体增长。

图 2.4 显示，在 2007 年经济危机之前，当地的就业增长与所钻的非常规井数有着密切的关系。危机过后的 2009—2012 年期间，其平均年就业增长率相比危机之前的 2004—2007 年期间翻了一番，这正好与增加的非常规钻井的数量相一致。虽然替代效应在总就业人数方面有着积极的影响，但由于缺乏有效数据，对其具体影响还没有明确的答案。在未来有必要密切关注当地经济，以了解经济潜力的可持续性。

关于流失，很难衡量或预测员工及矿区使用费获得者的动态消费模式，他们的主要支出可能在 Washington 县或其他别的地方。例如，在 15% 的矿区使用费率和 50% 的钻井本地化率情况下，假设矿区使用费收入在当地的支出率从 25% 增长到 100%，则：

（1）总经济潜力可能占总产量的 8.88%～9.27%；

（2）总经济潜力可能占当地钻采总支出的百分比为 140%～146%；

（3）州和地方税收收入的经济潜力可能占总经济潜力的百分比为 6.18%～6.44%；

(4) 州和地方税收收入的经济潜力可能占地方总支出的百分比为 8.66%~9.42%;

(5) 就业潜力可能占 Washington 县总就业潜力的 4.89%~5.25%。

尽管这种模式不可预测,但上述调查结果从经济学角度为政策的制订提供了参考。如果 Washington 县想要保持在这个行业的利益,必须提供机会和环境,鼓励个人在当地消费,鼓励非常规天然气生产商在本地经营。当然,在做出如此重要的决定时,政策制订者们还要考虑经济以外的问题。

2.8 结论

由于所处的地理位置以及在石油、天然气和煤炭开采上的悠久历史,宾夕法尼亚州 Washington 县在非常规页岩气开发中具有独特的地位。从经济、地缘政治、社会、环境和公共卫生的角度来说,这一新的发展面对的是机遇也是挑战,其中一个最关键的挑战是确保这个行业利益的可持续性。本章主要对 Washington 县非常规天然气生产商在钻采活动中的经济潜力进行了研究。未来可持续经济发展的关键,是要保持这个行业在本地所产生的利益。虽然我们不知道目前的本地化水平,但所收集的数据已反映了早期的一些积极影响。

假设平均矿区使用费率为 15% 时,通过增加矿区使用费的地方支出率和钻井活动的本地化率(从 25% 提高到 100%),则 Washington 县钻采活动的经济潜力可以从总产量的 6.64% 增加到 13.75%,就业的潜在影响可能从总就业人数的 3.41% 增加到 8.20%。目前的挑战就是要在本地增加支出和开发活动。本研究反映出我们对 Washington 县这个新兴行业开始逐渐了解。从经济角度来看,本研究建议未来的研究任务之一就是通过对矿区使用费获得者和行业供应商开展调查,来衡量非常规页岩气开发的本地化率。为了有一个全方面的认识,我们需要从全盘着眼,最好可以通过跨学科合作。

感　谢

本研究得到了能源政策中心以及 Washington—杰弗逊大学管理学院、Washington 县能源合作伙伴和 MSC 基金会的支持。

参 考 文 献

Brundage TL, Jacquet J, Kelsey TW. Ladlee JR, Lobdell J, Lorson JF, Michael LL. Murphy T (2011) Pennsylvania statewide Marcellus Shale workforce needs assessment. Marcellus Shale Education and Training Center, Penn State University

Gamrat F (2013) Marcellus royalty payments rising rapidly. Allegheny Institute for Public Policy. Policy Brief 13 (27). http://www. alleghenyinstitute. org/wp-content/uploads/components/com_ policy/uploads/Vol13No27. pdf

Gopalakrishnan S, Klaiber HA (2012) Is the Shale boom a bust for nearbv residents?Evidence from housing values in Pennsylvania Am J Agric Econ 96 (1): 43-66

Governor's Marcellus Shale Advisory Commission (2011) "7/22/2011 Report" Office of the Lieutenant Governor, Commonwealth of Pennsylvania. http://files. dep. state. pa. us/ PublicParticipation/MarcellusShaleAdvisoryCommission/MarcellusShaleAdvisoryPortalFiles/MSAC_Final_Report. pdf

Halaby D, Oyakawa J, Shayne C, Keairns C, Dutton A (2011) Economic impact of the eagle ford Shale. Institute for Economic Development, Center for Community and Business Research. University of Texas at San Antonio

Hefley WE, Seydor SM, Bencho MK, Chappel I, Dizard M, Hallman J. Herkt J, Jiang P. Kerec M, Lampe F, Lehner CL, Wei T, Birsic B, Coulter E, Hatter EM, Jacko D, Mignogna S. Park N, Riley K, Tawoda T, Clements E, Harlovic R (2011) The economic impact of the value chain of a Marcellus Shale Well. Joseph M Katz Graduate School of Business, University of Pittsburgh, Working paper

Higginbotham A, Pellillo A, Gurley-Calvez T, Witt TS (2010) The economic impact of the natural gas industry and the Marcellus Shale Development in West Virginia in 2009. Bureau of Business and Economic Research, College of Business and Economics, West Virginia University

Kelsey TW, Shields M, Ladlee JR, Ward M (2012) Economic impacts of Marcellus Shale in Bradford County: employment and income in 2010. Marcellus Center for Outreach & Research, Penn State University

Lazarus WF, Platas DE, Morse GW, Guess-Murphy S (2002) Evaluating the economic impacts of an evolving Swine Industry: the importance of regional size and structure. Rev Agric Econ 24 (2): 458-473

Lipscomb CA, Kilpatrick SJ, Wang Y (2012) Unconventional Shale gas development and real estate valuation. Rev Reg Stud 42 (2): 161-175

Muehlenbachs L, Spiller E, Timmins C (2012) Shale gas development and property values: differences across drinking water sources. NBER Working paper

U. S. Census Bureau (2010) Census of population. U. S. Department of Commerce. Washington. DC

U. S. Census Bureau (2011) 2007-2011 American Community Survey 5-Year Estimates. U. S. Department of Commerce, Washington. DC

U. S. Department of Energy (2009) Modern Shale Gas in the United States: a primer. http: //www. netl. doe. gov/technologies/oil-gas/publications/EPReports/Shale_Gas_Primer_2009. pdf

U. S. Energy Information Administration (2011) Review of emerging resources: U. S. Shale Gas and Shale Oil Plays. http: //eia. gov/analysis/studies/usshalegas/pdf/usshaleplays. pdf

Washington County Planning Commission (2005) Washington County Comprehensive Plan, Adopted November 23, 2005. http: //www. co. washington. pa. us/downloads/Washington_County_Comprehensive_Plan. pdf

Weinstein AL. Partridge MD (2011) The economic value of Shale natural gas in Ohio. Ohio State University, Working paper

第三章　宾夕法尼亚州东北部各县的页岩气经济

Kirsten Hardy，Timothy W. Kelsey

[摘　要] 截至 2013 年，宾夕法尼亚州所钻的 Marcellus 页岩气井，有一半以上都位于北部地区的 6 个县境内，这一地区在宾夕法尼亚州五大钻井县中占到了 4 个。这些县绝大多数在乡村，人口密度低，经济规模相对较小。与宾夕法尼亚州西南部的那些 Marcellus 页岩县所不同的是，他们缺乏过去开采天然气和煤炭的经验，这些钻采活动跟他们之前的经历完全不同。本章探讨了发生在北部地区各县的经济影响。由于其人口规模相对较小，这种变化与经济规模较大的地方相比更加显著。

3.1　概述

截至 2013 年底，在宾夕法尼亚州所钻的 7432 口非常规气井中，有一半以上的气井都位于北方地区的 6 个县境内（环境保护部，2014），分别是 Bradford 县、Lycoming 县、Sullivan 县、Susquehanna 县、Tioga 县和 Wyoming 县。在页岩气开发的头 7 年里（2005—2011 年），钻探活动迅速增长，在此期间该地区完钻了 2694 口非常规气井（环境保护部，2014）（图 3.1 和表 3.1），这些活动对当地企业、居民、劳动力和业主产生了深远的影响。在 2012 年和 2013 年，由于天然气价格下跌以及钻探的热点转移到俄亥俄州，该地区的钻探速度略有下降。尽管如此，在那两年里，宾夕法尼亚州仍完钻了有 2500 多口井，其中北部地区有 1300 多口井。

尽管这些县的钻探活动水平很高，但目前尚不清楚 Marcellus 页岩开发对它们到底有多大的经济影响。这看似有悖直觉，因为居民和其他报道评价非常高，且这些县的产业活动也达到了显著水平，然而高水平的活动本身并不一定能保证与当地经济有紧密的联系。例如，如果这些工人受雇于外县（或者是宾夕法尼亚州以外的）的公司，并且住在邻县，只有在轮班时才会开车到该社区，那么他们的工作主要依靠在外县购买的物资和设备。这些工人与当地经济的联系，可能仅仅是当他们在当地一家餐馆或加油站买三明治或咖啡的时候。

页岩气开发带来的繁重交通和大量工人，并不一定意味着对当地经济有强大影响，并不一定会比拥有一条州际公路通过社区更能保障当地主要的经济效益。

关键是要知道 Marcellus 页岩开发能给这些有钻探活动的县带来多少经济效益，因

作者简介：
Kirsten Hardy（K. 哈迪）
美国宾夕法尼亚州立大学，环境与发展社的校友，e-mail：kirstenhardy81@gmail.com。
Timothy W.Kelsey（蒂莫西 W. 凯尔西）
美国宾夕法尼亚州立大学，农业经济、社会和教育学系；e-mail：tkelsey@psu.edu。

为是这些有钻探活动的社区最直接地承担着开发的成本，包括麻烦事和风险。页岩气开发为所在地区的社会和环境带来了一些挑战（Jacquet，2009；Brasier 等，2011；Kragbo 等，2010；Rozell 和 Reaven，2012；Roy，2013），因此，确定当地的经济效益，对于理解 Marcellus 页岩开发对所在社区的影响是非常重要的。

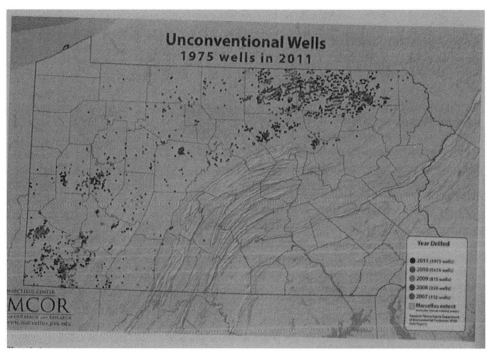

图 3.1　宾夕法尼亚州的 Marcellus 气井（2007—2011 年）

资料来源：宾夕法尼亚州立大学马塞勒斯推广和研究中心

表 3.1　Marcellus 页岩每年度完钻的井数　　　　　　　　单位：口

县及地区	2004	2005	2006	2007	2008	2009	2010	2011	2012	2013	总计
Bradford 县		1	2	2	24	158	375	396	163	108	1229
Lycoming 县				5	22	23	119	300	202	163	823
Sullivan 县							22	19	27	14	82
Susquehanna 县			1	2	33	89	125	204	193	206	853
Tioga 县			1		15	123	276	272	122	32	841
Wyoming 县						2	24	70	15	67	178
北部地区总计		1	4	9	83	395	941	1261	722	590	4006
宾夕法尼亚州总计（37 个县）	2	8	37	116	332	817	1602	1961	1350	1207	7432

资料来源：宾夕法尼亚州环境保护部。

3.2　宾夕法尼亚州北部地区情况介绍

宾夕法尼亚州北部地区的 6 个县沿着纽约州边界，位于宾夕法尼亚州东北部，属于宾夕法尼亚州的乡村地区，拥有近 30 万人口和 5200mile^2 的土地。有着大片森林，其余大部分是农田。除少数地方外，该地区的主要交通是双车道的马路，使得通过该地区多少有点困难或费时。它距离主要城市和人口中心相对较远。在过去几十年里，北部地区的总人口基本没有多大的变化（图 3.2），通常反映了那些苦苦挣扎的乡村经济正在寻求方法来维持和振兴他们社区的场景。正是在这种背景下，Marcellus 页岩开发的出现，有助于给他们带来一些积极的地方利益。

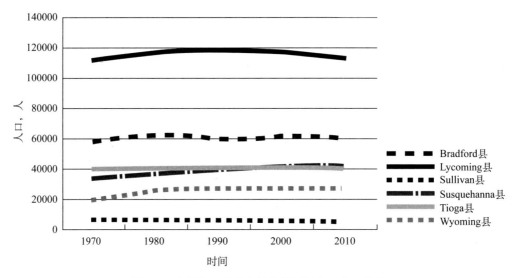

图 3.2　宾夕法尼亚州北部地区历年来的人口变化

资料来源：美国人口调查局，州和县概览

除 Sullivan 县的部分地区外，北部地区各县不曾有过煤或天然气开采的历史，该地区的开采历史如此之少主要有以下两个原因：第一，不像宾夕法尼亚州其他有天然气或煤开采历史的地区（如宾夕法尼亚州西南部的几个县），北部地区无现有的基础设施来支撑这个行业，他们从一片空白开始，没有那么多当地企业以及具备天然气钻采经验或技能的居民。该地区虽然是几个州际天然气输送管道的终端，但同样缺乏其他必要的集输管道和交通基础设施。第二，更可能的是，北部地区各县的土地所有权和矿产所有权是一体的（西南地区几个县的这些所有权随着煤矿开采活动的进行，更可能在几代人以前就被分离）。值得注意的是，因为矿产所有权决定了谁能从天然气公司获得租金和矿区使用费，如果土地所有权和矿产所有权没有被分离，则地表所有者也拥有矿产权，这意味着有钻井活动发生的地方，地表所有者会得到那些收益，而其他那些没有直接参与开采活动的人不会受益。

3.2.1　Bradford 县

Bradford 县所钻页岩气井的数量在宾夕法尼亚州领先，截至 2013 年总共有 1229 口井

（环境保护部，2014）（表3.1）。跟北部地区的大多数县一样，Bradford 县也是农业县，根据 2010 年人口普查记录，该县有农村人口 62591 人（图3.2），人口密度为每平方英里 54.6 人（美国人口普查局，2014）。2011 年，有 1535 个商业机构和 20833 名就业人口（劳工统计局，2014）。据估计该县有 23.9% 的劳动人口在外县上班（美国人口普查局，2009），表明该县经济多多少少能自给自足。

3.2.2 Lycoming 县

Lycoming 县的页岩气钻井始于 2007 年，并在 2010 年和 2011 年快速增长。到 2013 年末，该县总共完钻了 823 口非常规页岩气井（环境保护部，2014）（表3.1）。Lycoming 县是迄今北部地区人口最多的县，也是该地区最大城市——Williamsport 市的所在地。该县 2010 年有 116176 人口（图3.2），人口密度为每平方英里 94.6 人（美国人口调查局，2014）。

2011 年，Lycoming 县有 3016 个商业机构和 44912 名就业人口（劳工统计局，2014）。据估计有 14.5% 的劳动人口在外县工作（美国人口调查局，2014）。由于 Williamsport 市现有的基础设施，它事实上已成为该地区的天然气开发中心，这些设施包括住房（酒店）、地方机场、铁路设施、高速公路和可用于对设备及物资进行储存、维护、修理的工业场所。有趣的是，由于 Williamsport 市居住的便利性，许多 Marcellus 页岩地区的工人居住在 Williamsport 市，每天往返于临近的县上班。

3.2.3 Sullivan 县

Sullivan 县尽管位于北部地区的中心地带，但对于 Marcellus 页岩的开发相对较晚。由于缺乏管线和其他必要的基础设施。直到 2010 年才钻了第一口井，与北部地区其他县的钻探活动相比，Sullivan 县的钻探活动一直比较缓慢。截至 2013 年，该县总共有 82 口页岩井（环境保护部，2014）（表3.1）。在人口方面，Sullivan 县也是这个地区最小的县，2010 年只有 6407 人口（图3.2），人口密度为每平方英里 14.2 人（美国人口调查局，2014）。2011 年该县有 169 个商业机构，有 1321 名就业人员（劳工统计局，2014）。据估计 Sullivan 县有 41.4% 的劳动力在外县工作（美国人口普查局，2014），表明当地经济非常依赖于周边经济。

3.3.4 Susquehanna 县

Susquehanna 县是宾夕法尼亚州第一批进行 Marcellus 页岩开发的县之一，第一口井完钻于 2006 年。在 2006—2013 年期间，全县完钻了 853 口井（环境保护部，2014）（表3.1），在宾夕法尼亚州的钻探活跃程度排名第三。Susquehanna 县是一个农业县，2010 年有 43364 人口，人口密度为每平方英里 52.7 人（美国人口调查局，2014）。2011 年该县有 942 个商业机构，有 7159 名就业人员（劳工统计局，2014）。据估计该县有 49.3% 的劳动力到外县工作（美国人口普查局，2014）。

3.2.5 Tioga 县

Tioga 县 2013 年在宾夕法尼亚州的钻井数量排名第四。Tioga 县的钻探活动始于 2008 年，并在 2011 年迅猛发展。然而，近两年来 Tioga 县的钻探活动大幅放缓，2013 年只完钻了 32 口井。（环境保护部，2014）（表3.1）。截至 2013 年，该县共完钻了 841 口非常规页岩气井。Tioga 县也是一个农业县，2010 年有 42025 人口（图 3.2），人口密度为每平方英里 37.1 人（美国人口调查局，2014）。2011 年该县有 993 个商业机构，有 11072 名就业人员（劳工统计局，2014）。据估计该县有 24.2% 的劳动力到外县工作（美国人口普查局，2014）。

3.2.6 Wyoming 县

Wyoming 县由于起步较晚，比北部地区其他几个县开展的钻探活动要少得多。该县于 2009 年钻第一口井，到 2013 年总共有 178 口井（环境保护部，2014）（表 3.1）。然而，由于它位于 6 号公路沿线（6 号公路是东西向的运输要道），因此该县也参与了其他许多与天然气相关的活动。Wyoming 县是一个非常小的农业县，2010 年有 28257 人口（图 3.2），人口密度为每平方英里 71.1 人（美国人口调查局，2014）。2011 年该县有 661 个商业机构，有 8580 名就业人员（劳工统计局，2014），大约有 47.3% 的劳动力到外县工作，表明当地经济十分依赖于其他外部经济（美国人口普查局，2014）。

3.3 当地经济的影响

可以从以下几个角度来考虑 Marcellus 页岩气开发对这些县的经济影响，包括对当地的商业活动、居民收入和就业情况的改变。下面进行逐个分析。

3.3.1 当地商业活动

Marcellus 页岩气开发对当地商业活动的影响是很重要的，因为在当地花费的钱更有可能留在当地，并在社区中再流通，从而产生更大的间接的和派生的经济效益。该行业的许多需求是高度专业化的，并且在刚开始进行开采时当地不能提供，如钻井和压裂设备、管道和砂。另外一些非专业化的材料都可在当地购买，如用于井场平整、道路修建、餐饮服务、货车运输等的材料。而且，这些活动还会带来新的投资，如酒店建设（Mount，Kelsey 和 Brasier 提供信息）

反映这些县零售业活动情况的一个指标是州销售税收入。当地零售销售额越高，意味着能征收更多的销售税，而当地零售销售额下降则意味着征收的税变少（由于食物和衣服被排除在征税之外，销售税征收的变化还没有完全反映零售销售的情况）。

宾夕法尼亚州税务局在年度税收汇编中，定期发布地方各县征收的州营业税数据。

数据显示，北部地区各县在 2007—2008 年和 2011—2012 年的财政年度，征收的销售税平均有 24.7% 的增长（表 3.2），相比全州同一时期 4.8% 的递减水平，增长幅度非常大。许多县的销售税甚至比地区平均水平要高得多，例如 Marcellus 页岩气井数最多的县——Bradford 县，在此期间经历了 55.9% 的增长，Susquehanna 县经历了 30.4% 的增长。

数据表明宾夕法尼亚州的零售业活动在 2011—2012 年期间从高点下滑；在 2011—2012 年和 2012—2013 年期间，只有北部地区的一个县（Susquehanna 县）除外，其他所有县的销售税都下降了（表 3.2）。这可能是由于在 2012—2013 年随着天然气价格的下跌，宾夕法尼亚州的钻井活动减少，同时也反映了天然气工业发展的各个阶段。从 2007—2008 年到 2012—2013 年的财政年度期间，北部地区征收的销售税平均增长了 17.3%，而宾夕法尼亚州平均减少了 5.5%。Bradford 和 Susquehanna 县的销售税增幅最大（各自分别有 45.4% 和 35.2% 的增长）。

表 3.2　北部地区销售税汇款额的变化

县或地区 （2011 年井数）	2007—2008 汇款额 千美元	2011—2012 汇款额 千美元	2007 年 7 月 1 日 到 2012 年 6 月 30 日百分比变化 %	2012—2013 汇款额 千美元	2007 年 7 月 1 日 到 2013 年 6 月 30 日百分比变化 %
Bradford 县（959）	12144	18929	55.9	17656	45.4
Lycoming 县（459）	32087	35613	11.0	34392	7.2
Sullivan 县（41）	1069	1330	24.4	1188	11.2
Susquehanna 县（454）	8022	10461	30.4	10849	35.2
Tioga 县（685）	7582	8444	11.4	7617	0.5
Wyoming 县（96）	7290	8409	15.4	7595	4.2
北部地区平均	11366	13864	24.7	13216	17.3
宾夕法尼亚州平均	8496544	8086011	−4.8	8031746	−5.5

注：根据通货膨胀调整。

资料来源：宾夕法尼亚州税务局，税收汇编。

3.3.2　净利润

另一种衡量当地经济活动的方法是通过当地的商业利润。北部地区各县申报净利润收入的纳税申报数，是由当地企业主对其经营活动的利润进行支付。在 2007—2011 年期间，北部地区的净利润平均降低了 2.8%，而全州平均有 1.5% 的增长（表 3.3）。这表明，在此期间由于页岩气开发活动的影响，地方企业的数量减少。

表 3.3　2007—2011 年宾夕法尼亚北部地区净利润收入的变化

县或地区 （2011 年井数）	纳税申报			净利润收入		
	申报数，千美元		变化，%	净利润，千美元		变化，%
	2007	2011		2007	2011	
Bradford 县（959）	3711	3532	−4.8	72042	123834	71.9
Lycoming 县（459）	5952	5790	−2.7	163965	187382	14.3
Sullivan 县（41）	449	458	2.0	9267	10039	8.3
Susquehanna 县（454）	2981	2856	−4.2	59578	82920	39.2
Tioga 县（685）	2377	2484	4.5	43488	78647	80.8
Wyoming 县（96）	1959	1728	−11.8	44837	59658	35.8

续表

县或地区 (2011 年井数)	纳税申报			净利润收入		
	申报数, 千美元		变化, %	净利润, 千美元		变化, %
	2007	2011		2007	2011	
北部地区平均	2905	2808	−2.8	65530	90619	41.7
宾夕法尼亚州平均	680322	690843	1.5	26952540	26936318	−0.1

注: 根据通货膨胀调整。
资料来源: 宾夕法尼亚州税务局匹兹堡统计。

　　然而, 有几个县随着企业数量的减少, 企业申报的净利润收入增长显著。在 Bradford
县, 尽管申报净利润收入的纳税申报数减少了 4.8%, 但申报的总利润收入却增长了 71.9%。
Susquehanna 和 Wyoming 县也有类似的变化。在北部地区的所有 6 个县中, 净利润收入平
均增加了 41.7%, 而整个宾夕法尼亚州平均减少了 0.1%。

　　个人税收收入的数据显示, 天然气开采活动对当地企业的数量产生了负面影响, 而能
够继续存在的本地企业平均获得的利润通常会有大幅增长。据当地居民和企业主透露, 由
于天然气的开采, 新公司随着这些活动进入各县, 加剧了本地企业和外地企业的竞争。此
外, 申报净利润的纳税人数量的减少, 可能源于当地企业收购当地竞争对手的企业并巩固
其行业地位, 或者是由于当地企业主关闭他们的业务以利用天然气公司所带来的新的工作
机会。

3.3.3　本地企业主的看法

　　Kelsey 等人在 2011 年进行了一项研究, 调查在 Bradford 县和 Washington 县(宾夕法
尼亚州西南部)的当地企业, 确定当地企业主对 Marcellus 页岩开发相关影响的看法。

　　通过更详细地辨别各业务类型的影响, 其调查结果为 Marcellus 的相关影响提供了一些
认识。

表 3.4　宾西法尼亚州西南部当地企业主对 Marcellus 相关影响的看法

商业类型	回答为"是"			
	你的商业活动会因天然气开采而改变吗?		你的年销售量会因天然气开采而增加吗?	
	受访数量, 人	占比, %	受访数量, 人	占比, %
农业、林业、渔业	2	9	2	9
采矿业	—	—	—	—
建筑业	8	35	6	27
制造业	3	11	7	25
交通、通信、公共事业	3	30	2	22
批发贸易	5	28	6	33

续表

商业类型	回答为"是"			
	你的商业活动会因天然气开采而改变吗？		你的年销售量会因天然气开采而增加吗？	
	受访数量，人	占比，%	受访数量，人	占比，%
零售业	13	25	23	44
财政、保险、房地产	7	28	12	50
商务服务	10	20	16	33
专业性服务	9	15	13	23
餐饮场所	6	29	8	38
酒店和露营场所	4	80	5	100

注：本表反映 Bradford 县 360 个受访者的看法。（译者注：360 人包括采矿业，原表中无采矿业人员的调查数据）
资料来源：Kelsey，Shields，Ladlee 和 Ward（2011）。

有几个商业类型似乎比其他类型有更积极的影响（表 3.4）。他们的调查结果显示，有 27% 的建筑企业已经注意到，由于天然气的开采，每年的销售额都会有所增加；同样有 25% 的制造企业和 22% 的运输、通信和公共事业公司也注意到了年销售额的增长；在零售、餐饮以及金融、保险和房地产业，有更多公司注意到天然气开采对他们的年销售额产生了积极影响（分别为 44%，38% 和 50%）；酒店和露营场所百分之百的受访企业认为天然气开采给他们的年销售额带来了增长。这很可能是由于该行业的大部分工人只是临时搬到该县来工作，因此只需要临时的住所。

3.3.4 个人收入

居民的个人收入同样受到了该地区天然气开采活动的极大影响，个人收入的变化可以通过宾夕法尼亚州税务局收集的数据来观察。他们的数据区分了收入类型的变化，更准确地解释了当地居民个人收入总额的变化以及受影响的居民的比例。个人收入的三大主要部分是薪酬总额（即工资和薪水）、净利润（先前讨论过）以及租金、矿区使用费、专利和版权收入。

3.3.5 总应纳税收入

在 2007—2011 年期间，北部地区总的应纳税收入平均增加了 11.8%（表 3.5）。同期，整个宾夕法尼亚州的县级平均应纳税收入减少了 7.6%。北部地区各县申报总的应纳税收入的数量平均减少了 0.5%，表明申报收入的纳税人减少。虽然申报数量有所下降，但与全州同一时期平均减少 1.5% 相比要少。

有几个县的应税收入增长非常大，尤其是与全州范围内的下降相比更加突出。在此期间，Bradford 和 Tioga 县居民报告的应纳税收入有 25.4% 的增长，而 Susquehanna 县有 12.7% 的增长。应纳税收入的增加远远超过纳税申报数量的增加，表明增加的大多数收入主要源于居民收入的增加，而不仅仅是人口的增长。

3.3.6 总薪酬

总薪酬收入代表县居民挣得的工资和薪金。表3.5 报告了北部地区县居民在 2007—2011 年期间，总薪酬收入平均增长了4.1%，报告这类收入的纳税申报数量增加了1.3%。而整个宾夕法尼亚州各县总薪酬收入平均减少了2.3%，纳税申报的数量平均减少了0.6%。

表 3.5 个人收入的变化 （2007—2011 年）   单位：%

县及地区 （2011 年的井数）	总的应纳税收入		总薪酬		净利润		租金、土地使用费、专利和版权	
	申报数	收入	申报数	收入	申报数	收入	申报数	收入
Bradford 县 （959）	2.6	25.4	4.5	9.0	−4.8	71.9	88.8	960.5
Lycoming 县 （459）	−2.0	1.0	−0.1	1.8	−2.7	14.3	39.9	184.0
Sullivan 县 （41）	−0.5	7.9	3.0	4.8	2.0	8.3	138.1	598.4
Susquehanna 县 （454）	1.4	12.7	2.3	2.0	−4.2	39.2	45.4	433.2
Tioga 县 （685）	4.2	25.4	6.3	15.1	4.5	80.8	78.2	636.9
Wyoming 县 （96）	−8.8	−1.7	−8.1	−8.2	−11.8	35.8	42.7	239.5
北部地区平均	−0.5	11.8	1.3	4.1	−2.8	41.7	72.2	508.8
宾夕法尼亚州平均	−1.5	−7.6	−0.6	−2.3	1.5	−0.1	15.7	37.1

注：根据通货膨胀调整后的收入。

资料来源：宾夕法尼亚州税务局，匹兹堡统计。

各个县的经历有很大的不同，但是除了 Wyoming 州县，其他县不论是申报的数量还是上报的收益都比全州的平均水平要高。

在北部地区某些县所观察到的变化更大。Bradford 县在 2007—2011 年期间，申报总报酬收入的纳税申报数量增长了4.5%，而 Tioga 县增加了6.3%。因为税收数据包括单个和联合报税，这些增长不一定与这些县的实际就业变化完全吻合（表3.6）。

表3.6 宾夕法尼亚州北部地区总薪酬收入的变化 （2007—2011 年）

县及地区 （2011 年井数）	申报数			收入		
	2007 千美元	2011 千美元	变化 %	2007 千美元	2011 千美元	变化 %
Bradford 县 （959）	21509	22471	4.5	808113	881115	9.0
Lycoming 县 （459）	44082	44017	−0.1	1682331	1712589	1.8
Sullivan 县 （41）	2100	2164	3.0	70625	73987	4.8
Susquehanna 县 （454）	14214	14536	2.3	511192	521562	2.0
Tioga 县 （685）	13673	14540	6.3	473436	544772	15.1

续表

县及地区 （2011 年井数）	申报数			收入		
	2007 千美元	2011 千美元	变化 %	2007 千美元	2011 千美元	变化 %
Wyoming 县（96）	11959	10995	−8.1	453485	416493	−8.2
北部地区平均	17923	18212	1.3	666530	691753	4.1
宾夕法尼亚州平均	4654462	4624863	−0.6	232680601	227396476	−2.3

注：本表数据根据通货膨胀率进行调整。
资料来源：宾夕法尼亚州税务局，匹兹堡统计。

居民纳税申报的总报酬收入的增幅大于纳税申报数量的增长。在 2007—2011 年期间，整个北部地区报告的总薪酬收入平均增加 4.1%，其中有三个县增幅更大：Bradford 县纳税申报的总薪酬收入平均增加了 9%，Sullivan 县增加了 4.8%，Tioga 县为 15.1%。

纳税申报数据显示，当地居民的就业机会有小幅增长，在应纳税工资、薪酬收入中有大幅增长。这表明，Marcellus 页岩气开采活动对县居民在就业方面的最大影响，是增加了工资或工作时间（或两者都有），而不是增加了就业机会。

3.3.7　租金、矿区使用费、专利和版权收入

居民从页岩气开采活动中获得收入的另一主要来源是租金和矿区使用费，天然气公司支付给矿权所有者以获得开采天然气的权力。在 2007—2011 年期间，北部地区居民在租金、矿区使用费、专利和版权收入方面的纳税申报数平均增长了 72.2%，而全州只增长了 15.7%（表 3.7）。Bradford 县纳税人申报这类收入的纳税申报数增加了 88.8%，Lycoming 县为 39.9%[1]。如此大幅度的增长反映了越来越多的县居民获得了这类收入。

在 2007 年，关于这些类别的纳税申报收入更为显著，北部地区 6 个县的居民报告在租金、矿区使用费、专利和版权收入上总共获得了 874.5 万美元[2]（表 3.7），时隔 5 年后的 2011 年，北部地区县居民报告在租金、矿区使用费、专利和版权收入上总共获得了 7036.1 万美元[3]，报告的这类收入增长率达 704.6%[4] 的，而同期全州报告这类收入的增长仅为 37.1%。

与净利润和总薪酬收入一样，各个县的情况与该地区的平均水平相差很大。Bradford 县居民申报的该类收入有 960.5% 的增长，而 Tioga 县和 Sullivan 县的增长分别有 636.9% 和 598.4%，只有 Lycoming 县和 Wyoming 县的增长均明显低于北部地区的平均水平（分别为 184% 和 239.5%）。

遗憾的是，能获取的关于租金和矿区使用费收入的最新数据只有 2011 年的，也就是在全州和北部地区大多数县的钻探活动达到顶峰时。自 2011 年以来，由于天然气价格不

---

[1] 原文"138.1%"有误。——译者注
[2] 原文"5250 万美元"有误。——译者注
[3] 原文"4220 万美元"有误。——译者注
[4] 原文"508.8%"有误。——译者注

断下跌，以及在其他州形成了新的页岩气开采中心，许多县的钻探活动大幅减少。因为租金和矿区使用费与钻探活动直接相关，很可能租金和矿区使用费收入在过去的两年里也大幅减少。

表 3.7 宾夕法尼亚州北部地区租金、矿区使用费、专利和版权收入的变化（2007—2011 年）

县及地区 （2011 年井数）	申报数			收入		
	2007 千美元	2011 千美元	变化 %	2007 千美元	2011 千美元	变化 %
Bradford 县（959）	2261	4269	88.8	14547	154269	960.5
Lycoming 县（459）	2596	3633	39.9	3633	81755	184.0
Sullivan 县（41）	197	469	138.1	1315	9185	598.4
Susquehanna 县（454）	1514	2201	45.4	14406	76809	433.2
Tioga 县（685）	1354	2413	78.2	9340	68830	636.9
Wyoming 县（96）	910	1299	42.7	9226	31321	239.5
北部地区平均	1472	2381	72.2	8745	70361	704.6[①]
宾夕法尼亚州	234918	271834	15.7	3342823	4584546	37.1

①原文"508.8"有误。——译者注
注：本表数据根据通货膨胀率进行调整。
资料来源：宾夕法尼亚州税务局，匹兹堡统计。

3.4 收入的构成和分配

纳税申报数据显示，在 2007—2011 年期间，居民收入发生了相当大的变化。考虑这些收入变化的总体构成非常重要，因为它们直接影响居民在天然气开发活动中经济效益的分配。

纳税申报数据表明，北部地区各县居民在租金、矿区使用费、专利和版权上的收入，比他们从其他来源上实际增加的收入更多（表 3.8）。例如，在 2007—2011 年期间，北部地区 6 个县居民报告的总年度收入增长了 34450 万美元，比总薪酬收入（15130 万美元）和净利润（15050 万美元）都增加了 2 倍多（所有数据都依据通货膨胀率进行调整）。这些计算是基于 2007 年和 2011 年申报的收入变化，而不是这些年来累计的收入变化，那样会更高。这些数据表明，对矿权所有者的租赁和矿区使用费，是各县页岩开发带来的最大的积极的经济影响。

有的县在总薪酬收入与租金、矿区使用费、专利和版权收入之间的差距非常大。例如，Susquehanna 县纳税人申报的租金和矿区使用费收入的年增长额为 6240 万美元，是他们报告的年度总薪酬收入（1040 万美元）的 6 倍多。只有 Tioga 县，总薪酬收入的增长超过了租金、矿区使用费、专利和版权收入的增长。

纳税申报数据清楚地表明，租金和矿区使用费收入在当地居民收入中所占的份额较小。

例如，在 Bradford 县只有 15.6% 的居民申报了该类收入（表 3.9），而 Lycoming 县只有 7% 的纳税人申报了该类收入。这意味着，只有一小部分居民从当地的页岩气开采活动中获得了最大的经济效益。

表 3.8　个人收入的实际变化（2007—2011 年）

县及地区 （2011 年井数）	年度总薪酬收入		年度净利润收入		租金、矿区使用费、专利和版权的年收入	
	申报的 百分比 %	总收入 的变化 千美元	申报的 百分比 %	总收入 的变化 千美元	申报的 百分比 %	总收入 的变化 千美元
Bradford 县（959）	82.0	73022.24	12.9	51792.26	15.6	139722.25
Lycoming 县（459）	84.3	30257.56	11.1	23416.99	7.0	52966.54
Sullivan 县（41）	75.9	3361.78	16.1	772.00	16.5	7869.52
Susquehanna 县（454）	79.8	10370.30	15.7	23341.66	12.1	62403.24
Tioga 县（685）	81.0	71335.54	13.8	35159.25	13.4	59490.40
Wyoming 县（96）	82.7	−36991.57	13.0	16056.04	9.8	22094.82
北部地区平均/总计	81.0	151335.86	13.8	150538.19	12.4	344546.77

注：根据通货膨胀率进行调整。
资料来源：宾夕法尼亚州税务局，匹兹堡统计。

表 3.9　宾夕法尼亚州北部地区租金和矿区使用费收入的分布情况

县及地区 （2011 年井数）	2007 年的申报数		2007 年申报租金和矿区使用费的比例 %	2011 年的申报数		2011 年申报租金和矿区使用费的比例 %
	总税收 收入 千美元	租金和矿区 使用费收入 千美元		总税收 收入 千美元	租金和矿区 使用费收入 千美元	
Bradford 县（959）	26705	2261	8.5	27404	4269	15.6
Lycoming 县（459）	53289	2596	4.9	52217	3633	7.0
Sullivan 县（41）	2864	197	6.9	2851	469	16.5
Susquehanna 县（454）	17963	1514	8.4	18208	2201	12.1
Tioga 县（685）	17220	1354	7.9	17945	2413	13.4
Wyoming 县（96）	14585	910	6.2	13297	1299	9.8
北部地区平均	22104	1472	7.1	21987	2381	12.4
宾夕法尼亚州	5614665	234918	4.2	5527878	271834	4.9

资料来源：宾夕法尼亚州税务局，匹兹堡市统计。

　　当地的其他经济效益，例如产生的就业机会、工资的增长或当地商业利润的增加，对当地经济都重要并作出了贡献，但与在租金和矿区使用费上获得的收益相比就相差甚远。与此同时，页岩气开发所带来的困难和挑战，如增加的道路交通往往会影响所有的居民。

有很多因素可以解释为什么获得租金和矿区使用费的居民如此之少。首先，在宾夕法尼亚州的 Marcellus 页岩中，只有大约一半的土地（51%）为县内居民所有。(Kelsey 等，2011)，其他非本地居民拥有的大部分土地都是度假性质，如第二套住房或狩猎的营地。此外的大部分土地归联邦政府所有。一旦开始钻井，支付给外县居民或联邦政府的租金和矿区使用费就会离开社区。其次，钻井县的许多居民没有自己的房产，而是租住别人的房子，因此他们没有可以出租给天然气公司的矿权。

土地所有权记录显示，即使在那些获得租赁和矿区使用费收入的人当中，这些支付也将高度集中在其中一小部分的土地所有者中。Kelsey 等（2012）从宾夕法尼亚州 11 个县（有 Marcellus 页岩开发）的规划办所获得的土地所有权数据，发现这些县的绝大多数土地所有者只拥有了相对较小的土地：例如，Bradford 县 38.6% 的土地所有者拥有不到 1acre 的土地，其中一半拥有不到 2acre 的土地。他们对土地所有者拥有的土地面积进行排序，发现 Bradford 县当地 80% 的土地所有者总共拥有该县 3.7% 的土地面积，而不到 10% 的土地所有者总共拥有 43.9% 的土地。租金和矿区使用费通常会遵循相同的分配模式，表明绝大多数的经济利益都流向了相对较少的居民手中。

3.4.1 就业

通过对宾夕法尼亚州页岩气开发的劳动力需求研究，发现直接与钻井相关的就业需求非常广泛，几乎囊括了近 150 个职业（Brundage 等，2011）。此外，在这些工作中相对缺乏的是对天然气行业高度专业化的工作。例如，钻一口 Marcellus 页岩井需要的一般办公室职员和工人各占 20%，而重型设备操作工和卡车司机分别占了 17% 和 10%（图 3.3）。如果包括间接的就业需求，如餐饮和住宿等服务性工作，则潜在的就业机会就会更加广泛。

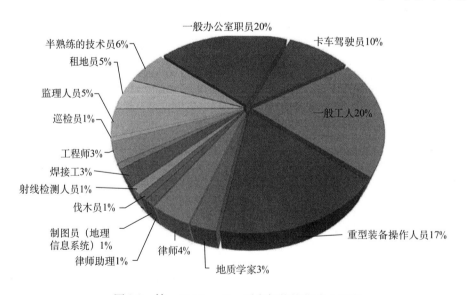

图 3.3 钻一口 Marcellus 页岩气井的劳动力需求

在页岩气开发县我们常见的情形是，工作主要安排给了外地人，很少有宾夕法尼亚州当地居民能掌握跟天然气公司工作直接相关的大部分专业技能。自从 Marcellus 页岩开发以来，在宾夕法尼亚州与页岩相关的员工培训项目也在持续开展，如拉克万纳大学、宾夕法尼亚大学、威斯特摩兰社区学院以及其他学校。

3.4.2　行业就业情况

美国经济分析局（BEA）定期发布县一级的就业数据，该数据主要按北美产业分类体系（NAICS）进行分类，分析这个数据可以更精确地了解 Marcellus 页岩活动对就业的影响。这些联邦数据是由雇主汇报，反映在不考虑工人住在哪里的情况下，有多少人在该县工作。也就是说，这些就业数据包括了非本地居住或暂时居住在该县的人员，所以并不一定反映当地居民的就业情况。

表 3.10 显示了北部地区各县就业人口的总体变化，以及 6 大行业的就业变化。这 6 个行业（采矿、建筑、零售、交通运输、房地产以及餐饮和住宿服务）最有可能受天然气开采活动的影响，因为它们与页岩气开采活动、配套产业或旅游业直接相关。据 BEA 报告，北部地区各县的总就业人数平均增长了 4%，但宾夕法尼亚州平均降低了 0.7%。这些数据与宾夕法尼亚州税务局的数据所描述的就业变化情况大致相同。

对于各个主要行业的变化，北部地区要比宾夕法尼亚州平均增长的幅度更大，有力地说明了围绕 Marcellus 页岩的活动对就业产生了重要影响。

当然北部地区各县采矿业的就业人数增长最大，在 2007—2011 年间平均涨幅为166.4%，而全州平均增长了 62.7%（表 3.10）。在此期间，采矿业所产生的就业岗位，最少的 Wyoming 县有 206 个，最多的 Bradford 县有 1502 个。Lycoming 县 1054.3% 的就业增长率（1455 个工作岗位）反映了它作为开发活动的中心地位。遗憾的是，由于信息披露的规定，Sullivan 县和 Tioga 县在采矿业的就业数据难以获得，但是从其他县观察到的增长情况看来，这两个县也很可能在采矿业的就业上经历了大幅增长。

据报告，其他大的增长主要在建筑业、交通运输业和房地产业。整个北部地区，建筑行业的就业增长平均为 6.7%，交通运输行业为 41.3%，房地产行业为 24.9%（表 3.10）。北部地区各县在餐饮和住宿服务行业也有相对较大的增长（11.1%），而全州平均只增长了 1.1%。上述各项变化与全州的平均水平形成鲜明对比。在这同一时期，宾夕法尼亚州在建筑行业和交通运输行业的平均就业人数减少，在房地产行业及餐饮和住宿服务行业略有增加。

表 3.10　主要行业就业情况的变化（2007—2011 年）

县及地区 （2011 年的井数）	总就业人数	采矿业	建筑业	零售业	交通运输业	房地产业	餐饮和住宿服务业
Bradford 县（959）	2669 （8.4%）	1502 （315.5%）	219 （13.3%）	94 （2.4%）	629 （52.6%）	337 （47.6%）	254 （18.3%）
Lycoming 县（459）	1459 （2.1%）	1455 （1054.3%）	290（8%）	−564 （−6.5%）	D①	61（3.7%）	403 （10.3%）
Sullivan 县（41）	−45 （−1.5%）	D①	0（0%）	−54 （−18.2%）	D①	D①	−6 （−3.6%）

续表

县及地区 （2011 年的井数）	总就业人数	采矿业	建筑业	零售业	交通运输业	房地产业	餐饮和住宿 服务业
Susquehanna 县 （454）	569 （3.4%）	655 （41.2%）	−48 （−3.4%）	−211 （−10.3%）	D①	163 （32.5%）	31 （3.4%）
Tioga 县（685）	1000 （5.3%）	D①	194 （22.9%）	13（0.5%）	200 （32.9%）	239 （49.3%）	160 （12.9%）
Wyoming 县（96）	404 （3.3%）	206 （228.9%）	−78 （−8.9%）	190 （14.1%）	230 （30.2%）	82 （38.9%）	75 （12%）
北部地区平均	1009 （4%）	955 （166.4%）	96 （6.7%）	−89 （−2.8%）	353 （41.3%）	176 （24.9%）	153 （11.1%）
宾夕法尼亚州	−48660 （−0.7%）	20453 （62.7%）	−56315 （−13.6%）	−39141 （−4.9%）	−3843 （−1.4%）	14988 （6%）	4892 （1.1%）

①由于披露政策的原因不能提供数据。

资料来源：美国经济分析局 CA25N，包括全日制和非全日制的总体就业情况。

考虑到在这些县的销售活动平均发生了相对较大的增长，在零售行业观察到的就业变化令人关注。在整个北部地区，尽管零售销售行业的活动有非常大的增长，但这个行业的平均就业率下降了 2.8%。稍好于全州平均 4.9% 的降幅，但不如根据销售税增加的情况所预期的那么多。在 Lycoming 县、Sullivan 县和 Susquehanna 县，零售行业就业的降幅甚至比全州平均水平还大（分别是 6.5%，18.2% 和 10.3%）。销售活动（如征收的销售税所反映的）和就业情况的差异，表明较高的销售活动并不一定给该地区带来更多的就业机会。

数据表明，Marcellus 页岩气开采活动对就业有主要影响。在几个主要行业（即采矿业和交通运输业）就业的大幅增加，可能对当地居民和通勤的工人都有利。宾夕法尼亚州税务局的数据表明，该县工人从工作机会的增加以及工资的增长上都会获利。通过比较税务局纳税申报数据和 BEA 就业数据表明，当地就业在个别县有更积极的影响。例如，Sullivan 县的数据显示，总体就业人数减少 1.5%，但纳税申报的数量增加了 3%，反映出当地工人工资收入增加。特别是 Tioga 县在当地的就业上似乎也同样有着更积极的影响。其他县（包括 Bradford 县、Lycoming 县和 Wyoming 县），由美国经济分析局（BEA）报告的总就业人数的变化比税务局纳税申报数据提供的就业变化更大，表明大部分的就业变化源于非本地居民的变化。

3.5　结论

各种经济分析、调查以及当地观念的变化，给 Marcellus 页岩开发对北部地区地方经济的影响勾勒出了一副相当清晰的画面。在各种经济措施之下，从本地业务数量、就业以及居民收入的这些变化来看，有 Marcellus 页岩活动的北部地区各县要比全州的情况更好。在有大量钻探活动的县，这些变化尤其突出，例如 Bradford 县和 Tioga 县。许多当地企业已经注意到 Marcellus 页岩钻探活动可以增加销售和商业利润，尤其是影响企业在住宿、房地产和零售业的经济。宾夕法尼亚州地方征收的营业税证实，这些地区的零售业活动自 2007 年以来大幅增加，已高达 45%（Bradford 县）。北部地区各县的这些经历，与全州范围内销售收入和商业利润平均下降的普遍经历有着很大的不同。

北部地区由于钻井活动的开展，对县居民的收入似乎也一直有着积极的影响，通过该地区平均 11.8% 的总应纳税收入可以证明，特别是 Bradford 县和 Tioga 县更是有 25.4% 的增长。在如此短的时间内有这么大的增长，尤其是在宾夕法尼亚州县级平均下跌 7.6% 的情况下，显得尤其突出。这些县居民收入的增长是由于工资、薪酬的增加以及企业利润的增加，最重要的是矿权所有者租金和矿区使用费的增长。县居民纳税申报的数据已多次表明，北部地区各种类型的收入（薪酬总额、净利润和租金、矿区使用费、专利和版权）的平均增长速度比整个联邦州要高。

来自雇主的就业数据显示，北部地区在 2007—2011 年期间产生了更多的就业机会，主要发生在采矿行业和运输行业。然而，州纳税申报数据表明，这些新工作主要流向了外县的居民，而不是住在该县的人。此外，数据表明，就业受到的影响更多的是增加了现有劳动力的工资，而不是增加总体就业的人数。在整个北部地区，纳税申报的总薪酬收入平均增加 4.1%，而纳税申报的数量增长了 1.3%。

本章描述了宾夕法尼亚州北部地区各县的当地经济正在经历的许多变化，然而在没有充分考虑当地活动成本的情况下，很难完全了解对当地居民和企业的影响。在这个阶段，要量化 Marcellus 页岩开发对该地区环境和其他成本的影响是困难的，但即使他们目前还不能被准确测算出，这些成本也相当于是这些县的一部分经验。例如，关于钻井活动对北部地区旅游业的影响已受到广泛关注。各县总体经济的影响包括收益和成本，然而目前只有收益可以量化，文中的收益必须是在不确定成本的情况下考虑。

在评估这些县的居民、企业以及社区的个人经历的这些变化时，同样重要的是要牢记平均水平并不代表每个人的经历。本章介绍的变化是一般水平，说明了当地就业和收入的总体趋势，并不可能反映每个县所发生的一切状况。然而相比北部地区和县，全州范围的平均变化确实可以提供一些视角，或许有助于理解北部地区如果没有 Marcellus 页岩开发可能发生的状况。

本章描述的变化必须考虑页岩气开发的短期影响，能及时反映 Marcellus 页岩开发钻井阶段对就业、商业增长和个人收入的变化。根据宾夕法尼亚州税务局最近一年提供的数据，北部地区的钻探活动在 2011 年达到顶峰，由于天然气价格的变化，2013 年该地区的开采活动减少了 50% 以上。这预示着未来这几个县如何发展尚不清楚：是页岩气开采"热潮"的短暂平静，还是"破产"的开始？钻探活动会继续以更缓慢但更坚定的步伐推进吗？没有人真正知道。可以认为较慢的开采速度对这些县的经济发展是有益的，因为它会延长在该地区开发活动的时间。此外，用更少的工人可以放缓开采的步伐，将不太可能压垮这些相对较小的经济体。这样对住房和其他基础设施的压力较小，让当地工人和企业有更多的时间来适应和竞争，而不必主要依赖外部单位来满足劳动力和业务发展的需求。

无论我们钻探的步伐如何，但天然气是一种有限的、不可再生的资源，会在某个时候枯竭。对于这些地区来说下步会发生什么是一个关键的问题。过去以资源为基础的经济活动和被称为"繁荣—萧条周期"的经历表明,北部地区应致力于维持一个多样化的经济,以为资源和相关活动的消失作准备。天然气开发对北部地区当地的经济不会是永久性地增长,而必须视作是临时注入的经济活动。这些县能否以及如何利用它来建立更强大、可持续性的经济,仍需拭目以待。

参 考 文 献

Brasier KJ, Filteau MR, McLaughlin DK, Jacquet J, Stedman RC, Kelsey TW, Goetz SJ (2011) Residents' perceptions of community and environmental impacts from development of natural gas in the Marcellus Shale: a comparison of Pennsylvania and New York cases. J Rural Soc Sci 26 (1): 32-61

Brundage TL. Jacquet J. Kelsey TW, Ladlee JR, Lobdell J, Lorson JF, Michael LL, Murphy TB (2011) Pennsylvania statewide Marcellus Shale workforce needs. Marcellus Shale Education and Training Center, Williamsport

Jacquet J (2009) Energy boomtowns and natural gas: implications for Marcellus Shale local governments and rural communities, Rural development paper. No. 43. Northeast Regional Center for Rural Development, State College

Kargbo DM, Wilhelm RG, Campbell DJ (2010) Natural gas plays in the Marcellus Shale: challenges and potential opportunities. Environ Sci Technol 44: 5679-5684

Kelsey TW. Metcalf A. Salcedo R (2012) Marcellus Shale: land ownership, local voice, and the distribution of lease and royalty dollars. The Center for Economic and Community Development, University Park

Kelsey TW, Shields M, Ladlee JR, Ward M (2011) Economic impacts of Marcellus Shale in Pennsylvania: employment and income in 2009. Marcellus Shale Education and Training Center

Mount DJ. Kelsey TW, Brasier KJ (forthcoming) The impact of Marcellus Shale development on hotel revenues in Pennsylvania. ICHRIE Penn State Research Reports

Pennsylvania Department of Environmental Protection (2014) SPUD data report. Pennsylvania Department of Environmental Protection, Harrisburg

Pennsylvania Department of Revenue (2008-2012). Tax compendium. 2007-08 through 2011-2012. Pennsylvania Department of Revenue, Harrisburg

Pennsylvania Department of Revenue (2008-2012) Personal income statistics. 2007, 2008, 2009, and 2010. Pennsylvania Department of Revenue, Harrisburg

Roy AA, Adams PJ, Robinson AL (2013) Air pollutant emissions from the development, production and processing of Marcellus Shale natural gas. J Air Waste Manage Assoc 64 (1): 19-37

Rozell DJ. Reaven SJ (2012) Water pollution risk associated with natural gas extraction from the Marcellus Shale. Risk Anal 32 (8): 1382-1393

Census Bureau US (2014) State & County QuickFacts. U. S. Department of Commerce, Washington, DC

U. S. Census Bureau (2005-2014) Commuting characteristics by sex: 2005−2009 American Community Survey 5-Year Estimates. U. S. Department of Commerce, Washington. DC

U. S. Bureau of Economic Analysis (2012) Local areas personal income and employment, CA25N Total Full-Time and Part-Time Employment by NAICS Industry. Accessed 28 June 2013

U. S. Bureau of Labor Statistics (2014) Quarterly census of employment and wages. U. S. Department of Labor, Washington, DC

第 4 章　Marcellus 页岩与宾夕法尼亚州

Timothy W.Kelsey，Kirsten Hardy

[摘　要] 人们对 Marcellus 页岩的热情主要来自于它的经济效益。州和联邦数据表明，Marcellus 页岩开发对当地就业、工资收入以及商业活动都有一定积极影响。在工资收入上的增长通常比工人数量的增长幅度更大，表明主要的影响是需要更多的工作时间、更高的工资或者是两者兼而有之，而没有明显产生新的就业机会。就业率上升（尤其是在与钻探活动直接相关的行业），然而申报工资和薪酬的居民数量并没有改变多少，表明许多新的就业机会被外地人所占据。宾夕法尼亚州有 Marcellus 页岩开发活动的县，在保留或增加当地企业的数量方面通常比其他县做得更好。考虑到正有数十亿美元投入 Marcellus 页岩的开发，这些经济数据中有许多显得比预期更保守。

4.1　概述

宾夕法尼亚州对 Marcellus 页岩开发的热情主要来自于其潜在的经济影响。据报道，这些影响主要体现在：招聘新员工、扩大企业规模、土地所有者获得大量租赁和矿区使用费，以及大量工人都不断涌入 Marcellus 地区。

宾夕法尼亚州对 Marcellus 页岩开发投入的资金较大。据 Considine 等（2011）的报告，宾夕法尼亚州的天然气公司在 2010 年投资了将近 115 亿美元，每口井的投资约 500 万美元（Marcellus 页岩联盟，2011）。

Marcellus 的页岩气开发活动主要发生在农业县，几十年来他们一直在与人口流失以及制造业和其他就业机会的减少作斗争。此外，页岩气开发活动开始时正是经济大萧条时期，那时候工商界和州政府正在寻求减轻全球经济衰退及州税收收入大幅降低的影响。而那些农业县拥有重要的自然资源，包括密西西比河东部最大的连片阔叶林，以及 Susquehanna 和其他主要河流的重要源头，有人认为它们受到了页岩气开发的威胁。

由于受到广泛关注，在 Marcellus 页岩气开采活动对全州经济潜在影响的认识上，存在分歧和可能相矛盾的研究也就不足为奇（Considine 等，2009；Herzenberg，2011；Kelsey 等，2011；Kinnaman，2011；Politics，2011；宾夕法尼亚州共和党，2011；《StateImpact》，2013；Weinstein 和 Partridge，2011）。这些研究关注的是 Marcellus 页岩活动的短期经济利益，大部分没有涉及宾夕法尼亚州 Marcellus 页岩活动的长期经济影响（此外，没有充分地

作者简介：
Timothy W. Kelsey（蒂莫西 W·凯尔西）
美国宾夕法尼亚州立大学，农业经济、社会和教育系；e—mail：tkelsey@psu.edu。
Kirsten Hardy（柯尔斯顿·哈迪）
美国宾夕法尼亚州立大学，社区、环境与发展系的校友；e—mail：kirstenhardy81@gmail.com。

分析此类活动的短期成本）。

有来自先前能源繁荣的证据表明：任何积极的就业影响都是短暂的，在开发结束之后，这些经济状况会比繁荣前更糟（源头经济学，2008；Jacobsen 和 Parker，2014；Papyrakis 和 Gerlagh，2007；James 和 Aadland，2011）。尽管这对当地的影响不大，但其他一些研究已发现了相互矛盾的结论（Brown，2014）。

过去资源繁荣时期的经历至少可以表明，不管这些利益在当时有多大规模，宾夕法尼亚州都应该将从 Marcellus 页岩获得的经济利益视为一个暂时现象。即使宾夕法尼亚州经历的 Marcellus 页岩气开发活动只有短短的几年，可以说他们已经经历了这样一个从繁荣到萧条的小周期。钻探活动在 2011 年达到顶峰，完钻了 1961 口井，然后由于天然气价格下跌以及行业转战到俄亥俄州 Utica 页岩的影响，2013 年的完钻井数下降到 1207 口（下降了 38.4%，宾夕法尼亚环境保护部）。虽然目前宾夕法尼亚州各县的页岩气开采活动仍在进行，但比 2011 年明显要少得多。

本章调查了宾夕法尼亚州在 Marcellus 页岩短期开发中遍及全州的经济经验，使用多个联邦和州的数据集以获得迄今为止的一个全面认识。这些数据包括来源于工资和薪金、就业以及商业机构、州收入和销售税信息的数量等联邦数据。尽管有几个机构已经发布了 2012 年和 2013 年的数据，并被允许使用，但目前使用的大部分数据是 2011 年的。要谨记的一点是，2011 年是宾夕法尼亚州 Marcellus 页岩钻探活动的高峰期，所以现在的影响会小于 2011 年所提供的数据。

4.2　Marcellus 页岩气开发活动

与宾夕法尼亚州过去天然气的开发有所不同，页岩气的开发需要高度专业化的企业、设备和作业。工作人员和设备通常都是高度专业化的，每个员工通常只需要履行所有作业中的一个很小的工序，分别包括地质研究、地震测试、租赁、许可、井场平整、水资源管理、管道施工、压缩机作业、钻井、压裂、完井和复垦等相对独立的岗位（Brundage 等，2011）。工作人员为了完成工作，通常会在各个县频繁地更换工作地点，而不是长期待在同一个地方。

参与页岩气开发的很多企业是地区、州或跨国的公司，在有钻探活动的各个县都有他们的身影。使用的大量设备和材料都是高度专业化的，如钻机、钻杆和压裂砂，无法从当地企业获得（并且在某些情况下，在整个宾夕法尼亚州都难以购买到）。这使得天然气行业对 Marcellus 页岩气开发的大部分支出发生在宾夕法尼亚州和其他州，而不只是在钻探活动所在的地点。

因为天然气是一种不可再生资源，对它的开发在本质上有一定的时间限制。专家们并不认为宾夕法尼亚州 Marcellus 页岩的钻探活动能够持续多久，但很多人估计会超过 20 年。此外，宾夕法尼亚州的其他页岩（如 Utica 页岩）也可以实现经济开发，因此在宾夕法尼亚州的天然气开发会是一个较长的过程。当然根据它的特性，天然气在某种程度上会枯竭或者不再具有商业价值，但只要有开发活动进行，就会有持续的经济效益。

宾夕法尼亚州的大部分经济主要源于天然气开采和航运市场的潜在利益，潜在的更大的经济效益可能是优选和扶持宾夕法尼亚州在生产中可以大量使用天然气的企业，从而借助靠近天然气田的相对优势。在州的经济发展政策下有一些发展重点，并且已有几个成功案例，包括要在宾夕法尼亚州北部建几个天然气发电厂，正在鼓励公共汽车和卡车车队将其改装成 CNG 车（其中一部分通过 13 号法案的影响费进行支助），以及拟建 10 亿美元的工厂将天然气转化为汽油（《StateImpact》，2014）。最大的一个有可能增值的项目是壳牌石油公司提出的在 Beaver 县修建"乙烷裂解"厂。乙烷是塑料制品的主要原料，所以希望其他化工厂能够建于裂解厂附近，可以给该地区带来更多的业务。

从宾夕法尼亚州天然气中产生的这些附加价值，有可能使经济从天然气开采转向多样化发展，这涉及大量的资本投入，将使得企业在后来难以搬迁。例如，壳牌石油公司的石油裂化装置要投资 10 多亿美元来修建（《StateImpact》，2014），也可能是一个主要的就业来源。

4.3　经济影响因素

Marcellus 页岩地区的开发通过以下几个主要途径来影响宾夕法尼亚州的经济：（1）支付给矿权所有人的租金和矿区使用费收入；（2）服务和设备的采购以及直接参与天然气开发的公司的就业情况（如那些勘探、开发和处理天然气的企业）；（3）因为天然气的供应，公司的工作和采购可能会迁往宾夕法尼亚州（例如，那些想要使用天然气的企业——这就是所谓的从天然气开发中所带来的一些"附加价值"）；（4）天然气开发对企业、社区和居民的负面效应主要是影响他们的竞争力和生活质量，如熟练的员工流动到天然气行业工作，增加地方政府的成本，环境或水质量的变化，对健康的影响以及其他生产的影响。

有几个关键因素会影响 Marcellus 的经济效益，例如开发的时间，包括其规模和速度。这些因素会有全面的影响，本研究侧重于这些影响因素中最重要的部分。此外，有多少资金留在社区而不是立即离开（经济学家所谓的"漏损率"）对经济的影响也发挥了至关重要的作用。下面将逐一进行讨论。

4.3.1　时间、规模和速度

经济影响将改变整个 Marcellus 页岩的开发，特别是相关的租赁、矿区使用费收入和劳动力。有许多因素会影响速度和规模，包括整个经济的健康发展、页岩气井的产量、技术变革和创新、外交政策、国内能源政策以及不同燃料的相对价格。这些变化在宾夕法尼亚州已经有所体现，钻井速度下降，从 2011 年的 1961 口井减少到 2013 年的 1207 口井（减少了 38.4%）（宾夕法尼亚州环境保护部，2014）。

在天然气开采的早期，天然气公司的主要支出是支付给矿权所有者的租赁费用，以获得勘探和开发的权利。租金通常是提前支付，在开发的早期，企业靠竞争以获得对资源的控制。随着气井完钻并投入生产，只要矿权所有者们的气井在生产，他们都可以获得矿区使用费。

宾夕法尼亚州的法律规定，矿权所有者至少应获得天然气产值的 1/8，但一些业主协商的矿区使用费率更高。在气井生产活跃的头几年,大多数的矿区使用费支付给了矿权所有者,因为 Marcellus 气井的单井产量在趋于平缓而稳定之前下降得非常快。这意味着,绝大多数的矿区使用费将会在 Marcellus 页岩开采的钻井活跃阶段支付给矿权所有者,一旦钻井结束后就会很快下降。

天然气开发在钻井阶段产生的就业机会显著高于随后的生产阶段。例如,Brundage 等 (2010) 发现,宾夕法尼亚州西南部的每一口湿气在井场上进行钻完井期间,需要相当于 13.1 名全日制员工,几乎涵盖了 150 个职业、420 个个体,但在随后的生产阶段只需要相当于 0.18 名全日制员工。还会影响宾夕法尼亚州社区未来的重要资源钻井速度对天然气开发的其他方面也有着重要影响,包括工人住房的需求、道路上的卡车数量、其他基础设施、使用的水量和需要处理的水量,以及其他环境的影响。

Marcellus 页岩开发对个别地区的经济影响,取决于在该地区活动的规模和速度,而不一定是全州范围内的钻探活动持续的时间。即使有人估计钻完所有已计划的 Marcellus 页岩井可能需要 20 年或者更多的时间,但在任何一个地区的钻井阶段可能会更短,工作人员在一个地区完成工作后会转移到另一个地区。重要的是工人们是否居住在同样有钻井活动发生的地区,因为工人们的住所决定市政当局和学区能否征收他们的所得税,并且住在那儿的工人和他们的家庭往往会有很多开销。

4.3.2 漏损率

当考虑一个活动(如 Marcellus 页岩开发)的经济影响时,重要的是要跟踪资金的实际流向。如从外地企业购买物品,资金会很快离开该地区和州,比把钱花在当地企业的影响要少。因此,来自 Marcellus 页岩活动的新资金的空间分布可能与相关资金的总额一样重要。在租金、矿区使用费以及工人工资收入的漏损率是一个突出问题。谁真正收到租金和矿区使用费?这些资金如何支出?这些都对天然气开发的经济有着重要影响。由于不是所有的矿权所有人都居住在宾夕法尼亚州,他们收到租金和矿区使用费后可能会马上离开,这样对当地和州的经济几乎没有影响。此外,宾夕法尼亚州拥有并已经出租了很大一部分矿权来进行开发,如州森林和狩猎场。从这些矿权获得的租金和矿区使用费会流向州政府如何使用租金和矿区使用费也会对经济产生重要影响,因为它会影响那些资金何时、何地以及如何渗透到经济。

家庭在对待这些一次性收入的方式不同于固定收入 (Kelsey 等,2011),他们会支出较大比例的资金用于储蓄、投资或购买耐用消费品。例如,在钻井地区人们会购买许多新的拖拉机、汽车和四轮车,修复房屋和谷仓;此外,宾夕法尼亚州如何支出这些费用也会有经济影响;一些地方政府和学区也有出租采矿权的权利,他们对这些费用的支出也同样不同于常规的家庭支出。

当工人领取工资、薪酬和其他报酬而在其他地区消费时,经济影响的漏损也会在某种程度上发生(如果他们住在外地则更有可能发生)。临时工的工资通常对地方经济有一些影响,因为这些工人会在他临时居住的地方支出部分收入(如租金、酒店或营地费用、食品、娱乐和其他基本生活费),但由于他们长期居住在别处,他们的收入与当地工人获得的工资相比，更大的一部分会立即离开社区。

从经济影响的角度识别与天然气有关的工人当中宾夕法尼亚州居民所占的比例很重要，因为它会影响留在宾夕法尼亚州的工资和薪金的数额。从全州经济影响的角度来看，租金和矿区使用费收入与工人是否长期居住在他们工作的县，或他们是否长期居住在宾夕法尼亚州的别的地方没有多大关系，因为这些资金都将在宾夕法尼亚州的某个地方流通。

长期居住在宾夕法尼亚州以外的工人对收入的开支通常会有所不同，他们的大部分收入会立即离开宾夕法尼亚州。

4.4　直接的经济经验

人们在 Marcellus 页岩气开采活动对宾夕法尼亚州经济影响的认识上存在一些争议和分歧，包括如何解读就业数据（Herzenberg，2011；宾夕法尼亚共和党，2011；《Politics》，2011；《StateImpact》，2013）以及过度乐观行业的资助在研究所扮演的角色（Kinnaman，2011；Bloomburg，2012）。

导致这些分歧的一个原因，是劳动力信息和分析中心关于 Marcellus 页岩的就业情况定期发布的《Marcellus 页岩快报》。这份刊物基于美国经济分析局对就业和工资的季度调查（QCEW），并包括了所谓"辅助产业"这个广泛的就业范畴，这些行业在页岩气开发中起着重要作用，如一般的货运、非居住用场地承包商和污水处理设施。然而这些辅助产业并不是页岩气开发所独有的，通常受多个与采矿业和天然气开发无关的部门影响。遗憾的是，在 QCEW 数据中不可能确定有多少辅助产业的工作与页岩气开发相关，有多少与其他经济活动有关。例如，辅助产业不可避免地包括把牛奶从农场运到牛奶处理厂的司机、联邦快递司机、市政污水处理厂的工人以及在费城郊区（远离页岩气开发活动的地区）从事住宅和商业开发项目的建筑工程师，尽管这些行业并没有直接影响钻探活动。

尽管已经明确警告了这些数据包括了大量不相干的工作，一些赞同 Marcellus 页岩开发的团体，如 Marcellus 页岩联盟、宾夕法尼亚州共和党（2011）和宾夕法尼亚州长 Tom Corbett（《StateImpact Pennsylvania》，2013），都将 Marcellus 页岩产生的所有相关辅助工作都纳入他们的统计中，而其他研究未包括这些数据（Herzenberg，2011；《StateImpact Pennsylvania》，2013）。

劳动力信息和分析中心的数据清楚地表明，采矿业（其中包括天然气开发）是宾夕法尼亚州整个经济体中很小的一部分（2014 年该部门有 30031 个就业岗位，约占宾夕法尼亚州 576 万劳动力总数的 0.5%）（劳动力信息和分析中心，2014）。页岩气开发辅助行业的总就业人数（其中包括许多与 Marcellus 页岩气开发无关的工作）约占宾夕法尼亚州总劳动力的 3.7%，也仅占全州整体就业人数的一小部分。即使其中还包括了一些可疑的辅助行业的数据，但从全州的角度来看，与 Marcellus 页岩开发直接相关的就业机会并不多。

然而在过去的 4 年中，Marcellus 页岩已成为宾夕法尼亚州新增就业机会的主要来源，经济增长速度快于其他大多数行业。根据劳动力信息和分析中心数据，在 2009—2013 年期间，宾夕法尼亚州的总体就业人数增长了 3.1%，Marcellus 页岩的核心产业增加了 157.4%，辅助行业增长了 8.2%。核心产业增加的就业岗位占宾夕法尼亚州所有新增岗位的 10.8% （在 170473 个新工作岗位中占 18365 个）。同期辅助行业增加的就业岗位占宾夕法尼亚州新增岗位的 9.6%；虽然并不是所有辅助行业的增长都归功于 Marcellus 页岩活动，但页岩气开发显然给辅助行业带来了一部分增长。

Marcellus 页岩活动在个别县和地区的影响远远大于对全州的影响，从而体现了开发活动的集中性和很强的地域性。事实上，Marcellus 页岩开发所在的许多县都是有着较小经济体的农业县，而宾夕法尼亚州经济发达的主要地区（宾夕法尼亚州东南部）并没有钻探活动。所以即使这些页岩气开发所在县的就业影响相对于全州的经济影响来说有点小，但他们在这个较小区域却发挥着重要作用。虽然可以从整体角度出发来讨论州一级的经济影响，但也有可能会错过在某些地方切实发生的影响。

全州范围内的经济影响可以利用经济活动带来的各方面的变化来考虑，例如在工资、就业方面的变化，企业、零售销售的数量，以及支付给矿权所有人的租金和矿区使用费的数量。下面将对这些进行逐一介绍。

4.4.1　工资变化（2007—2011 年）

据美国劳工统计局的报告，宾夕法尼亚州在 2007—2011 年期间，私营企业的工资总额（如非政府工作）下降了 2.1%（根据通货膨胀调整）。县一级的变化取决于该县钻探活动的数量：例如，那些有 90 口以上 Marcellus 页岩气井的县，其私营企业的工资在这段时间内平均增长 13.7%，而没有 Marcellus 页岩气井的县下降 4.9%（表 4.1）。这个时期宾夕法尼亚州县一级平均降低 0.5%。

工资收入在几个有 Marcellus 页岩气开发的县变化非常大，例如，Tioga 县的雇主报告工资总额增加 28.9%，Susquehanna 县报告增加 30.8%，Greene 县的雇主报告增加 38.9%。这些县的工资是由雇主支付的，包括支付给居住在外县的工人以及通勤到该县的工人。

将这些工资总额的变化转化为工人平均的周薪，则井数更多的县的平均周薪和年薪通常都有所增长（根据通货膨胀调整）。事实上，有着 90 口以上气井的 12 个县的平均周薪和年薪都有所增加。例如，Susquehanna 县在 2007—2011 年期间，平均周薪增加 18.7%，平均年薪增加 26.2%。这比宾夕法尼亚州的平均周薪和年薪（都是 0.3%）的增长幅度要好得多。

经济分析局的薪酬数据与劳工统计局的工资发放信息有所不同，提供了一个在 2007—2011 年期间类似的薪酬变化图（表 4.2）。Marcellus 页岩气开发活动越多的县，其雇主报告的员工薪酬的变化比州平均 1.7% 的跌幅要好。有着 90 口以上气井的县，其雇主报告的总薪酬增加 13.7%，而无钻探活动的县雇主收入减少 1.9%，在这段时间县级的平均薪酬增长 1.7%。

在有 Marcellus 页岩气开发的各个县，职工薪酬的增长要大得多。Susquehanna 县的雇主报告职工薪酬增加 25.1%（而劳工统计局报告增加 30.8%），Greene 县增加 33.3%（而劳工统计局报告增加 38.9%）。经济分析局数据显示，特别是在某些行业有大量增长，如采矿行业、建筑行业、零售行业和交通运输行业。在 2007—2011 年期间，宾夕法尼亚州采矿业的总薪酬平均增长 83.2%（根据通货膨胀调整，见表 4.2）。不出所料，在页岩气开发最多的县，采矿行业的薪酬涨幅最大（在这段时间内增长了 490%），而那些没有 Marcellus 页岩的县平均增幅最小（16%）。尤其是在钻井活动最多的县，建筑行业的薪酬平均增长为 61.7%，而在全州范围内这样的薪酬县级平均下降了 10.3%。在此期间，类似的情况也发生在零售行业和运输行业，尽管他们平均增加的幅度并不像采矿行业那么高。

表 4.1　钻井活动引起的工资和收入的变化（2007—2011 年）　　　　单位：%

Marcellus 页岩活动对县一级的影响	私营企业工资总额的变化（根据通货膨胀调整）（县）	平均周薪的变化（根据通货膨胀调整）（县）	平均年薪的变化（根据通货膨胀调整）（县）
有 90 口以上 Marcellus 页岩井的县	13.7（12 个县）	7.7（12 个县）	9.2（12 个县）
有 10～89 口 Marcellus 页岩井的县	0.1（11 个县）	3.9（11 个县）	4.7（11 个县）
有 1～9 口 Marcellus 页岩井的县	-3.9（13 个县）	0.2（13 个县）	-0.7（13 个县）
无 Marcellus 页岩井的县	-4.9（31 个县）	-0.3（31 个县）	-0.8（31 个县）
州平均	-2.1	1.7	0.3
县一级的州平均	-0.5（67 个县）	1.9（67 个县）	1.9（67 个县）

注：因 Forest 县的信息披露规则，未发布私营企业工资总额和平均年薪的信息。
资料来源：宾夕法尼亚州环境保护部；美国劳工统计局 QCEW。

表 4.2　2007—2011 年各县职工薪酬的变化（根据通货膨胀调整）

各县 Marcellus 页岩活动水平	总薪酬的变化（县）%	各行业的变化，%			
		采矿业	建筑业	零售业	交通运输业
有 90 口以上 Marcellus 页岩井的县	13.7（12 个县）	490	61.7	4.0	40.7
有 10～89 口 Marcellus 页岩井的县	2.5（11 个县）	150	25.7	-5.6	4.3
有 1～9 口 Marcellus 页岩井的县	-1.3（13 个县）	54	-1.7	-5.5	10.1
无 Marcellus 页岩井的县	-1.9（31 个县）	16	-14.2	-6.7	5.1
州平均	-1.65	83	-10.3	-6.8	-0.7
县一级的州平均	1.7（67 个县）	106	8.5	-4.3	11.4

注：因为信息披露规则，有些县的信息未发布。
资料来源：宾夕法尼亚州环境保护部；美国经济分析局，CA06N 薪酬。

　　宾夕法尼亚州个人所得税的数据显示了县居民在工资、薪金以及其他报酬的变化。从县居民的角度来看，县一级收入水平的数据并不能令人信服。美国劳工统计局（BLS）、美国经济分析局（BEA）的数据是当地雇主支付给工人的薪酬，包括那些外来的工人和通勤人员。而宾夕法尼亚州税务局提供的数据纯粹反映的是那些县居民的收入。税务局数据表明，在 2007—2011 年期间，宾夕法尼亚州居民报告的工资、薪酬或其他报酬的收入（纳税申报表上报告的薪酬总额）数据减少了 0.6%（表 4.3），反映出国民经济的衰退和失业率的上升。有 90 口以上气井的这些县，居民报告的总薪酬收入也有类似的减少，平均跌幅为 1.1%。

州个人收入所得税数据表明，在 2007—2011 年期间居民获得的总薪酬收入大约减少了 2.3%。有 Marcellus 页岩活动的县通常要好于州平均水平，总体平均有 1.4% 的增长。在 12 个 Marcellus 页岩气开发最活跃的县中，只有 3 个县的变化看起来在州平均水平之下。钻井活动排名前 5 的县，其居民报告总薪酬收入的增长，从 Lycoming 县 1.8% 的涨幅到 Tioga 县高达 15.1%。

表 4.3 由钻探活动引起的州与县级工资收入的变化（2007—2011 年）

县 Marcellus 页岩活动水平	美国劳工统计局	宾夕法尼亚州税务局	
	私营企业工资总额的变化（根据通货膨胀调整）（县）	县居民薪酬收入所得税数额的变化（县）	县居民总薪酬的变化（根据通货膨胀调整）（县）
有 90 口以上 Marcellus 页岩井的县	13.7（12 个县）	-1.1（12 个县）	1.4（12 个县）
有 10~89 口 Marcellus 页岩井的县	0.1（11 个县）	-1.3（11 个县）	-0.8（11 个县）
有 1~9 口 Marcellus 页岩井的县	-3.9（13 个县）	-3.4（13 个县）	-4.5（13 个县）
无 Marcellus 页岩井的县	-4.9（31 个县）	-0.8（31 个县）	-2.9（31 个县）
州平均	-2.1	-0.64	-2.3
县一级的州平均	-0.5（67 个县）	-1.4（67 个县）	-2.1（67 个县）

注：因为信息披露规则，福里斯特县私营企业工资总额的信息未披露。
资料来源：宾夕法尼亚州环境保护部；美国劳工统计局，就业和工资普查；宾夕法尼亚州税务局，个人所得税统计。

如表 4.3，在比较美国劳工统计局提供的州所得税数据时，重要的是要记住，劳工统计局的数据是雇主支付给在该县工作的工人的工资（无论他们住在哪里）；而税务局的数据是县居民的工资和薪酬收入（无论这些居民工作在哪里）。因为许多宾夕法尼亚州的居民通勤到外县工作，而当地企业的雇员通常包括那些来自其他县的通勤人员（和暂时居住在该县的其他州的居民），所以这些数据并不总是一致。

4.4.2 就业变化

另一种考虑 Marcellus 页岩开发对当地经济影响的方式，是通过宾夕法尼亚州官方所观察到的地区就业人数的变化和州的数据集。就业变化反映的是当地各行业在消费和雇佣方面的直接影响，企业、工人和矿权所有者在当地的支出，在当地企业中诱发并额外产生了间接的就业。

在 2007—2011 年期间，由不同机构收集的就业数据，为宾夕法尼亚州各个有 Marcellus 页岩钻探活动的县的就业变化提供了普遍一致的状况（表 4.4）。不同的数据系列所报告的具体数据有所不同，主要是因为数据收集和他们所使用的具体定义的差异，但总的说来差别不大。

表 4.4　平均就业变化

县 Marcellus 页岩活动水平	就业变化（2007—2011 年）（包括通勤人员），%			
	BEA（县）	BLS	县商业模式	税务局 （县居民申报的总薪酬收入）
有 90 口以上 Marcellus 页岩井的县	3.1（12 个县）	3.9	2.3	1.4
有 10～89 口 Marcellus 页岩井的县	-1.4（11 个县）	-5.2	-10.6	-0.8
有 1～9 口 Marcellus 页岩井的县	-5.2（13 个县）	-3.2	-1.9	-4.0
无 Marcellus 页岩井的县	-9.2（31 个县）	-4.2	-4.7	-3.0
州平均	-0.7	-2.3	-2.7	-2.3
县一级的州平均	-4.9（67 个县）	-2.7	-4.1	-1.4

资料来源：美国经济分析局 CA25N；美国劳工统计局的就业和工资普查；美国人口普查局的县商业模式；宾夕法尼亚州税务部；宾夕法尼亚州环境保护部。

经济分析局（BEA）的数据表明，宾夕法尼亚州各县在 2007—2011 年期间，整体就业人数平均下降 0.7%。有大量 Marcellus 页岩活动的县普遍好于州平均水平，而且 Marcellus 页岩气井数最多的县也超过了州平均水平。虽然有着 10～89 口井的县通常会失去一些就业机会，但这期间他们的表现仍然比宾夕法尼亚州县一级的平均水平要好。

劳工统计局（BLS）的数据对 Marcellus 气井和就业的关系描绘出了类似的状况。表明在 2007—2011 年期间，宾夕法尼亚州大约减少了 2.3% 的工作。根据 BEA 的数据，Marcellus 页岩开发最活跃的几个县的就业状况好于州平均水平，但页岩气开发中等水平的县比没有页岩气开发活动的县更差。

县商业模式的数据表明，宾夕法尼亚州各县在 2007—2011 年期间的就业平均降低了 2.7%。Marcellus 页岩气井最多的县普遍好于州平均水平，如 Tioga 县（增加 9.2%）和 Green 县（增加 17.5%）。但根据美国劳工统计局的数据，这些中等开发水平的县比州平均水平更差。

综合这些不同来源的经济数据表明，在 2007—2011 年间，有着大量 Marcellus 页岩钻探活动的县，在大多数情况下能够创造就业机会，但与全州的状况相比也并没有什么不同。

美国经济分析局数据显示，在 2007—2011 年期间，宾夕法尼亚州县一级的平均就业人数减少 4.9%，与全州的下降情况相似（表 4.5）。一些与 Marcellus 页岩活动紧密相关的行业，就业情况要好得多，平均而言比全州的经济情况好。全州采矿业的就业有所增加，特别是那些有着中等数量到大量钻井活动的县更是如此。有大量钻井活动的县在建筑行业、零售行业和交通运输行业的平均就业水平都比全州的就业情况要好得多，而在有少量到中等数量钻井活动县的零售业就业情况，平均比全州或页岩开发高度活跃的县下降得更多。

虽然 Marcellus 页岩开发活动可以在这些县产生一些就业机会，但表 4.4 和表 4.5 的数据并不能表明这些职位是被该县居民所有，还是被居住在外县的通勤人员所有。这个差别很重要，因为这些不断增长的劳动力收入将最有可能在工人居住的地区内花费和流通。经济分析局记录了流入和流出各县的收入流，这一数据表明在 2007—2011 年期间，Marcellus

页岩钻井最多的县流出的收益（外县居民的工资收入）比流入的收益（本地居民的工资收入）有更大的增长（表 4.6）。例如，Bradford 县在这一时期流入的收益有 14.5% 的增长，而流出的收益有 30% 的增长。同样的，Tioga 县流入的收益增长 19.9%，流出的收益增长 48.1%。在钻井最活跃的 12 个县中，除了 3 个县外其余县都表现出相同的状况，即流出的收益比流入的收益有更大的增长。

表 4.5　各行业就业的变化，2007—2011 年

县 Marcellus 页岩活动水平	总的就业变化（县）	各行业的变化			
		采矿业	建筑业	零售业	交通运输业
有 90 口以上 Marcellus 页岩井的县	3.1（12 个县）	203.5	0.4	-2.2	12.0
有 10~89 口 Marcellus 页岩井的县	-1.4（11 个县）	417.7	-3.7	-10.2	-5.0
有 1~9 口 Marcellus 页岩井的县	-5.2（13 个县）	58.9	-11.8	-7.3	3.6
无 Marcellus 页岩井的县	-9.2（31 个县）	51.2	-15.6	-5.2	-0.2
州平均	-0.7	62.7	-13.6	-4.9	-1.4
县一级的州平均	-4.9（67 个县）	158.8	-10.1	-5.9	1.9

注：由于信息披露规则，一些县没有发布信息。
资料来源：宾夕法尼亚环境保护部；经济分析局，CA25N 就业。

表 4.6　各钻探活动水平下的平均收益，2007—2011 年

Marcellus 页岩活动水平	流入的收益（根据通货膨胀调整）			流出的收益（根据通货膨胀调整）		
	2007 千美元	2011 千美元	变化率，%	2007 千美元	2011 千美元	变化率，%
有 90 口以上 Marcellus 页岩井的县	962843	991221	1.8	442820	498499	19.7
有 10~89 口 Marcellus 页岩井的县	161919	175922	5.7	147673	157603	4.0
有 1~9 口 Marcellus 页岩井的县	665334	692370	1.6	1063806	1074430	0.4
无 Marcellus 页岩井的县	2401714	2368135	-1.4	2258952	2223966	-0.8

资料来源：美国经济分析局 CA91（总收益流）；宾夕法尼亚州环境保护部。

这表明，比 Marcellus 页岩县居民更多的外地人正在从事由 Marcellus 页岩开发所产生的新工作。这些外地人可能在他们工作所在的县支出了一些收入，但他们的大部分支出很可能还是在他们所居住的县。因此，只有尽可能地增加当地居民的就业率，才有利于这些有 Marcellus 页岩井的县的经济增长。相比之下，在 2007—2011 年期间，那些没有 Marcellus 页岩开发的县在收益流入和流出的变化上差别不大。

4.4.3　企业数量（2007—2011 年）

另一种考虑 Marcellus 页岩经济影响的方式，是看在页岩开发过程中当地企业的数量是如何改变的。县商业模式的数据表明，在 2007—2011 年间，宾夕法尼亚州的私营企业减少了大约 3.3%，但这一差异在各个行业有所不同，同期全州采矿业的企业数量（包括天然气开发公司）有 25% 的增长，而建筑业下降 11.5%，零售业下降 4.6%（表 4.7）。

Marcellus 页岩县在保留和增加企业数量方面通常要好于宾夕法尼亚州的平均水平。Marcellus 页岩活动水平最高的县要比州平均水平好得多，如与采矿行业相关的企业增加了 128.8%，与交通运输相关的企业增长了 23.9%。在整个 Marcellus 地区各县，建筑业、零售业和交通运输业公司的数量变化有所不同，有些好于州平均水平，有的比州平均水平更差。

表 4.7 企业数量的平均变化（2007—2011 年） 单位：%

Marcellus 页岩活动水平	县商业模式					BLS
	所有行业	采矿业/天然气	建筑业	零售业	交通运输业	所有行业
有 90 口以上 Marcellus 页岩井的县	-0.7	128.8	-7.5	-3.2	23.9	3.7
有 10～89 口 Marcellus 页岩井的县	-4.3	32.9	-8.2	-4.9	-1.5	-0.3
有 1～9 口 Marcellus 页岩井的县	-4.9	12.9	-7.5	-8.1	-5.1	0.7
无 Marcellus 页岩井的县	-4.4	-0.5	-13.1	-5.2	-1.9	-0.6
州平均	-3.3	25.0	-11.5	-4.6	1.0	2.2
县一级的州平均	-3.8	31.7	-10.2	-5.4	2.2	0.5

资料来源：宾夕法尼亚州环境保护部；美国人口普查；县商业模式；劳工统计局的就业和工资普查。

劳工统计局报告的关于企业数量的类似数据，看起来比县商业模式有更积极的影响。显示在 2007—2011 年期间，全州县一级的企业总数平均增长了 0.5%[1]（表 4.7）。这个差异发生的原因部分在于这两个模式收集数据的方式有所不同。县商业模式确定在 2011 年全州有 295720 个企业，而劳工统计局确定的有 331723 个。但劳工统计局数据显示的总体趋势与县商业模式的数据相似，有大量 Marcellus 页岩活动的县通常比州平均水平要好。

1.1.1 零售业

随着居民在 Marcellus 页岩开发中获得租金、矿区使用费和新的工作，会有更多的钱流入当地的零售商店。我们可以从州征收的销售税数据来观察 Marcellus 开发期间当地零售业的变化。由于税收不包括食品和服装的购买，这些数据虽然不能完全反应与零售业活动的相关性，但可以反映零售业活动水平的涨跌趋势。

宾夕法尼亚州税务部的数据表明，在 2007 年 7 月 1 日至 2013 年 6 月 30 日期间，全州征收的销售税降低了 4.8%，但有 Marcellus 页岩开发活动的县平均表现更好，页岩气开发最多的县征收的销售税平均有 14.2% 的增长。

同期，无 Marcellus 页岩开发活动县征收的销售税平均降低 13.1%（表 4.8）。而有几个县的增长尤其显著：在此期间，Bradford 县征收的销售税增长 45.4%，Greene 县增长 73.6%（根据通货膨胀调整）。

[1] 原文"2.2%"错误。——译者注

这些发现与 Ward 和 Kelsey 在两个 Marcellus 页岩气开发县对企业的调查结果是一致的：他们发现，由于 Marcellus 页岩活动，Bradford 县 35% 的企业和 Washington 县 25% 的企业都报告销售量有所增加（Ward 和 Kelsey，2011）。税务部数据表明，Marcellus 页岩开发通过增加零售业的支出，对各个 Marcellus 页岩气开发县的当地经济有着积极的影响。

表 4.8　由 Marcellus 页岩开采活动所带来的销售税的平均变化

县的 Marcellus 活动水平	变化（根据通货膨胀调整）2007 年 7 月 1 日至 2013 年 6 月 30 日（有 Marcellus 页岩活动的县的数据）
有 150 口以上 Marcellus 井的县	14.2（10 个县）
有 10～149 口 Marcellus 井的县	-5.2（17 个县）
有 1～9 口 Marcellus 井的县	-5.7（12 个县）
无 Marcellus 井的县	-13.1（28 个县）
州平均	-4.8
县一级的州平均	-5.7（67 个县）

资料来源：宾夕法尼亚州环境保护部；宾夕法尼亚州税务部。

4.4.5　租金和矿区使用费（2007—2010 年）

谁获得了租金和矿区使用费，以及这些费用如何支出？这些问题对于 Marcellus 页岩开发对当地社区的经济影响至关重要。正如在其他大多数州一样，宾夕法尼亚州地表土地的所有者不一定拥有地下的矿权。地表所有权和采矿权彼此分开，可以分别拥有（出售）。这在经历了煤炭、天然气或石油开发的宾夕法尼亚州地区是相对常见的，如宾夕法尼亚州西部的几个县正是如此。由于这些矿权所有者的信息通常没有正式进行汇总或追踪，是逐个签订契约，没有人真正知道租金和矿区使用费的去向。Kelsey 等（2011）利用土地所有权模式的 GIS 分析，发现各 Marcellus 页岩开发县将近 51% 的有 Marcellus 页岩的土地为县居民所拥有。如果矿权和土地所有权的分布相似，这意味着一个县产生的大约一半的租金和矿区使用费都支付给了该县的居民。另外 49% 的租金和矿区使用费会立即离开该县，其中 25% 去往居住在宾夕法尼亚州其他地方的业主，8% 去往居住在宾夕法尼亚州以外的业主，剩下的 17% 主要去往宾夕法尼亚州的公共部门。

Kelsey 等在讨论这一发现时还指出，实际支付给县居民 51% 的租金和矿区使用费很可能估计过高。在过去有煤炭或天然气开采的各个县中，还在早期开采活动期间（发生在几辈人前），许多采矿权就被分离，随后被分割成多个所有权世代传承。考虑到在过去的几十年中，从宾夕法尼亚州迁出的居民数量相对较高，许多当时的矿权所有者很可能现在并未生活在宾夕法尼亚州。那个时候的公司也在购买采矿权，所以采矿权也不再是个人的权利。

租金和矿区使用费支付给县居民后，并不是所有的资金都用来消费或在当地支出，这就降低了对当地的经济影响。Kelsey 等（2011）发现，矿权所有者会将他们获得的大约 55% 的租金和 66% 的矿区使用费进行储蓄，他们对这些费用的支出也不同于固定收入。受访者表示，他们大部分的支出主要是机动车辆、州和联邦的税收以及房地产。针对

Bradford 县、Sullivan 县、Susquehanna 县的这些消费开支模式还有后续的经济影响分析。

对 Tioga 县和 Wyoming 县的调查发现，许多消费发生在矿产所有者居住的县以外，这就减少了对该地的经济影响（Kelsey 等，2012a，2012b，2012c，2012d，2012e）。像这些小的农业县在当地购物的选择较少，这意味着他们的居民更可能到外县的商店去购物。

宾夕法尼亚州税务局提供的州税务报告，对各 Marcellus 页岩开发县居民收入的变化和当地企业如何支出的情况给出了具体数据。州个人所得税申报的租金、矿区使用费、专利和版权收入数据（从 Marcellus 页岩开发获得的租金和矿区使用费如何分类），在 2007—2011 年期间全州县一级平均增加了 15.71%（表 4.9），这意味着宾夕法尼亚州在这些收入上有所增加。有大量 Marcellus 页岩钻井活动的县，申报这些收益增长的数量百分比更高：Bradford 县有 88.8% 的增长，Tioga 县有 78.2% 的增长，Washington 县有 62% 的增长。

表 4.9　由钻井活动带来的租金、矿区使用费、专利和版权收入的变化（2007—2011 年）

县的 Marcellus 页岩活动水平	在租金、矿区使用费、专利权和版权的平均变化（根据通货膨胀率调整）		申报这些收入的平均数量的变化 %
	金额，千美元	增长，%	
有 90 口以上 Marcellus 页岩井的县	60298	189.9	35.3
有 10~89 口 Marcellus 页岩井的县	11220	74.2	8.73
有 1~9 口 Marcellus 页岩井的县	13613	28.1	18 16
无 Marcellus 页岩井的县	4391	6.3	10.33
县一级的州平均	17315	34.7	15.71

资料来源：宾夕法尼亚环境保护部；宾夕法尼亚税务局，个人所得税统计。

在 2007—2011 年期间，居民获得的租金、矿区使用费、专利和版权收入全州在县 级平均增加了 34.7%（表 9）。增加的金额和比例非常大，特别是在相对来说新近开始天然气开采的各个县。例如，在 2007—2011 年期间，Bradford 县的纳税人申报该类收入有 13870 万美元（953.2%）的增长，而 Tioga 县纳税人申报约有 8010 万美元（857.1%）的增长。

在天然气和煤炭开采历史较久的县，居民报告的租金和矿区使用费收入通常只有小幅增长。在有 90 口以上 Marcellus 页岩气井，而过去几乎没有开采过天然气的县，每口 Marcellus 页岩气井可以获得 213273 美元的租金、矿区使用费、专利和版权收入；而在有 90 口以上 Marcellus 页岩气井，过去进行过天然气开采的县，每口井获得的费用为 198459 美元（表 4.10）。井数最多而过去没有煤炭和天然气开采经历的县，居民所得的此类收入平均有 641.6% 的增长，而那些有着资源开采历史、页岩气开采活跃的县只有 156.9% 的增长。对于有着 10~89 口 Marcellus 页岩气井的县情况类似，然而只有一个县（Sullivan 县）有着同样水平的 Marcellus 页岩开采活动，但过去没有开采煤和天然气的历史。

表 4.10　在过去的煤炭和天然气开采史上，县居民申报的租金、矿区使用费、专利和版权收入的变化
（2007—2011 年）

项　　目		很少或基本没有开采经历的县（其地表和矿权的所有者很可能相同）	过去有开采经历的县（其地表和矿权的所有者很可能不同）
有 90 口以上 Marcellus 页岩气井的县	每口井的平均收入变化，千美元	213273（5 个县）	198459（7 个县）
	申报的平均收入变化，%	641.6	156.9
有 10~89 口 Marcellus 页岩气井的县	每口井的平均收入变化，千美元	604982（1 个县）	305691（10 个县）
	申报的平均收入变化，%	1886.3	106.6
有 1~9 口 Marcellus 页岩气井的县	每口井的平均收入变化，千美元	3396230（8 个县）	3604216（5 个县）
	申报的平均收入变化，%	35.8	39.9

注：数据均根据通货膨胀调整。
资料来源：宾夕法尼亚州税务局；宾夕法尼亚州环境保护部。

有 1~9 口 Marcellus 页岩气井的县，无论有无煤炭和天然气开采的经历，在租金、矿区使用费、专利和版权费收入的变化都相对一致。

4.5　关于就业和收入的乘数效应

与钻井活动相关的就业、工资和税收的原始数据，并不完全表明页岩气开发有更广泛的经济影响，如在其他企业为该行业提供服务和供应，工人的支出和其他相关的影响。这种由天然气开发引起的间接和次生影响，通常使用经济投入—产出模型（IMPLAN）来进行研究（商业和经济研究中心，2008；Considine 等，2009、2010；Kelsey 等，2011；国家能源技术实验室，2010；宾夕法尼亚经济联盟，2008；Scott 及合伙人，2009）。然而在天然气开发方面，对于这些数据的使用和解释也有着明确的警告，包括要认真考虑矿区使用费的去向（Kay，2011；Kinnaman，2011）。

在对宾夕法尼亚州 Marcellus 页岩经济影响的研究中，Kelsey 等（2011）利用地理信息系统（GIS）数据，调查土地所有人资金的去向，并对暂住的员工进行敏感性分析，来确定投入—产出模型分析的限定条件。他们的研究是由宾夕法尼亚州社区与经济发展部资助，以作为对 Considine 等（2010）由产业资助研究所提出的高度乐观而具有争议的预测的回应，其目的是独立评估宾夕法尼亚 Marcellus 页岩活动的潜在经济影响。

Kelsey 等发现宾夕法尼亚州 Marcellus 页岩开发县 7.7% 的土地面积 ❶ 是由州以外的矿产所有者所拥有，意味着这些租金和矿区使用费会立即流出宾夕法尼亚州，在州内不会产生额外的经济影响。另外 17% 的土地面积主要是由州政府的公共部门所拥有，所以与这些

---

❶　他们指出，因为公共数据无法提供矿权所有者的信息，他们不得不用地表所有权代表矿产所有权。由于宾夕法尼亚州一些县有过石油和天然气的开采经历，这些权利在几代人以前就进行了分割。他们认为由于过去几十年来人口的迁徙，利用地表所有权来代表宾夕法尼亚州实际拥有的矿权比例很可能估计过高。

土地相关的租金和矿区使用费，更多的是去往州政府而不是个别的土地所有者。

为了调查租金和矿区使用费的实际开支情况，他们随机挑选了 1000 名住在 Marcellus 页岩生产井 1000ft 范围以内的土地所有人，响应率有 50.1%。正如前面提到的，Kelsey 等（2011）发现土地所有人获得的 55% 的租金和 66% 的矿区使用费都用于储蓄，受访者实际支出的费用主要是非正常的消费性支出，这表明矿产所有者把这些资金当作是意外的收获。

在许多有页岩气开发的社区，非本地居住的员工占据了当地的各个就业岗位，这一直以来是一个敏感的话题。除了影响当地居民的就业机会，这些工人会带着他们挣得的大量收入回到家乡所在的社区，从而减小了对页岩地区的经济影响。Kelsey 等通过对 2010 年劳动力需求的评估（Brundage 等，2010），发现 Marcellus 页岩地区 37% 的劳动力不是宾夕法尼亚州本地居民，从而导致这些漏损率的发生。

利用这些数据，Kelsey 等估计宾夕法尼亚州 Marcellus 页岩开发在 2009 年的总经济影响，包括了由行业支出产生的 6741 个直接工作和 2631 个间接工作，总共有 9372 个与行业支出相关的工作。总体经济影响，包括这些工作以及租金和矿区使用费的影响，涉及 23385~23884 个工作岗位和 31 亿~32 亿美元的资金（表 4.11）。这些调查结果与其他几个采用不同方法来研究 Marcellus 页岩地区就业情况的结果相一致，包括对公司就业需求的访谈（Brundage 等，2011）、招聘和就业趋势的直接观察（Herzenberg，2011）和从美国经济分析局获得的对有大量钻井活动和无钻井活动县的数据进行的比较（Weinstein 和 Partridge，2011）。

表 4.11   经济影响摘要和总体经济影响（2009 年）

影响类型	就业岗位，个	劳动力收入，美元	附加价值，美元	产值，美元
下限：如果非本地居住员工收入的 50% 留在宾夕法尼亚州，15.4% 的矿权为州以外的业主所有				
总体经济影响	23385	1202855556	1863290275	3138994978
上限：如果非本地居住员工收入的 75% 留在宾夕法尼亚州，7.7% 的矿权为州以外的业主所有				
总体经济影响	23884	1225210536	1897448298	3195740526

资料来源：Kelsey 等（2011）。

Brundage 等估计，2009 年宾夕法尼亚州钻井活动行业支出所产生的直接工作有 8752 个；Herzenberg 估计在 2007—2010 年期间，Marcellus 页岩行业产生了 9288 个新的就业岗位；而 Weinstein 和 Partridge 估计在 2004—2010 年期间，天然气行业净增加了 10000 个直接和间接的就业机会。

Kelsey 等对经济影响的研究估计，每钻一口井的总就业人数约有 29 个。这包括行业支出的直接和间接影响，加上新的家庭支出带来的更多就业的影响，以及租金和矿区使用费收入。Brundage 等（2011）同样估计了每口井的就业情况，但关注的只是直接影响，因此可以理解他们认为每口井只需要 13.1 个相对较少。

根据 Kelsey 等（2011）估计的总就业影响，表明 2013 年全州范围内 Marcellus 页岩开发相关的总就业人数约为 35285 人（表 4.12），低于 2011 年宾夕法尼亚州 Marcellus 页岩钻井活动达到顶峰时的人数(57327人)。由于贸易补贴会对全州的经济有所影响,对于这些估计值应该谨慎对待。自2009年以来,通过提高工业生产率可以降低每口井的就业需求,减少了对每口井的经济影响。同时,自2009年以来,通过加强培训和雇佣宾夕法尼亚州当地的工人,增加了员工留在宾夕法尼亚州的工资总额,也就增加了全州每口井的经济影响。当然还需要更进一步地分析确定哪种趋势的影响较大,从而确定总就业人数对每口井的影响是增加还是减少。

表4.12 估计全州范围内与Marcellus页岩开发活动有关的就业影响

时间	Marcellus页岩完钻井数,口	总就业数,人
2009	817	23884
2010	1602	46833[①]
2011	1961	57327[①]
2012	1350	39466[①]
2013	1207	35285[①]

①利用Kelsey等2011年的估算,每口井的计算。

资料来源:宾夕法尼亚州环境保护部。

4.6 讨论和启示

4.6.1 这些数据表明什么

州和联邦的一系列经济数据,就Marcellus页岩开发活动对宾夕法尼亚州当地经济的影响得出了相对一致的观点。官方数据显示,Marcellus页岩开发总的来说对就业、工资和当地商业活动有着积极的影响。然而,即使在钻井数量最多的县,其最大的经济影响也比那些由产业支助的经济影响研究所大势宣扬的结果相对要小,如他们宣称2010年全州有139889个工作岗位(Considine等,2011)以及其他一些在页岩气开发上的政治言论。

4.6.1.1 工资和收入的增长远远超过就业人数的增长

数据表明,工资和收入(表4.1和表4.2)的增长通常比工人数量的增长要大(表4.3)。例如,在2007—2011年间,Bradford县的工资总额和薪金增加了23.9%,而总就业人数只增加了8.4%(基于BEA的数据)。这表明,对工人影响更大的是更多的工作时间、更高的工资或两者兼而有之,并不主要是创造了新的就业机会。这一结论与许多来自钻探县的传闻一致,考虑到这些县的规模相对较小,有这样的状况也就不足为奇。与潜在的劳动力需求相比,这些县不会有那么多满足要求的工人可以聘用。

4.6.1.2 当地就业人数的增长

BEA和BLS的数据(表4.4)表明,尽管全州平均就业人数在0.7%(BEA数据)至2.3%(BLS数据)的范围内减少,但在许多有Marcellus页岩开发的县,工人的数量一直在增加。正如劳动力信息和分析中心指出,根据BEA和BLS的调查结果,有Marcellus页岩开发的县，失业率通常比宾夕法尼亚州其他县要低。

更重要的是，BEA 和 BLS 报告的县就业数据，包括从外地通勤到该县的工人。这些工作岗位有多少属于该县居民，有多少给了非本地居住的人员，尚不清楚。从宾夕法尼亚州税务部县居民征收的个人所得税数据表明，尽管创造了一定数量的新工作，但该县居民获得的工资或薪金的数额只有小幅增加（表 4.4）。显然，通过比较这些数据，Marcellus 页岩开发县增加的很大一部分就业机会，实际上反映的是居住在别处而通勤到这些县的工人的增长。

4.6.1.3 在某些行业的大幅增长

数据表明，在县域经济中，有 Marcellus 页岩开发活动的县，一些行业在就业方面做得特别好，尤其是矿山 / 石油、建筑、零售和交通运输行业（表 4.2）。采矿业的就业人数大幅增加，还有交通运输部门，同样这些行业工人的薪酬也有大幅增长（表 4.4）。

数据反映出县域经济在零售行业的影响是不同的。虽然工人的工资增加了（表 4.2），但支出也有所增加（表 4.8）在有少量和中等数量钻井数的县，零售业实际就业率的下降要多于全州平均水平（表 4.5）。这些数据表明，对当地零售业的影响是在支出上有所增长，促使工人工资的增加而不是零售业就业率的增长。

4.6.2 漏损率

在有 Marcellus 页岩开发活动的县，就业的增长通常比某些人所期望的要低，鉴于行业的大量支出，意味着页岩气开发的大量经济效益会从地区和州流失。毫无疑问，宾夕法尼亚州各县产生的大量工作源于对 Marcellus 页岩的开发，但这并不保证能与当地或州的经济有紧密联系，最多是在州际高速公路上修建了高级公路，以保障被高速公路分开的社区的经济活动。

当许多工人和公司的基地都在外县时，他们使用的大量设备和用品都是从别处带过来，他们与当地经济的联系并不像其他行业那样紧密。外县工人、企业和供应商的数量，可以被视为 Marcellus 页岩开发对增加当地经济发展影响的重要机会，当地工人和企业要尽可能地争取更多这样的活动。但数据表明，到目前为止他们还没有竭尽全力。

4.6.3 附加价值

正如前面所讨论的，页岩气开发的许多潜在的就业和经济影响，可能是在这些将天然气作为生产投入的企业中。宾夕法尼亚州一直在探索和推广这些增值业务，如让运输车队使用压缩天然气，但毫无疑问，还可以做更多的工作来鼓励宾夕法尼亚州这些企业的发展。除了可以从钻井中创造额外的经济效益，这些开发有助于实现经济的多样化，减少钻井和开采活动中的一些不稳定性因素和风险。

4.6.4 需要长远考虑

页岩气是一种不可再生资源，这意味着它及其相关的经济影响将在未来的某个时候被消耗殆尽。况且之前的研究已表明，页岩气对就业的影响主要发生在天然气开发的早期钻井阶段（Brundage 等，2011），而不是在长期的天然气生产过程中。矿权所有者的税收收入同样是在早期的钻井阶段最高，因为每口井的产量会迅速下降。宾夕法尼亚州最近钻探活动的大幅下降表明，价格波动本身就会造成经济活动的短期波动，进而影响就业和收入。

因此，宾夕法尼亚州及其社区需要将 Marcellus 页岩开发视作一个暂时的经济推动，而不能作为一个长期的经济发展战略。一旦天然气钻探活动结束后，大部分的直接经济影响同样将结束。这意味着宾夕法尼亚州、社区和居民需要积极地工作以适应发展，从而使经济长远发展：如维持当地的生活品质，确保目前基础设施的投资长期有效（并在发展放缓前支付完结），鼓励创建本地企业并扩大经济以减少对天然气开发的长期依赖，减少非天然气生产区的经济影响，并保护后代赖以生存的水、空气和森林生态系统。

Marcellus 页岩开发的长期经济影响，特别是对于像旅游业和农业等资源依赖型经济行业，随着钻井数量和作业程序的增加，由于累积效应和规模效应，他们很可能会和早期的发展很不一样。一些人认为旅游业将会衰退（要么是因为自然景观的变化，要么是因为钻探引发的争议让游客望而却步），但也有人认为旅游业可能会有更好的前景，因为进出道路和管道建设，以前无法进入的狩猎场所正变得更开放，并为白尾鹿等动物创造更好的生态系统，这将吸引更多的猎人。

此外，现有大量的关于 Marcellus 页岩气开发的不确定性，与它可能产生的长期影响有关，包括水质、土地利用、森林、健康和社会影响。有的不确定性在于该经济活动与西部能源开发产生的繁荣和萧条周期的相似程度（宾夕法尼亚州之前有过开发木材、煤炭和石油的经历）。大部分的不确定性取决于开发的规模和速度，以及随着储层开发和井数（以及进出道路、管道和其他基础设施）的增长是否有不可预见的累积效应。此外，还取决于个人和社区的反映（例如，出售地表权利的租金和矿区使用费在多大程度上可以接受？流失的收入在多大程度可以接受？社区是否会利用当前的经济效益对未来进行战略性的投资？）以及天然气是否主要出口到州以外使用，或者相反，是否用它来吸引其他产业，从而有助于在宾夕法尼亚州建立一个更加多样化和强劲的经济。

没有人知道这些问题的答案，因为这将发生在未来，但重要的是我们要收集相关信息进行预测，以防患于未然。此外，地方、州和联邦政府的政策将对未来产生影响。

遗憾的是，长远规划可能与地方、州和国家政策制定者的短选举周期（的目标）不一致。长期规划可能需要在上述短期中获得的收益或解决问题。最近，宾夕法尼亚州的政治就表明短期的规划往往胜出，民主党和共和党领导人都用租赁州有林地的方式来平衡州的预算（或者增加通用基金），需要真正的政治领导人放弃短期、临时的利益而追求长期利益。北达科塔州的遗产基金就是一个明显的例子，这是要有足够的政治意愿和领导力才可以做到的事情：该基金是在 2010 年通过选民批准的宪法修正案创立，由州政府征收 30% 的石油和天然气的开采税组成。截至 2014 年 4 月，该基金已累积达到约 20 亿美元，并以每年 7 亿美元的速度增长（Slate，2014）。成立该基金可以在某种程度上确保资金不会很快挥霍一空。基金要直到 2017 年以后才能使用，并且只能在征得北达科他州众议院和参议院 2/3 以上人数的同意后才能支出（在任意 2 年期内最多只能支出本金的 15%）。

迄今，宾夕法尼亚州的政治家们还没有表现出类似的勇气来为未来预留资金。2012 年的 13 号法案只是名义上创建了一个遗产基金，然而实际上很少有人为了未来的需要来进行储备，他们宁愿分配给州机构和地方政府直接使用。此外，通过立法建立石油和天然气租赁基金，为长期的环境需求预留的资金，已被用来平衡了至少两个州的预算（《StateImpact》2011）。

4.6.5 分配问题

有些人认为经济利益的分配和 Marcellus 页岩开发的成本值得重点考虑，特别是如何将在钻井活动地区所产生的经济效益与这些钻井的当地成本相比较。毫无疑问，在钻探地区的开发活动会给居民带来滋扰、不便和风险。有多少经济效益会保留在天然气开发活动所在的社区，以及这些经济效益如何以社会公正的角度来进行分配都很重要。2011 年，Kelsey 等对经济影响的研究表明，至少到 2010 年，大部分经济效益会离开了有钻探活动的社区和宾夕法尼亚州。

各个社区他们自己从公正的角度对利益进行分配也是很重要的。数据显示，大部分的租金和矿区使用费收入正流向当地的少部分人口。从 Marcellus 页岩开发最活跃的县征收的州个人所得税数据表明，租金和矿区使用费收入的增加超过工资和净利润收入的增长（Hardy 和 Kelsey，2013），然而这些资金只流向了小部分人口。例如，在 2010 年，Bradford 县有 19.2% 的居民申报获得了这些收入，Susquehanna 县有 14.3%，Greene 县有 10.9%。由于土地所有权，并由此带来的租金和矿区使用费的流动，其本身是高度集中的。在 Marcellus 页岩开发最活跃的县，当地前 10% 的土地所有者通常拥有当地 72%～88% 的土地面积（Kelsey 等，2012a）。

4.6.6 成本

如同之前的大多数 Marcellus 页岩开发的经济研究，本研究无法直接考虑可能与开发相关的经济成本，尽管有些人认为这些成本可能是重要的。有必要对当地成本和当地收益作比较，才能够确定 Marcellus 页岩开发活动对社区和居民影响的好坏。

数据中的总就业和收入数据包括了各个县的所有行业，也包括那些可能受 Marcellus 页岩活动伤害的人，因此任何可能的短期经济成本都反映在数据中。一些研究表明，高水平的天然气开发可能损坏当地经济的长远发展：源头经济学（2008）调查了位于美国西部的几个主要依赖能源发展的县，发现它们比附近更加多元化的地方经济要落后。Weinstein 和 Partridge（2011）注意到，在最初繁荣时期劳动力的需求可能排挤其他行业，不断上涨的住房成本可能赶走低收入的工人，使当地经济更加单一，更易受到经济的冲击。短期和长期成本是考虑 Marcellus 页岩开发对总体经济影响的重点。

最重要的是，这项研究仅集中在天然气行业支出对工作和收入的影响，这些经济要素必须通过这些开发的成本来平衡。现有的关于 Marcellus 开发的经济影响研究（包括这一次），几乎完全集中在天然气行业支出所创造的工作和收入上，包括租金和矿区使用费的支付、工资和从其他企业的采购。而到目前为止还没有包括 Marcellus 页岩开发潜在成本的经济研究，例如由于 Marcellus 页岩开发活动对现有企业员工流失的影响，对人类健康的影响，由于意外事故或环境恶化造成的损坏和清理费用，对州和地方政府成本的改变，以及经历钻井活动的各个县不断上涨的生活成本（如租金）。

显然有并且会有与 Marcellus 页岩开发相关的成本，包括现金成本和非货币支付的成本

（如森林沙化或水质影响对生态系统的影响、对人类健康的影响以及其他影响）。可能还有机会成本，如由于 Marcellus 页岩开发所带来的变化导致宾夕法尼亚州企业的选择无法定位或扩大。然而，由于宾夕法尼亚州对 Marcellus 页岩的开发仍处于早期阶段，这些情况目前还无法完全确定或量化。有些成本可能会在开发很久以后才会有显示，例如当活动量超过目前未知的临界值或达到一个临界质量。这些成本在目前无法全面衡量，并不意味着这些成本不存在或以后也不会存在，而是意味着对它们进行调查和识别至关重要。从长远来看，只关注就业、收入或税收，而不把他们放在更广泛的环境来考虑，可能会产生误导和昂贵的成本。

4.6.7　注意事项

在解释这些数据时需要注意一些事项。在县和州一级的变化反映出的是县里发生的所有变化，而不仅仅是由 Marcellus 页岩开发活动引起的。如果用一个行业的招聘弥补另一个行业的裁员，则当地经济各行业之间人员的变化就可能被隐藏。本研究所用的方法，与宾夕法尼亚州劳工部和行业的劳动力信息分析中心在其每月的"Marcellus 快讯"中所用的方法是相同的（虽然他们关注的是行业层面和地区的变化，而不是县层面的变化）。尽管还不完善，但通过将县级的结果与州平均水平进行比较，可以为总体经济趋势以及那些没有 Marcellus 页岩开发的县可能发生的情况提供一些独立的视角。

在 Marcellus 页岩开发的那几年里，国民经济进入衰退期，使得当地的就业更不稳定，更难以解释 Marcellus 页岩相关活动的影响。通过州的平均变化提供了一些合理的比较，因为全州趋势包括了更广泛的影响，而不仅仅是天然气钻探活动的影响。Weinstein 和 Partridge 指出，天然气行业在宾夕法尼亚州就业人口中所占的比例"并不足以对该州的整个就业岗位和失业率产生显著影响"。这意味着 Marcellus 页岩开发对全州平均水平的影响不会很大，因此比较州平均水平是适当而有意义的。

4.7　结论

很显然，从联邦和州的就业和收入数据表明，在有钻探活动的地区会发生大量的地方经济活动，但各县的经历参差不齐，看似与钻探活动的水平没有直接关系。这些县的矿产所有者明显申报了大量新的租金及矿区使用费收入，这显然对他们是有利的。在采矿、建筑、零售和运输行业的情况一般都比较好。有的县征收的营业税大幅增加，说明当地的零售支出大幅增长；同样在一些县，当地雇主支付的工资和薪金显著增加，尤其是在采矿、建筑、和运输行业。有 Marcellus 页岩开发活动的各个县通常比州其他县能更好地维持或增加当地的企业数量，但也有少数例外，在这些县申报工资和薪金收入的居民数量，以及为企业工作的员工数量并未显著增加。

考虑到有数十亿美元投入 Marcellus 页岩的开发，这些经济数据中有许多显得比预计的更保守。县级经济数据并不否认 Marcellus 页岩开发正在对邻近各县、宾夕法尼亚州的其他地方以及全国产生更广泛的经济影响。他们反而认为，尽管这些县的活动水平相对较高，但由 Marcellus 页岩开发引起的大部分就业和其他经济影响，发生在钻井活动以外的各个县。这就意味着，增加 Marcellus 页岩开发对当地经济发展的影响是有很大机会的，但是到目前为止当地还没有充分发挥出他们的潜力。也有人质疑，在有钻井活动发生的各个县，Marcellus 页岩开发在当地产生的经济效益与当地的成本及所带来的不便之间应该如何比较，以及其他经济利益会去往何处。

特别是在当前天然气价格何时会上涨的不确定情况下，Marcellus 页岩开发会在宾夕法尼亚州持续多久尚不清楚。但行业规划表明它可能会持续几十年。值得注意的是，天然气是一种不可再生资源，显然钻探活动会在某个时间点结束，它对当地和全州范围的经济影响也会终止，Marcellus 页岩开发的长期影响仍然是未知数。在短期内主要是对就业和收入的影响，但很多人认为其他因素也同样重要（如果不是更重要的话），如干净的水源、有益健康的森林和其他生态系统、清新的空气以及公共卫生设施。除了影响生活质量，还会影响宾夕法尼亚州社区未来的重要资源，包括未来的经济机会、社会和物质基础设施、运作良好的地方政府和机构以及社区的安康。

宾夕法尼亚州的居民、当地企业和领导人所面临的挑战和机遇，是找到利用当前 Marcellus 页岩开发相关活动的方法来加强联邦州和经济的长期发展，那样，当钻探和天然气生产结束时，宾夕法尼亚州及其居民才会比他们在天然气开发之前过得更好。

参 考 文 献

Bloomburg. com（2012）Frackers Fund University Research that proves their case. Available at：http：//www. bloomberg. com/news/2012-07-23/frackers-fund-university-research-that-proves-their-case. html Accessed 6 June 2014

Brown JP（2014）Production of natural gas from shale in local economies：a resource blessing or curse?Econ Rev. Forthcoming

Brundage TL，Jacquet J，Kelsey TW，Ladlee JR，Lobdell J，Lorson JF，Michael LL，Murphy TB（2011）Pennsylvania Statewide Marcellus Shale workforce needs. Marcellus Shale Education and Training Center，Williamsport

Brundage TL，Jacquet J，Kelsey TW，Ladlee JR，Lobdell J，Lorson JF，Michael LL，Murphy TB（2010）Southwest Pennsylvania Marcellus Shale workforce needs assessment. Marcellus Shale Education and Training Center，Williamsport

Center for Business and Economic Research（2008）Projecting the economic impact of the Fayetteville Shale Play for 2008-2012. Sam M. Walton College of Business，Fayetteville

Center for Workforce Information and Analysis（2014）Marcellus Shale fast facts：May 2014 edition. Pennsylvania Department of Labor and Industry，Harrisburg

Considine TJ，Watson R，Entler R，Sparks J（2009）An emerging giant：prospects and economic impacts of developing the Marcellus Shale natural gas play. The Pennsylvania State University，Department of Energy and Mineral Engineering，University Park

Considine TJ，Watson R，Blumsack S（2010）The economic impacts of the Pennsylvania Marcellus Shale natural gas play：an update. The Pennsylvania State University，Department of Energy and Mineral Engineering，University Park

Hardy K，Kelsey TW（2013）Marcellus Shale and local economic activity：what the 2012 Pennsylvania State tax data say. The Pennsylvania State University，Penn State Extension，University Park

Headwaters Economics. 2008 Energy Revenue in the Intermountain West: State and Local Government Taxes and Royalties from Oil, Natural Gas, and Coal, Energy and The West Series. http: //headwaterseconomics. org/pubs/energy/HeadwatersEconomics_EnergyRevenue. pdf

Herzenberg S (2011) Drilling deeper into job claims: the actual contribution of Marcellus Shale to Pennsylvania job growth. Keystone Research Center, Harrisburg

Jacobsen GD, Parker DP (2014) The economic aftermath of resource booms: evidence from boom-towns in the American West. Econ J. Forthcoming

James A, Aadland D (2011) The curse of natural resources: an empirical investigation of U. S. Counties. Res Energy Econ 33 (2) : 440-453

Kay DL (2011) The economic impact of Marcellus Shale gas drilling: what have we learned?What are the limitations?Cornell University, Ithaca

Kelsey TW, Shields M, Ladlee JR, Ward M (2011) Economic impacts of Marcellus Shale in Pennsylvania: employment and income in 2009. Marcellus Shale Education and Training Center, Willamsport

Kelsey TW, Metcalf A, Salcedo R (2012a) Marcellus Shale: land ownership, local voice, and the distribution of lease and royalty dollars. Center for Economic and Community Development White Paper Series. Penn State University, University Park

Kelsey TW, Shields M, Ladlee JR, Ward M (2012b) Economic impacts of Marcellus Shale in Bradford County: employment and income in 2010. Marcellus Shale Education and Training Center, Williamsport

Kelsey TW, Shields M, Ladlee JR, Ward M (2012c) Economic impacts of Marcellus Shale in Sullivan County: employment and income in 2010. Marcellus Shale Education and Training Center, Williamsport

Kelsey TW, Shields M, Ladlee JR, Ward M (2012d) Economic impacts of Marcellus Shale in Susquehanna County: employment and income in 2010. Marcellus Shale Education and Training Center, Williamsport

Kelsey TW, Shields M, Ladlee JR, Ward M (2012e) Economic impacts of Marcellus Shale in Tioga County: employment and income in 2010. Marcellus Shale Education and Training Center, Williamsport

Kelsey TW, Shields M, Ladlee JR, Ward M (2012f) Economic impacts of Marcellus Shale in Wyoming County: employment and income in 2010. Marcellus Shale Education and Training Center, Williamsport

Kinnaman TC (2011) The economic impact of Shale gas extraction: a review of existing studies. Ecol Econ 70: 1243-1249

Marcellus Shale Coalition (2011) The Marcellus multiplier: powering Pennsylvania's supply chain Marcellus Shale Coalition, Cannonsburg

National Energy Technology Lab (2010) Projecting the economic impact of Marcellus Shale gas development in West Virginia: a preliminary analysis using publicly available data. U. S. Department of Energy, Morgantown

Papyrakis E, Gerlagh R (2007) Resource abundance and economic growth in the United State. Eur Econ Rev 5l (4) : 1011-1039

Pennsylvania Department of Environmental Protection (2011) 2010 Wells Drilled By County as of 02/11/2011. Pennsylvania Department of Environmental Protection, Harrisburg

Pennsylvania Department of Revenue (2013) Tax compendium 2007-08: through 2011-2012. Pennsylvania Depatment of Revenue, Harrisburg

Pennsylvania Department of Revenue (2014) Personal income statistics, 2007 through 2011. Pennsylvania Department of Revenue, Harrisburg

Pennsylvania Economy League (2008) The economic impact of the oil and gas industry in Pennsylvania. Pennsylvania Economy League, Pittsburgh

Politics PA (2011) PR battle continues over Marcellus jobs numbers. http: //www. politicspa. com/pr-battlecontinues-over-marcellus-jobs-numbers/25734/. Accessed 4 June 2014

Republican Party of Pennsylvania (2011) PA GOP: liberal 'Think Tank'Keystone Research Center Releases Political Attack on Job Creation. http: //www. pagop. org/2011/06/pa-gop-liberal- % E2 % 80 % 9Cthink % E2% 80% 9D-tank-keystone-research-center-releases-political-attack-on-job-creation/. Accessed 5 June 2014

Scott, LC and Associates (2009) The economic impact of the Haynesville Shale on the Louisiana economy in 2008. Louisiana Department of Natural Resources, Baton Rouge

Slate (2014) Little Sovereign Wealth Fund on the Prairie. May 29. http: //www. slate. com/articles/business/the_ juice/2014/05/north_dakota_sovereign_wealth_fund_the_state_holds_tight_to_its_sense_of. html. Accessed 5 June 2014

StateImpact Pennsylvania (2011) Can Pennsylvania's State Forests Survive Additional Marcellus Shale Drilling?http: //stateimpact. npr. org/pennsylvania/2011/09/12/can-pennsylvanias-state- forests-survive-additional-marcellus-shale-drilling/. Accessed 5 June 2014

StateImpact Pennsylvania (2013) Economists Question Corbett's Marcellus Shale jobs claims. https: // stateimpact. npr. org/pennsylvania/2013/11/06/economists-question-corbetts-marcellus-shale-jobs-claims/. Accessed 5 June 2014

StateImpact Pennsylvania (2014) Berks County gas to-liquids plant gets preliminary approval. http: //stateimpact. npr. org/pennsylvania/2014/03/14/gas-to-liquids-plant-gets-preliminary-approval-in-berks-county/. Accessed 6 June 2014

U. S. Census Bureau (2010) County business patterns: 2008. U. S. Department of Commerce, Washington, DC

Weinstein, A. L. , and M. D. Partridge. 2011. The Economic Value of Shale Natural Gas in Ohio. Columbus. OH: College of Food, Agricultural, and Environmental Sciences, The Ohio State University

Ward M. Kelsey TW (2011) Local business impacts of Marcellus Shale development: the experience in Bradford and in Washington Counties, 2010. The Pennsylvania State University, Penn State Extension, University Park

第5章 Eagle Ford 页岩与得克萨斯州

Thomas Tunstall

[摘　要] Eagle Ford 页岩构造在得克萨斯州南部有着广泛的影响。对于更大范围的 20 个县所在的地区，Eagle Ford 页岩开采活动在 2012 年的经济影响超过 610 亿美元，并支撑了 116000 个工作岗位。得克萨斯州的一些老贫困县都感受到了这些影响，大力支持了铁路和管道等配套基础设施的建设，也拉动了道路、水和废水处理以及住房等其他基础设施的建设。非常规页岩油气的开发也具有全球意义，比如让美国有了出口天然气的前景。然而，社区的可持续发展仍然是一个值得地方领导人重点关注的问题。为了减缓页岩气产量下降对社区的影响，社区领导人正在寻找途径来构建高质量的基础设施以及多元化的经济体。

5.1　概述

Eagle Ford 页岩是迄今世界上最大的一个基于整体资本运营的石油和天然气开发区 (Dittrick，2012)。伍德麦肯齐公司 (Wood Mackenzie) 最近估计，2013 年石油和天然气公司将对得克萨斯州南部的 Eagle Ford 页岩投资 280 亿美元，并预计在 2014 年的投资额会同样高。2012 年已开展了许多基础设施建设，包括数百万美元的石油和天然气处理中心、管道、终端和加工厂。据得克萨斯州大学圣安东尼奥经济发展学院的调查估计，2012 年用于基本建设的支出接近 190 亿美元 (Tunstall 等，2013)。

2012 年 5 月，得克萨斯州大学圣安东尼奥分校 (UTSA) 发布的 Eagle Ford 页岩的经济影响报告，主要集中在生产、钻井及相关活动方面 (Tunstall 等，2012)。Tunstall 等在 2013 年开展的研究，重点关注在 Eagle Ford 页岩开发地区最活跃的 14 个生产县的影响：Atascosa, Bee, DeWitt, Dimmit, Frio, Gonzales, Karnes, La Salle, Live Oak, Maverick, McMullen, Webb, Wilson 和 Zavala。此外，对其毗邻的 6 个县所发生的勘探和钻井以外的主要活动也进行了分析，包括 Bexar, Jim Wells, Nueces, San Patricio, Uvalde 和 Victoria (图 5.1)。其他通常与 Eagle Ford 页岩生产有关联的县还包括：Btazos, Butleson, Edwards, Fayette, Houston, Lavaca, Lee, Leon, Milam 和 Wood，但由于它们的钻探活动水平相对较低，未包括在本研究范围中 (图 5.1)。

对于页岩气生产最活跃的 14 个县，估计在 2012 年的经济影响有 460 多亿美元，支撑了 86000 个就业岗位；对于更大的 20 个县的区域，Eagle Ford 页岩活动在 2012 年产生了 610 亿美元的经济影响，支撑了 116000 个就业岗位。展望 2022 年，14 个页岩气生产县所

作者简介：
Thomas Tunstall (托马斯·坦斯特尔)
美国得克萨斯州 78207，圣安东尼奥，塞萨尔查韦斯大道西 501 号，得克萨斯州大学圣安东尼奥分校；e-mail：thomas.tunstall@utsa.edu。

在区域有望产生约 620 亿美元的经济影响，支撑 89000 多个就业岗位；在 20 个县所在区域，2022 年的经济影响预计将超过 890 亿美元，支撑 127000 个就业岗位。

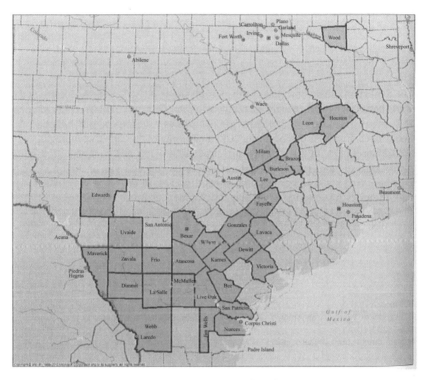

图 5.1　Eagle Ford 页岩研究区

绿色：生产县；橙色：毗邻县；蓝色：其他通常与 Eagle Ford 页岩生产有关联的县，但不包括在本研究范围内

5.2　背景

显然，Eagle Ford 页岩呈现给研究人员们的独特特征值得他们马上去检验。虽然目前已经开展了一些关于天然气水力压裂同行评议的经济发展研究（Blumsack，2011；Christopherson 和 Rightor，2011；Considine 等，2011；Kinnaman，2011；Weber，2012），但在非常规石油开采中开展的研究即便有也少得多。通常，页岩储层中主要包含一种或另一种资源——天然气或石油。然而，Eagle Ford 页岩包含了大量的原油、天然气凝析液和天然气。原油产量超过 650000bbl/d，天然气产量超过 $26 \times 10^8 ft^3/d$，可以减少得克萨斯州南部天然气和石油在价格上存在的明显差异。例如在 2012 年，当天然气价格下跌到 2 美元 $/10^3ft^3$ 的低点时（从前几年 8~12 美元 $/10^3ft^3$ 下跌），主要是 Barnett 和 Haynesville 等页岩气田放缓了开采速度，而 Eagle Ford 页岩的生产并没有放缓，因为石油价格仍然相对较高（77~109 美元 /bbl），Eagle Ford 的能源生产商只是把他们的钻探活动从天然气转向了石油，生产活动仍然是有增无减。

Eagle Ford 页岩气田（以及得克萨斯州的其他页岩气田）也受益于从石油和天然气开

采中所带来的就业岗位的增长,这些增长往往集中在像得克萨斯州那些能源公司总部所在的地方。这些工作岗位包括工程师、企业经理和顾问(Rumbach,2011)。得克萨斯州有着悠久的石油和天然气开采历史,包括铁路委员会的监管和已建立的制度以及界限清楚的矿业权。这些因素更可能缓解"资源诅咒"效应,有人认为自然资源丰裕的各个县或行政辖区,其经济状况往往比那些自然资源贫瘠的地区更糟糕(Sachs 和 Warner,1995)。而且,其他经历过"资源诅咒"的州县通常只是进行最小限度地下游加工就出口自然资源(Ross,1999)。相比之下,得克萨斯州的炼油厂比美国其他州要多,结果额外产生了许多石油和天然气开采以外的工作。

尽管如此,Eagle Ford 地区的领导人还面临着重大挑战,比如一些外部设施的配套还不完善,包括道路基础设施、警察、消防人员以及医疗保健设施。事实上,尽管市县征收的营业税和财产税在增加,但它们远远不能满足对这些设施进行更换、维修或升级的需求。

5.2.1 社区的可持续发展

经济的发展有可能是一个不平衡的进程,我们不能保证任何一个地区都会长期繁荣。比如,如果我们回顾过去的 150 年,会惊讶地发现得克萨斯州已经悄然演变出 200 多个被废弃的城镇。这些城镇的人口增长主要是从 1850 年到 1900 年初,随后出现大幅下降,有的现在已经被完全废弃。在一些情况下,某个地方对自然资源需求的下降会直接导致城镇人口的萎缩,而其他原因包括有高速公路或铁路经过、旱灾、县城搬迁、人工湖修建,或者是由于在 1930—1970 年期间机械化发展使农业进行了广泛整合(Baker,2003)。

不久前,得克萨斯州南部的许多地区也在担忧会成为下一个被废弃的城镇。但在毫无征兆的情况下,非常规油气勘探技术彻底改变了这一状况,现在当地居民正面临突如其来的资源财富问题。然而,该州的居民可能比其他任何人都清楚,在繁荣过后经济迟早会放缓,甚至是全面崩溃。例如得克萨斯州西部的二叠纪盆地地区,严重依赖石油和天然气生产,几十年来他们的经济随着原油的价格跌宕起伏。

因有前车之鉴,Eagle Ford 页岩的许多地区立足于在一些多元化的产业、良好的生活质量和环境管理等方面创造就业机会,努力确保社区的可持续发展,这些都是当前经济发展理论的主要因素(Portney,2013)。此外,有文献表明应该采用第三波战略来解决高质量的基础设施建设和劳动力的发展(Osgood 等,2012)。

由于页岩油气开发的热潮,得克萨斯州南部的局势充满了挑战。例如,对其他行业来说明显有潜在的排挤效应。餐馆和零售商店已告知招聘困难,现在需要有签约奖金或最低支付工人两倍的工资;学区和市办公室的职员正在流向能源行业;住房供不应求,租金增加了一倍或者两倍,而且大部分酒店经常客满。在这种情况下,与石油和天然气行业不相干的公司不太可能在该地区立足。

为了减轻资源诅咒的影响,文献提供了一些可能的方法(Stevens,2003),包括:

(1)降低生产率——本质上是对自然资源开发的放缓。这与 Eagle Ford 页岩各生产县(和其他许多县)所经历的快速增长截然不同,可以给当地经济和社会带来更多的调整机会。在这种情况下,更有利于社区的税收管理,排挤效应也有可能更少。当然,问题是很难说服勘探和生产公司、土地所有人和其他供应商减速发展，特别是在未来产品价格不可预见的情况下。

（2）产业多样化——显然，如果他们能够从事多种经营，社区可以减缓经济繁荣与萧条的周期。然而，在加大自然资源开采的过程中通常不能够吸引新的行业。现有的基础设施已承受着巨大压力，住房供不应求，现有的劳动力极度匮乏。在自然资源开发的繁荣时期，大多数社区应该着手规划，然后在开发活动减缓时启动这些计划。

（3）收入冻结——地方政府可以通过支出新的财税收入以缓解压力，来抑制总需求和通货膨胀，而不是积累预算盈余。

（4）稳定基金——许多州县已通过转移税收收入来减少这一大笔意外收入的影响。得克萨斯州从石油和天然气生产所征收的开采税大部分转移到经济稳定基金（也被称作雨天基金），由审计办公室和州议会管理；同样，北达科他州建立了一个遗产信托基金，来更好地管理 Bakken 页岩的生产收入；挪威的主权财富基金也提供类似的功能。

（5）投资政策——政府可以鼓励经济多元化和基础设施的建设。得克萨斯州从石油和天然气活动中征收的大部分税收是由州管理，而不是在地区或县一级。其中包括征收的大部分营业税以及开采税（石油和天然气生产）。虽然 Eagle Ford 地区自钻探以来，各市、县征收的营业税有显著增加，但比起维修或更换现有道路所需要的成本，这些收入就显得相形见绌。县道和农村道路的成本大概为每英里 25 万～50 万美元；州级高速公路的维护成本为每英里 100 万美元或者更多。得克萨斯州最近为繁荣地区需要重点维修的损毁道路拨款 2.25 亿美元，其中包括 Eagle Ford 以及得克萨斯州西部的二叠纪盆地地区。此外，在 2013 年他们还从经济稳定基金中额外拨款 12 亿美元以作为全州所有运输经费的补充，这个经济稳定基金主要来自于近几年来石油和天然气的税收收入。

对得克萨斯州而言，上述方法中至少有一个是不切实际的（降低生产率），其他方法已经实施（稳定基金、投资政策）。但可以肯定的是，产业多样化将是对农村社区的一个重要策略，既可以避免对石油和天然气行业的过度依赖，也可以摆脱对政府补贴农业的依赖。通常，农村社区必须要发展具有可持续竞争优势的新产业（Deller 和 Chicoine，1989；Atkinson，2004）。

5.2.2　教育程度

得克萨斯州南部的许多县一直是全州最贫困的县（图 5.2）。从图表可以看出，除 McMullen 县、Wilson 县和 De Witt 县外，位于研究地区的其他县的贫困率都高于得克萨斯州的平均水平。如果当地领导人能够抓住机遇，通过 Eagle Ford 页岩的勘探和生产就有可能改变该地区的贫困现状（表 5.1）。

农村社区所面临的特殊挑战在于平均受教育的程度较低。得克萨斯州南部也不例外，表 5.2 表明大量居民没有受过高中教育，说明整体受教育的程度较低。这反过来也抑制了得克萨斯州南部的经济发展。当地高等教育机构已经在制订计划，来满足石油和天然气行业的许多新兴需求，随着时间的推移，这也可能会提高当地劳动力受教育的程度。

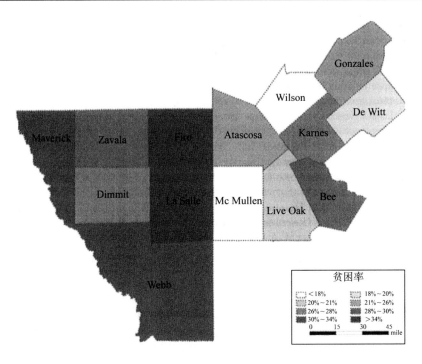

图 5.2 2011 年得克萨斯州南部 Eagle Ford 14 个页岩气生产县的贫困率

资料来源：美国农业部

表 5.1 美国得克萨斯州 14 个县的贫困率 （2011 年）

县	贫困率，%
La Salle	36.3
Frio	34.6
Webb	32.1
Maverick	31.2
Bee	29.6
Zavala	28.7
Dimmit	26.8
Karnes	26.7
Gonzales	23.4
Atascosa	21.8
Live Oak	20.2
Texas	18.5
De Witt	18.1

县	贫困率，%
Wilson	12.4
McMullen	10.2

资料来源：美国农业部。

表 5.2　美国得克萨斯州南部地区人口受教育程度（2007—2011 年）　　　单位：%

县和地区	不到高中学历	高中	大专	大学
La Salle	47.2	26.6	20.2	6.0
Maverick	43.9	23.5	20.1	12.5
Dimmit	42.1	30.6	16.1	11.2
Zavala	41.4	21.3	27.6	9.6
Webb	36.4	21.3	25.2	17.1
Frio	36.2	32.3	23.2	8.3
Gonzales	31.0	33.2	22.9	12.8
Karnes	30.6	35.1	24.2	10.1
Bee	28.8	31.3	31.2	8.7
Atascosa	24.8	37.0	26.1	12.1
DeWitt	24.6	36.3	26.9	12.3
Live Oak	22.3	35.3	28.8	13.6
McMullen	21.6	47.0	22.8	8.6
Wilson	15.4	34.5	31.3	18.8
得克萨斯州	19.6	25.7	28.7	26.1
美国	14.6	28.6	28.6	28.2

资料来源：美国人口普查美国社区调查。

5.2.3　经济多样化的机遇

对于得克萨斯州南部的农村社区，有可能增加就业的行业包括利润较高的农业产品，如橄榄和橄榄油加工、菠菜和其他食品加工，以及地热能、旅游、狩猎、户外休闲、水回收（或淡化）和葡萄酒（或啤酒）的生产。对于其中一些行业的前景概述如下：

（1）橄榄和橄榄油加工。美国每年大约进口 300000t 橄榄油，自己只能生产大约 12000t。得克萨斯州从 2002 年开始生产橄榄油，到 2012 年的产量已达到将近 54t。得克萨斯州中部和南部的橄榄树数量这两年也在迅速上升，从 2012 年的大约 250000 棵到 2013 年预计有 1500000 棵。得克萨斯州现在有 4 个橄榄油加工厂，计划在将来还会更多。橄榄和橄榄油是一个高利润的农业增长型行业，橄榄油的消费在美国一直呈上升趋势，因为研究一贯表明地中海饮食有益健康。

（2）地热能。地热等替代能源比化石燃料的碳排放量更小，将变得越来越有吸引力。地热能比风能或太阳能更可靠（工厂经营的比例是 24/7）。得克萨斯州南部有几个可以利用的地热资源，从而提供了一个增长绿色能源的机会。地热产业需要雇佣几种高技能的岗位，其中许多岗位与石油和天然气行业雇佣的工种非常相似。因此，这个行业可以在石油和天然气生产放缓时为工人提供一个过渡。

（3）水的回收利用。考虑到得克萨斯州当前旱灾的影响以及预计还会有大量人口的增加，可能会增加从非传统来源提供水的机会，如回收利用和海水淡化等。这些水项目对饮用水和非饮用水都适用。在得克萨斯州，水的回收利用和海水淡化可以减少淡水从敏感的生态系统以及湖泊和地下水的转移。况且这一行业有许多职位空缺，经常需要高技能的技术专家进行远程工作。对经济增长来说，水是一个特别重要的问题，正如得克萨斯州的州议会最近提议并由市民们通过的一项法案就是明证，该法案授权 20 亿美元用于水库、水井和保护项目。

（4）旅游业。对于游客和其他各种类型的参观者来说，得克萨斯州有着强大的吸引力。估计 2012 年，14 个县的游客支出已超过 10 亿美元（Klein，2013）。得克萨斯州南部的许多历史遗迹，如有关得克萨斯州独立、西班牙殖民地以及早期的牛仔等，都是当地旅游的热点。

除了上述产业多样化的实例，还有其他基于新兴行业动态的机会。如果一个强大的宽带基础设施能够落实到位，就会实现这样的前景：远程医疗、远程教育、之前外包到海外的工作回流并吸引那些更喜欢较小社区生活方式的知识型员工。农村社区在收入方面通常落后于城区，这一直是就业增长的障碍。农村地区信息和通信技术（ICT）的提高，有望改善新居民在那里谋生的前景。（Albrecht，2012）。

农村地区受教育的机会往往有限，因此新兴的远程学习机会具有真正的可持续发展的前景。研究表明，没有高等教育机构的农村地区更难以吸引受过良好教育的工人，并增加他们的人力资本存量（Winters，2011）。此外，在农村地区随着信息和通信技术的改善，可能会更加容易让许多以前的外包工作职能回流，或扩大美国在服务业的贸易顺差。并且在最后，由于医疗改革很可能会导致成本压力增大，远程医疗为扩大配送网络、提高到农村地区的效率提供了重要的机会。

5.3 营业税收入

房产税的征收为地方政府用于教育、交通和执法所需的经费提供了最大的收入来源。当地方政府计划预算时，房产税收入被认为是一项稳定的财政收入。然而，这些税收的增加需要在投入开发一年之后才会得以体现。

目前，Eagle Ford 页岩地区各个社区面临的一个关于房产税征收的问题在于：通常不会对各县的房车（RV）居住者征收房产税，房车公园的业主可能不会根据居民给当地基础设施和市政服务带来的负担，按比例缴纳相应的房产税。

然而整个 Eagle Ford 页岩地区不同地点的房屋建设目前正在施工中，对这些家庭征收房地产税滞后了很长时间。尽管面临这些挑战，但由于不断有居民搬迁到 14 个页岩气生产县所在的地区，使房屋价格上涨，房产税有望显著增加。

在 2010—2012 年期间，Eagle Ford 地区各页岩气生产县的营业税收入已有显著增加。这个税收涵盖了所有零售销售、租赁和应纳税劳务，为当地社区创造了一个新的收入来源（图 5.3）。

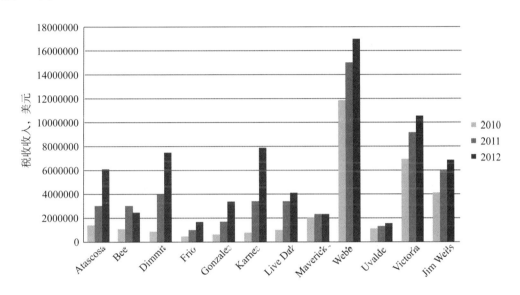

图 5.3　Eagle Ford 地区各页岩气生产县的税收收入

5.3.1　县交通运输和基础设施

恶劣的道路条件和交通流量的不断增加，已成为 Eagle Ford 页岩地区许多居民关注的焦点。成百上千的 18 轮大型卡车定期往返于许多县道和乡村道路，导致得克萨斯州南部的高速公路急剧恶化。每天，卡车运送钻机、油田设备、化学品或废水往返于州高速公路上，而较小的县道和乡村道路是为轻型汽车或拖拉机而建。

对于得克萨斯州和各县来说，都没有理想的资金来源用于道路的维修。州法律未给各县的权利机关授权，向已获得钻探许可的公司征收额外的道路维修费。而得克萨斯州的雨天基金（正式名称为经济稳定基金）预计在 2015 年立法会议开始时将达到 120 亿～140 亿美元，基金大部分来源于诸如 Eagle Ford 页岩等地区的石油和天然气开采税，但没有正式的机制来确保与道路相关的费用可以由征收的开采税来解决。

5.3.2　预计的道路维护费用

得克萨斯州交通部并未完全计算可能与 Eagle Ford 页岩钻探相关的长期的道路维护费用。但据初步估计，目前的道路大约共计需要 20 亿美元的维护费——10 亿美元用于损坏的州际高速公路，10 亿美元用于损坏的市级和县级道路（Hiller，2012）。

据奈史密斯工程公司（Naismith Engineering Inc.）的 Corpus Christi 估计，仅 De Witt 县大约 400mile 的道路，在未来 20 年里将需要超过 4 亿美元的建设和维护费。这相当于比该县之前用于该段公路的拨款多 3.5 亿美元，比该县在 2012 年从得克萨斯州获得的费用还多数百万美元。

5.3.3 石油和天然气公司的捐款

进行 Eagle Ford 页岩开发的许多县会收到来自石油和天然气行业的"捐款"，或签订可以提供道路维修材料的"君子协定"。在 De Witt 县，两大钻井公司——先锋自然资源公司（Pioneer Natural Resources）和油鹰能源公司（Petrohawk Energy Corp.），同意为他们所钻的每口井支付 8000 美元的道路维修费。自 2010 年以来，该县已征收了 160 万美元的维修费，外加 200 万美元的自愿捐款。

得克萨斯州的运输人员和县道路管理部门正在努力改善最危险的路段——狭窄到不足 22ft 宽的道路。各县已在尝试利用房产税收入以及由石油和天然气公司自愿支付的费用来维修这些路段，但得克萨斯州和整个 Eagle Ford 页岩地区的各县官员们，正在寻求一个更系统的方案来解决道路问题。

5.3.4 对政治格局的影响

不足为奇的是，在过去几年里得克萨斯州南部对基础设施的需求已成为一个重要的话题。例如，Eagle Ford 页岩地区的道路目前正承受着巨大的交通压力，大量卡车往返于得克萨斯州南部的高速公路，差不多每天有好几百英里的行程。但日益明显的是，得克萨斯州的政治经济在应对如何征税以及如何为道路提供资金之间的问题上有些脱节。鉴于得克萨斯州交通部最近宣布，把将近 83mile 已经是石板路的农村道路改回为碎石路（其中 Eagle Ford 页岩地区有 66mile），因此对于该得克萨斯州的道路筹资机制还值得去检验，还有更大的问题会影响其政治格局。

由加油站代收的州燃油税在开始时总共有 38.4 美分，其中有 18.4 美分会直接上缴给联邦政府，剩下的 20 美分由州使用。在州所有的 20 美分中，有 5 美分会投入公共教育，只剩下 15 美分直接用于资助得克萨斯州交通部的项目。得克萨斯州机动车燃料销售税是平税制，自 1991 年以来都没有增长，不根据通货膨胀进行调整。

Eagle Ford 页岩地区在道路上的这种前所未有的活动，对于传统公路维护的资金来源具有极大的影响。例如，要完钻一口石油或天然气井需要将近 1200 个轨道运输（相当于 800 万辆汽车），另外估计还需要 350 个左右的轨道运输来满足年生产所需。

5.3.5 道路的潜在资金来源

得克萨斯州的营业税有一个最高 8.25% 的法定税率。其中 6.25% 属于州政府，各市、县、交通运输部门以及经济发展委员会最多可以额外征收 2% 的营业税。有些县没有营业税，如 McMullen 县，他们的最大税率就是 6.25%。由于 Eagle Ford 页岩地区各市、县的营业税自 2010 年开始急剧增加，让这些企业为增加的道路养护费买单似乎也是合理的。例如，有时候县税收可以在仅仅一年之内猛增 300%~500%。但遗憾的是，当地征收的营业税与修建公路所需要的成本相比仍然相差甚远。

例如，修建县公路通常每英里的成本约 25 万美元；乡道（农场至市场和农场至牧场道路）的成本是县公路的 2 倍，大约为每英里 50 万美元；州高等级公路每英里成本超过 100 万美元。县道和乡道按照他们当前的标准来维修所需的成本较少——大约为每英里 12 万美元，但如果有大量重型卡车通过，则在不到一年的时间就又会把路面损坏。

下面以一个具体县为例更具有指导意义：Karmes 县是 Eagle Ford 页岩地区生产最活跃的县之一，2010 年县营业税收入为 837038 美元，到 2012 年营业税收入上涨到 7961495 美元——这个增长无论以何种标准来衡量都是巨大的。但如果增加的县营业税收入都用于该地区道路的修建，则 Karmes 县能够建造大约 28mile 的县级道路、14mile 的村级道路，或者仅有 7mile 的州际高速公路。显然，由于石油和天然气的勘探生产活动，对道路造成的巨大影响已经远远超出了县财政的预算范围。

事实上，有一部分开采税已经被调拨到道路项目中。在最近的立法会议上，雨天基金计划每年拨款 12 亿美元用于全州的道路建设（等待选民在 2014 年 11 月同意）。此外，还一次性投入 2.25 亿美元，用于维修得克萨斯州南部和西部地区受石油和天然气生产影响的道路系统。并且就在这个月，得克萨斯州交通部宣布还要从机动车注册登记费中再拨出 2.5 亿美元。

越来越清楚的是，几个与页岩油气生产相关的成本（特别是道路成本）并不一定可以通过当前的税收机制来弥补，因此得克萨斯州议会将尽量采取更为永久性的解决方案。而由于在过去的 100 年来，该州市民的习惯已经发生了转变，预计立法救济会比过去更加困难。

很多年前，得克萨斯州以农业生产为主。在 1800 年末到 1900 年初，那时各市县的人口分布更加均匀。如果追溯到 1860 年，我们会注意到美国近 60% 的劳动力是农民，在 1900 年仍然有 40% 的劳动力是农民，当然美国现在只有 2% 的劳动力从事农业生产。这样生活在农村地区的人口越来越少，得克萨斯州人口增长最快的地区现在已经是更大的城市。州人口分布的变化对 Eagle Ford 页岩地区（以及得克萨斯州西部）立法方面有重要影响。

例如，1890 年 Gonzales 县大约有 1.8 万人居住在那里，San Antonio 略超过 3.7 万人，Bexar 县仅有不到 5 万人。到 2000 年，San Antonio 已经超过 100 万居民，Bexar 县声称超过了 130 万人，增加了 2500% 或者更多。然而，2000 年 Gonzales 县的人口数量仍与 1890 年大致相同。

这表明在像 San Antonio，Houston，Dallas–Fort Worth 和 Austin 等较大城市的人口数量发生了增长。但往往被忽略的是，得克萨斯州参议院和众议院的席位都是按人口数量的一定比例进行分配，不像美国参议院，自建国以来在每个地区（州）都保留有两票。因此，得克萨斯州南部和西部社区的人口放弃土地搬到人口增长更大的城市，他们失去的不仅是房子，还有参议院的席位。

得克萨斯大学圣安东尼奥分校经济发展研究所在过去几年对 Eagle Ford 页岩所在的 20 个县进行的研究中，发现还有一个例子很有启发性。例如，1900 年 Bexar 县仅占 Eagle Ford 页岩地区人口的 31%，这意味着将近 70% 的人口都居住在 Eagle Ford 页岩地区以外的其他地区。然而到 2010 年，Bexar 县在 Eagle Ford 页岩地区 20 个县的人口份额中翻了一番，达到 61%。随着这样的增长，在像 San Antonio 那样的城市和 Eagle Ford 地区的少数农业县，由于有更多的代表和参议员会具有更大的政治发言权。

自二战结束以来，随着农业机械化开始系统地减少在农场工作的人数，人口数量发生了戏剧性的变化。从 1950 年到 2010 年，De Witt，Dimmit，Gonzales，Karnes，La Salle 和 Mc Mullen 各县几乎都流失了 6%~40% 的人口。而在同一时期，San Antonio 和 Bexar 县人口的增长超过 200%。得克萨斯州西部的许多县也因 Cline 和其他页岩的发现也遭受到了相似的影响，自 1950 年以来，他们的人口也同样有所减少。

得克萨斯州实际的政治状况是全州经常在争夺有限的公路资金。比如 Dallas-Fort Worth，Austin 和 Houston，主要是他们道路自身的质量问题。而对于得克萨斯州南部和西部道路的恶化，主要源于大量 18 轮卡车的影响，以及由于人口的迅速增长大城市要与日益拥堵的交通做斗争。这两个原因都是增加公路资金的好理由，但人口更多的市县往往因为有更多的州代表和参议员，会比过去有更大的政治发言权。考虑到政治影响力在向更大的城市转变，对于得克萨斯州南部和西部社区而言，重要的是要共同努力让他们的议案进入州议会。

得克萨斯州南部和西部的勘探生产活动正在产生几十亿美元的开采税，该州的农村地区也可以提供重要的农产品、风能、狩猎、娱乐和旅游等。因此，除了服务于大型城市的需求外，州议员们也应该考虑确保对农村地区的服务。

当然，除了立法的补救措施，全得克萨斯州的农村社区都必须抓住机遇彻底改变他们的自身状况。在 19 世纪末到 20 世纪初，由于技术进步使传统农业所需要的劳动力更少，得克萨斯州农村特有的占主导地位的家庭农场制度发生了变化。但得克萨斯州的人口在不断增长（从目前的 2600 万人口预计到 2060 年将增长至将近 4700 万人），他们可以建立基础设施来吸引新的居民、游客和企业，这一增长趋势也为农村地区的发展提供了机遇。由于最近页岩油气开发获得的大量财富，他们现在可以有机会做到这一点。

5.4 铁路与 Eagle Ford 页岩

Eagle Ford 页岩地区铁路运输的成功与当初开发时缺乏合适的管道基础设施密切相关。铁路给 Eagle Ford 页岩地区的生产商和供应商提供了及时有效的措施，可以将他们的产品运送到炼油厂。

同样，铁路一直是给油田服务运营商提供原材料的不可缺少的交通运输设施，运输的原材料包括：压裂砂、平整井场用的砾石、木材和所有提取碳氢化合物工艺所需的基本原料。铁路也可用于运输大量的管道，这些管道作为输送管线被埋藏在整个页岩地区，为中游运营商解决由于 Eagle Ford 页岩产量增加所带来的运输问题提供了长期的解决方案。

联合太平洋铁路公司（Union Pacific）（图 5.4）运营着得克萨斯州 6319mile 长的铁路，在 Eagle Ford 页岩地区拥有绝大多数的铁路业务。由于 Eagle Ford 页岩和其他油田的开发，在 2009—2012 年期间整个铁路系统每年运载的碎石、砾石和砂大约增加了 37%，同期运载的木材每年增加了 20%。自 2009 年以来，得克萨斯州轨道终端的数量也增加了 21%，超过了经济大萧条发生之前。从得克萨斯州出发的轨道车总数增加了 11.5%，也超过经济衰退前的数量。

从铁路运输的繁荣还可以看出，目前需要大量的油罐轨道车将原油输送到炼油厂和管道终端。三大轨道车制造商——油罐车联盟、美国铁路机车工业公司和三一工业，正在让他们的制造设备全负荷运转，以努力满足需求。有时候，这些公司将风力发电塔厂进行转换来生产油罐车以满足需求。原油可以很容易地通过轨道车进行运输，每节车厢最多可容纳 725bbl，一次可拉 100 节车厢。到 2012 年第三季度末，轨道车制造业已积压了大约有 46700 个（Black，2013）。

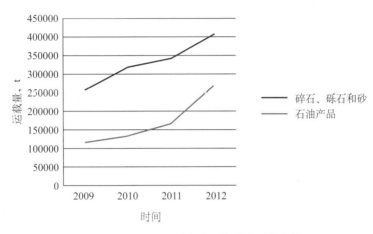

图 5.4　Eagle Ford 页岩地区轨道交通的变化

资料来源：联合太平洋铁路公司

在与 Eagle Ford 页岩开采相关的大城市或附近，如 San Antonio，Corpus Christi，Houston 以及其他城市，一直在新建和扩建铁路项目（图 5.5）。但这些扩建项目便于运输的关键是要有辅助铁路的立体交叉道和短途运输公司经营的矿场设备存放场。这些专业运输公司对管道、油田以及其他 Eagle Ford 页岩地区的业务提供物流、终端和仓储的解决方案。许多场地设施位于生产现场和主要的市场之间，如港口和炼油设施。

5.5　Eagle Ford 页岩和得克萨斯州墨西哥湾沿岸地区

Eagle Ford 页岩对得克萨斯州墨西哥湾沿岸地区的影响尚未完全进行计算和了解，但从管道和中游基础设施的扩建表明，能源行业正在将 Eagle Ford 页岩地区的天然气及其副产品用作工业用途。

Eagle Ford 页岩的早期开发主要集中在天然气生产方面。然而，自 2011 年 7 月开始天然气井口价格稳步下降，2012 年 4 月达到历史最低记录，最终在 2013 年有所回升。2013 年天然气产量达到 $34 \times 10^8 \mathrm{ft}^3/\mathrm{d}$ 或大约 $1.2 \times 10^{12} \mathrm{ft}^3/\mathrm{a}$（图 5.6）。

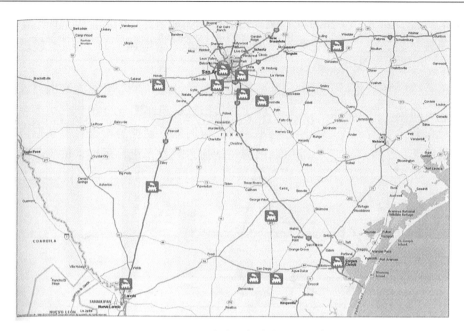

图 5.5　Eagle Ford 页岩地区新建或升级的铁路设施

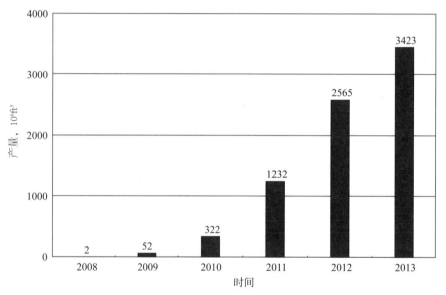

图 5.6　得克萨斯州 Eagle Ford 页岩的天然气总产量（2008—2013 年）

资料来源：得克萨斯州铁路委员会产量数据查询系统

　　通过水平钻井和水力压裂技术可以实现天然气的充足供应，由此带来天然气成本的降低，推动在能源基础结构中实施新的投资计划。这些新投资背后的驱动力主要是低成本的天然气凝析液，它是由天然气深冷分离而来。乙烷和丙烷是天然气凝析液应用于工业的主要成分，也是众多产品的生产要素，包括塑料、橡胶、化肥、胶粘剂和特种添加剂（图5.7）。

　　天然气凝析液是从气井中开采而来，与一口干井生产甲烷的方式大致一样。Eagle Ford 的页岩气与其他页岩气相比显然是"湿气"，每千立方英尺天然气大约可以生产 4.0～9.0gal 的凝析液。

　　根据达拉斯联邦储备银行经济学家 Jesse Thompson 介绍，美国石化行业主要依靠天然气凝析液来生产乙烯，世界其他地区（中东除外）主要依靠石脑油，其价格与石油直接相关。通过石油和天然气价格的差异，美国特别是墨西哥湾沿岸的石油生产商（图 5.8），由于天然气凝析液以及低价石油产品供应的增加，获得了显著的成本优势（Thompson，2012）。

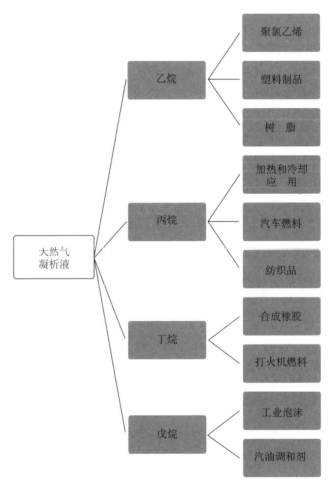

图 5.7　天然气凝析液的主要组分

资料来源：Platts，2012

　　低成本的天然气也促进了化肥生产和相关设施的再投资。据化肥研究所的调查结果，天然气在生产氮肥的成本中占 70%～90%，用于在生产过程中提供化学反应的热源。在页岩气革命之前，美国的化肥生产是一个稳定的产业，但无法实现利润以推动新设施的建设。由于在 2000—2010 年期间化肥价格的大幅波动，国内化肥厂一度停止运营，一些企业被迁往海外去了中东。不过,由于最近廉价天然气的供应,化肥厂的利润已有明显提高,与化肥生产相关的投资有所增长(DeWitt,2012)。

低成本的天然气对橡胶和轮胎制造业也有类似影响,可以扩大国内生产商的利润空间,吸引海外生产企业回归美国。康特嫩特尔公司(Continental)、普利司通公司(Bridgestone)和米其林公司(Michelin)都宣布了在页岩气田附近的各种扩张计划(Greenwood,2012)。

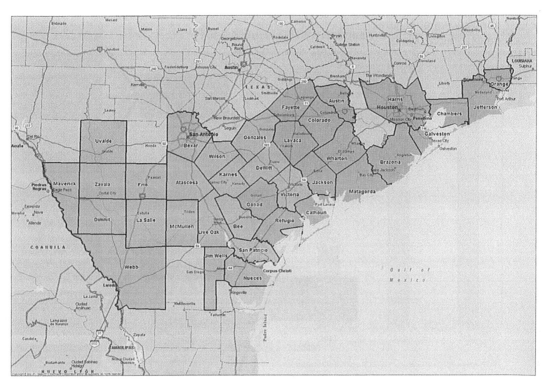

图 5.8　页岩气对墨西哥湾沿岸的影响

绿色:生产县;蓝色:毗邻县;橙色:可看到来自 Eagle Ford 和其他页岩气田经济影响的县

5.6　Corpus Christi 港口

沿着 Corpus Christi 内港有一个意大利树脂制造公司——M&G 集团,计划开工建设一个年产 100×10^4t 聚对苯二甲酸乙二醇酯(PET)和一个年产 120×10^4t 精对苯二甲酸(PTA)的化工厂。这两种化学物质都来自乙烷,可用于树脂和包装材料的生产(Savage,2012)。

这两套设备意味着在 30 个月的建设周期内要有一笔 7.51 亿美元的投资,并由 250 名员工来完成。2013 年 1 月,M&G 集团与康泰斯全球公司(Chemtex Global)签署 10 亿美元的建设协议,进一步兑现了他们在 Corpus Christi 建设石油化工厂的承诺。公司主管表示,如果能够及时获得环境许可证,可以在 2016 年完成施工(Collette,2013)。

尽管在得克萨斯州的墨西哥湾沿岸,钢铁制造业并不像在其他页岩油气田(如

Marcellus 页岩）那样普遍，但由于天然气的供应，这个行业的发展机会也越来越多。从历史上看，钢铁行业主要集中在东北部和中西部地区，最近由于页岩气产量的大幅增长，Corpus Christi 港恰好位于 Eagle Ford 页岩的便利位置，有助于推动墨西哥湾沿岸钢铁行业的发展（Casselman 和 Gold，2012）。例如，中国天津市的钢管制造商——天津钢管集团，计划在得克萨斯州建立一个占地 253acre 的无缝钢管厂项目。这个投资 10 亿美元的工厂位于 San Patricio 县的 Gregory 市郊区，目前正在建设中，预计每年将生产 $50×10^4t$ 的无缝钢管应用于油田。建设阶段估计需要 300~400 个承包商，在工厂刚开始运营阶段将需要 300~400 个劳动力（Smith，2012a）。

据报道，2013 年 2 月初西方化学公司（Occidental Chemical Company）向美国环保署提出申请，要在 San Patricio 县 Ingleside 市附近，建造一个具有年产 $12×10^8lb$ 乙烯产能的乙烯厂。工厂会收集分馏塔分离的天然气凝析液作为原料（这个分馏塔要建在邻近西方化工（Oxy Chem）的地方）。生产的乙烯会通过管线输送到西方化工所属的氯乙烯单体工厂。如果获得批准，计划在 2014 年 12 月开始建设，有望在 2017 年 2 月投入生产，根据他们的申请，工厂会雇用 123 名员工。

能源分析师和业内高管将天然气视作能给美国带来经济增长的理想原料。环球透视（HIS）副总裁 Daniel Yergin 表示，页岩气产量的增长将使美国节省 1000 亿美元用于进口液化天然气的费用（Yergin，2012）。荷兰皇家壳牌公司首席执行官 Peter Voser 称："它（美国）可以使制造业和石油化工行业回归本土，这就是能提供就业的地方，如果美国不抓住这个机遇我都会感到奇怪"（Gold，2013）。

5.7　Eagle Ford 的原油生产

Eagle Ford 石油产量的上涨趋势，对美国石油的进口模式以及墨西哥湾沿岸炼油厂的运营有着重大影响。虽然很难评估 Eagle Ford 提供给这些炼油厂的石油产量，但从管道的建设、改动以及扩建上可以表明，墨西哥湾沿岸的许多炼油厂预计在未来会继续增加石油的用量。

Eagle Ford 页岩储层已被证明是一个可以提供各种碳氢化合物的强大资源，这使得在该地区经营的能源公司能够适应市场的变化。Eagle Ford 页岩包含干气、重的湿天然气、石油和凝析油。自 2012 年夏天以来，当亨利中心（Henry Hub）的天然气价格跌到 2 美元 $/10^3ft^3$ 的最低纪录时，Eagle Ford 的石油钻井业务仍有显著增长。

Eagle Ford 的石油生产与其他页岩地区相比有着明显的优势，因为 Eagle Ford 油田坐落于得克萨斯州墨西哥湾沿岸，距离炼油中心不到 150mile 的位置。根据美国能源信息署的数据，墨西哥湾的原油炼油能力约占美国总产量（$1530×10^4bbl/d$）的一半，而得克萨斯州仅占总产量的 27%。随着 Eagle Ford 石油产量的增加，墨西哥湾沿岸的炼油厂已开始减少国外原油的进口，主要采用 Eagle Ford 和美国其他地方的石油来源。

根据得克萨斯州铁路委员会收集到的数据显示，Eagle Ford 的石油产量从 2010 年的大约 $550×10^4bbl$（15149bbl/d）增加到 2013 年的 2.5 亿多桶（688429bbl/d）（图 5.10）。同样，凝析油产量从 2010 年的大约 600×10⁴bbl（18784bbl/d）到 2013 年已超过 7200×10⁴bbl（198373bbl/d）（图 5.11）。

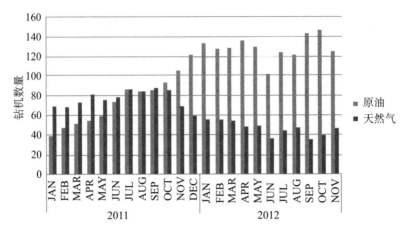

图 5.9　Eagle Ford 的石油和天然气钻机数量

资料来源：哈特能源（Hart Energy）

　　Corpus Christi 和 Houston 的炼油厂，从 Eagle Ford 油气产量的大幅增加以及较低的运输成本上受益很大。然而，直到最近，将 Eagle Ford 原油推向市场的物流仍然是一个问题。在 2012 年和 2013 年，完成了几个与 Eagle Ford 原油输送相关的管道项目。在 Corpus Christi，Three River 以及 San Antonio 南部，由于持续的原油炼制业务，原油管道正如之前存在的一些基础设施一样，在运行过程中进行反输和延伸已经司空见惯。得克萨斯州墨西哥湾沿岸的许多炼油厂都在大量使用 Eagle Ford 的原油，得克萨斯州的原油产量在过去三年里已大幅增加。

　　得克萨斯州墨西哥湾沿岸的其他炼油厂增加了产能，并进行了装备调整，以备增加国内生产。沙特阿拉伯国家石油公司与壳牌公司的一家合资企业——莫蒂瓦公司（Motiva，Enterprises），最近完成了在亚瑟港炼油厂的大规模扩建，包含国内生产的轻质低硫原油在内每天可以有 600000bbl 的原油产能（Dukes，2012）。同样，瓦莱罗能源公司（Valero）继续增加其在亚瑟港炼油厂公司附近的业务，氢化裂解器每天增加了 60000bbl 的处理量（Dukes，2012）。

　　随着 Eagle Ford 等国内页岩资源产量的增加，墨西哥湾沿岸进口国外原油的数量有所减少。Eagle Ford 的原油生产在满足炼油企业对轻质低硫原油的需要上发挥了重要作用。瓦莱罗能源公司的前首席执行官 Bill Klesse 建议，墨西哥湾沿岸轻质低硫原油的进口可以在 2013 年终止。结合 Eagle Ford、得克萨斯州西部以及北达科他州其他页岩地区的原油产量来看，事实上已经能够满足当前的需要。

　　2012 年 12 月，瓦莱罗能源公司获得许可，将原油从得克萨斯州墨西哥湾运往其在加拿大魁北克省附近的炼油厂。这样，大部分的原油会来自 Eagle Ford，取代公司先前从欧洲和非洲的进口。这一发展证明了增加国内生产的相关成本优势，并正在改变美国原油进出口的状况（Vaughan，2012b）。

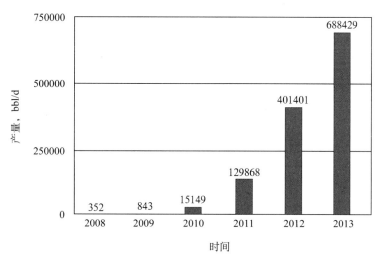

图 5.10   得克萨斯州 Eagle Ford 页岩的石油产量（2008—2013 年）

资料来源：得克萨斯州铁路委员会生产数据查询系统（PDQ）

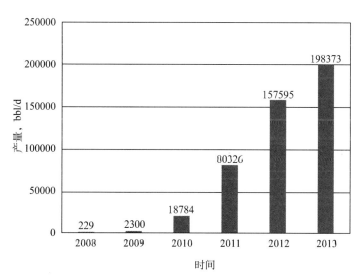

图 5.11   得克萨斯州 Eagle Ford 页岩的凝析油产量（2008—2013 年）

资料来源：得克萨斯州铁路委员会生产数据查询系统（PDQ）

5.8   天然气和发电

从页岩层中开采出的大量天然气资源已直接影响到美国的电力经济。根据华尔街日报报道，天然气价格已从 2008 年的每千立方英尺 8 美元下降到 3 美元，使得燃气发电厂运营商在大多数情况下的发电成本不到一个燃煤当量（Smith，2012b），这个成本差促使美国的许多燃煤发电厂迅速倒闭，估计在 2012 年大约只有 9000MW 的发电量（路透社，2013）。

得克萨斯州在很大程度上也效仿了国家的这一发展趋势，从近几年倒闭的燃煤发电厂数量足以证明。鲁米那特公司（Luminant）最近宣布计划关闭两套在得克萨斯州东北部的大型燃煤机组；San Antonio 城市公共服务能源公司计划在 2018 年关闭两个 870MW 容量的燃煤单元（Vaughan，2012a）。同样，建设其他燃煤发电厂的计划也被搁置或取消。拉斯布里萨斯能源中心（Las Brisas Energy Center）在 2013 年初终止了位于 Corpus Christi 的石油焦碳火力发电厂项目；NRG 能源公司在 2012 年 12 月选择放弃在 Houston 西北部建造一个 800MW 的燃煤发电厂的计划，理由是经营这样一个工厂的经济效益减少了（路透社，2012）。

伴随这些燃煤发电厂的关闭，近几年新的天然气发电厂建设已经放开，有的已经获得许可，有的正在建设过程中。科罗拉多河下游管理局与福陆公司（Fluor Corporation）签订合同，要在 LBJ 湖的马蹄湾（Horseshoe Bay）建造一个 540MW 的燃气发电厂。

同样，南得克萨斯州电力合作公司（Shouth Texas Electric Cooperative）2010 年在 Pearsall 附近建成了一个 200MW 的燃气设施，并与瓦锡兰公司（Wartsila）签订合同要在 Hidalgo 县建造一个 225MW 的燃气发电厂；在 Cameron 县附近，特纳斯卡能源公司（Tenaska Energy）已与布朗斯维尔公共事业局（Brownsville Public Vtilities Board）达成一个开发和采购协议，要修建一个 800MW 的燃气发电厂。在全州范围内，诸如此类的项目正在以一种意想不到的方式显著地减少碳排放，改善空气质量。传统观点认为，空气质量的改善主要来自可再生电力的生产，而不是因为天然气的使用增加。

尽管得克萨斯州减少了发电的用煤量，但该州仍然是一个重要的煤炭产地，在 Maverick 县的 Eagle Pass 市附近，批准的煤炭开采作业就证明了这一事实（Barer，2013）。这一发展表明了美国煤炭出口的增长，因为这种商品在亚洲和欧洲更有价值。根据美国能源信息署数据，2012 年 75% 的煤炭出口到亚洲和欧洲市场（EIA，2012b）。至于 Maverick 县的煤炭，是计划出口到墨西哥。

天然气发电厂的经济和环境效益已经变得如此有吸引力，以至于一些电力供应商关闭了较小核电站的运营，因为核电站的运营成本高，而且他们能够在开放市场购买到廉价的电力（Smith，2013 年）。

5.9 天然气汽车使用的增加

压缩天然气（CNG）主要由甲烷组成，是将天然气压缩到小于其体积的 1% 而制成。由于其成本较低，并且能减少碳排放，现在许多公司都将自己的车队改成以压缩天然气作为燃料。国际天然气汽车协会估计，未来 10 年内全球将有 6500 多万辆天然气汽车或大约 9% 的运输车队使用天然气。

天然气汽车的燃料罐比汽油或柴油车的油箱更厚更结实，至少在近两年来美国还没有一个天然气汽车的气罐破裂。天然气燃烧干净，对发动机的磨损较少，从而延长了发动机保养和换油的时间周期。根据美国公共交通协会统计，2011 年将近 1/5 的公交巴士都使用压缩天然气（CNG）和液化天然气（LNG）。目前，公交巴士是天然气汽车的大户。

5.10   得克萨斯州 CNG 汽车的公共交通运输

得克萨斯州最近才开始鼓励发展天然气加气站，2011 年他们通过立法旨在建立一个车用天然气市场。这个被称为"清洁交通三角"的项目，试图推动 San Antorio，Houston 和 Dallas−Fort Worth 市沿线州际高速公路旁的 CNG 和 LNG 加气站的建设。政府希望将 CNG 或 LNG 加气站建在这些主干道旁边，方便公众使用——得克萨斯州环境质量委员会 (TCEQ) 通过一系列的补助政策来鼓励公众使用。此外，得克萨斯州环境质量委员会还给个人和企业提供补助，帮助他们将以前的汽油车或柴油车改成天然气汽车 (Garza，2012)。

在 Corpus Christi，CNG 动力汽车的使用已有较长历史，始于 20 世纪 80 年代初的一个 30 辆警车的试点项目。2010 年，Corpus Christi 获得了来自得克萨斯州节能办公室和美国能源部的两笔资助，允许他们在城里建造一个新的 CNG 加气站，并总共改装了 26 个车队的车辆 (Basich，2011)。

同样，Corpus Christi 区域交通管理局（CCRTA）也开始大力投资，让他们的车队使用压缩天然气汽车。2012 年 3 月，交通管理局批准了一项 210 万美元的 CNG 加气站建设项目。他们也正在计划到 2017 年将其由 81 辆公共汽车和保障车辆组成的车队改装成使用压缩天然气，估计每年会产生大约 160 万美元的改装费用，但会大大降低燃料成本。鉴于目前公交车辆的更换周期，管理局计划这些改装费用将在 8 年内付清。

San Antonio 的 VIA 城市交通也采取了类似的措施，将其车队的车辆改装成天然气汽车。2010 年，交通管理局给 San Antonio 车队引进了第一辆 CNG 汽车。一年后，VIA 获得联邦运输管理局的拨款，继续购买 CNG 汽车用于快速运输服务，将在 2012 年底投入运营。VIA 的第一个车队由 19 辆 60ft 长的 CNG 动力公交车组成。

Laredo 通过使用州节能办公室提供的联邦政府拨款，在 2011 年夏天重新开放了全市的 CNG 加气站。Laredo 维持有一个 63 辆 CNG 汽车的车队，其中 32 辆是地铁巴士，其余都是各种服务车辆。此外，加气设施也向公众开放，用于给私家车和私营的车队使用 (Diaz，2011)。

5.11   LNG（液化天然气）出口

除了增加天然气在国内的应用（包括发电、制造和汽车燃料），还有不断增长的出口前景。然而这仍然是一个比较有争议的话题，由国家紧急救济署经济咨询公司（受能源部委托）和德勒市场通公司（Deloitte MarketPoint）对 LNG 出口影响的研究表明，这对于美国以及得克萨斯州的经济影响是净增长（国家紧急救济署经济咨询公司，2012；Deloitte，2011），对国内天然气价格不会有显著影响 (Medlock，2012)。

目前，全球天然气市场尚未一体化，各地价格不等，天然气价格从沙特阿拉伯的 0.75 美元每千立方英尺到美国的 4~6 美元 /10^3ft^3、欧洲的 12 美元 /10^3ft^3 以及日本的高达 16~17 美元 /10^3ft^3 这种情况是基于供应和需求的短期变化，从而创造了出口套利的机会

(EIA，2012a)。

为了有效地将天然气从美国运往海外，必须在靠近码头的原油出口终端将天然气冷却到零下 260°F 以转化为液化天然气，这需要将其体积减小到 600 倍以上，然后由 LNG 油轮将产品运至国外指定的市场。当 LNG 到达目的地后，会被再次汽化（或气化）成气体，然后通过管线输送到最终的目的地。这个过程的每一步对运营成本都有着重要影响 (Kawamoto，2008)。

例如，鉴于当前全球的价格差异，利用轮船将 LNG 从美国运到日本是有盈利的。假设在美国市场天然气的售价为 4 美元 /10³ft³，通过液化、运输和再气化的过程到达日本的交货地点，额外成本约为 6.4 美元 /10³ft³，几乎是原价的 2 倍。但即便如此，每千立方英尺天然气仍然能够产生 6.60 美元的丰厚利润 (Henderson，2012)。然而这个赚钱的机会并未被澳大利亚、东非以及加拿大的天然气供应商所注意，他们都有着丰富的天然气资源，比美国有同样或者是更好的物流位置可以用船将天然气运到日本。

同样，由于俄罗斯天然气工业公司对天然气出口的垄断，欧洲的天然气价格仍然虚高。随着来自美国、乌克兰和其他国家进口 LNG 的威胁 (Peaple，2013)，欧洲的价格也不太可能维持在当前水平。况且，俄罗斯天然气工业公司对管道的垄断已经遭到了俄罗斯国内生产商的一致反对，如诺瓦泰克公司 (Novatek)、俄罗斯石油公司 (Rosneft) 以及挪威的国家石油公司 (Statoil in Norway) (Marson，2013)。

总之，市场是不断变化的。对美国的生产商来说，虽然在短期内（3～5 年）都是有吸引力的出口机会，但从长远来看，供应可能会赶上需求并减少差价 (Medlock，2012)。因此，越早进入天然气出口市场的公司就可以利用先发优势来获得高额利润。

供给和需求的最终平衡将会遏制美国对出口的需求，并对天然气价格造成下行压力。(Henderson，2012)。天然气也有可能像原油一样成为全球市场，这样在美国、澳大利亚、东非，也有可能是在中国或其他国家，会直接带来新的天然气藏的重大发现并投入生产。这些国家将寻求出口盈余，而对于中国来说会减少进口的需求。这样的发展意味着全球产量增加、出口增加、价格更加稳定。由于天然气的非传统生产方式成为主流，在传统的勘探和生产时期频繁发生的天然气量不足和价格上涨的状况就有可能缓和。

5.12 关于 Eagle Ford 页岩开采的年限

Eagle Ford 页岩开采从 2008 年开始有少量活动，到本报告所描述的 2012 年的显著活动水平，并预测会一直持续到 2022 年。各家对 Eagle Ford 页岩可采储量的预测相差也很大，例如有的预测石油的可采储量大概有 $30 \times 10^8 \sim 100 \times 10^8$ bbl，当然技术的进步对最终的产量起着至关重要的作用。然而即使在使用最低端技术的基础上预测的可采储量也表明，在今后一段时间内，Eagle Ford 仍将是得克萨斯州南部经济的一个重要驱动力。

当然，Eagle Ford 在未来的任何活动都将依赖于大宗商品的价格。如前所述，我们已经看到天然气价格较低时造成的影响，导致产量从 2011 年到 2012 年趋于平缓。同样，石油价格任何意外的下降也可能对原油产量产生类似的影响。从长远来看，Eagle Ford 的前景依然光明。由于勘探和钻井由生产和维护作业决定，预计 Eagle Ford 地区将进入一个"新常态"，在某种程度上会高于开始生产之前的水平。

在得克萨斯州南部地区，社区的最终成功将取决于当地领导如何应对这些机遇和挑战。此外，该地区的土地所有者、企业和社区将获得大量意想不到的财富，他们如何管理这些财富将对该地区的未来产生重要影响。归根结底，Eagle Ford 的经济发展还应该与生活质量、美学和环境问题相平衡，才能确保该地区的可持续增长。

致　谢

感谢哈维尔·亲川（Javier Oyakawa）和希沙姆·艾德（Hisham Eid）为本章所做的贡献。

参 考 文 献

Albrecht D（2012）A comparison of metro and nonmetro incomes in a twenty-first century economy. J Rural Soc Sci 27（1）：1 23

Atkinson R（2004）Reversing rural America's economic decline：the case for a national balanced growth strategy. Progressive Policy Institute

Baker T（2003）More ghost towns of Texas. University of Oklahoma Press，Norman

Barer D（2013）Amid opposition，South Texas coal mine approved. State Impact

Basich G（2011）Corpus Christi converting vehicles to natural gas. Government-fleet. com

Black T（2013）Buffett like Icahn reaping tank car boom from shale oil. Bloomberg

Casselman B，Gold R（2012）Cheap natural gas gives new hope to the rust belt. The Wall Street Journal. October 24，2012

Christopherson S，Rightor N（2011）How should we think about the economic consequences of shale gas drilling?Cornell University working paper series：City and Regional Planning

Collette M（2013）Plastics manufacturer inks $1 billion contract for two Corpus Christi plants. Corpus Christi Caller-Times

Considine T，Watson R，Blumsack S（2011）. The Pennsylvania Marcellus natural gas industry：status economic impacts and future potential. Pennsylvania State University，College of Earth and Mineral Sciences，Department of Energy and Mineral Engineering

Deller S，Chicoine S（1989）Economic diversification and the rural economy：evidence from consumer behavior. J Reg Anal Policy 19（2）：41-55

Deloitte Market Point（2011）Made in America：the economic impact of LNG exports from the United States，2011

DeWitt J（2012）Natural gas prices sent most fertilizer production overseas. Quad-City Times

Diaz F（2011）Natural gas station is reopened. The Laredo Sun

Dittrick P（2012）WoodMac：Eagle Ford 2013 spending to reach $28 billion. Oil Gas J 110（12）

Dukes RT（2012）Largest refineries in the U. S. benefit from Eagle Ford crude. EagleFordShale. com

NERA Economic Consulting（2012）Macroeconomic impacts of LNG exports from the United States. December 2012

Energy Information Administration（2012）Effect of increased natural gas exports on domestic energy markets. U. S. Department of Energy

Energy Information Administration（2012）Europe and Asia are the leading destinations for U. S. coal exports in

2012. U. S. Department of Energy

Garza V (2012) TCEQ offering $18M in natural gas vehicle grants. The Anustin Business Journal

Gold R (2013) Shell CEO scripts a leading role for gas. The Wall Street Journal

Greenwood A (2012) Shale gas boosts US chems, trickles down to steel, tyres. ICIS. com

Henderson J (2012) The potential impact of North American LNG exports. The Oxford Institute for Energy Studies, from the Preface by Howard Rogers

Hiller J (2012) Eagle Ford counties facing a rough road toward repairs. FuelFix

Kawamoto H (2008) Natural gas regasification technologies. USCG Proceedings

Kinnaman T (2011) The economic impact of shale gas extraction: a review of existing studies. Ecol Econ 70 (7): 1243-1249

Klein B (2013) The economic impact of travel on Texas. Texas Tourism, Office of the Governor, Economic Development and Tourism. Dean Runyan and Associates, Portland

Marson J (2013) Gazprom warns of a drop in profit, driving down stock. The Wall Street Journal

Medlock K (2012) U. S. LNG exports: truth and consequence. James A. Baker III Institute for Public Policy, Rice University

Osgood J Jr, Opp S, Bernotsky R (2012) Yesterday's gains versus today's realities: lessons from 10 years of economic development practice. Econ Dev Q 26 (4) : 334-350

Peaple A (2013) A new foreign policy for Gazprom. Heard on the Street. The Wall Street Journal

Platts (2012) The North American gas value chain: developments and opportunities

Portney K (2013) Taking sustainable cities seriously, 2nd edn. MIT Press, Cambridge

Reuters (2012) NRG Energy drops plan to build 800-MW coal-fired unit in Texas

Reuters (2013) U. S. coal-fired power plant retirements top 9,000MW in 2012

Ross M (1999) The political economy of the resources curse. world Polit 51 (2) : 297-322

Rumbach, A. 2011. Natural gas drilling in the Marcellus Shale: Potential impacts on the tourism economy of the Southern Tier. Prepared for the Southern Tier Central Regional Planning and Development Board

Sachs J, Warner A (1995) Natural resource abundance and economic growth. National Bureau of Economic Research working paper no. 5398

Savage J (2012) Corpus Christi type A board approves $3M jobs incentive grant for Italian plastics plant. Corpus Christi Caller-Times

Smith M (2012a) Development spark catching in Gregory as TPCO plan construction begins. Corpus Christi Caller-Times

Smith R (2012b) Coal-fired plants mothballed by gas glut. The Wall Street Journal

Smith R (2013) Can gas undo nuclear power?The Wall Street Journal

Stevens P (2003) Resource impact-Curse or blessing?Centre for Energy, Petroleum and Mineral Law and Policy, University of Dundee

Thompson J (2012) Booming shale gas production drive Texas petrochemical surge. Southwest Economy 4

Tunstall T, Oyakawa J, Eid H, Medina C. Green M Jr, Sanchehez I, Rivera R, Lira J, Morua D (2012) Economic Impact of the Eagle Ford Shale. University of Texas at San Antonio Institute for Economic Development

Tunstall T. Oyakawa J, Eid H, Abalos R, Wang T, Calderon E, Melara K (2013) Economic impact of the Eagle Ford Shale. University of Texas at San Antonio Institute for Economic Development

Vaughan V (2012a) CPS to buy natural gas plant. San Antonio Express News

Vaughan V (2012b) Valero to ship Eagle Ford crude to Quebec plant. San Antonio Express News

Weber J (2012) The effects of a natural gas boom on employment and income in Colorado, Texas and Wyoming.

Energy Econ 34（5）：1580-1588

Winters J（2011）Human capital and population growth in nonmetropolitan U. S. counties：the importance of college student migration. Econ Dev Q 25（4）：353-365

Yergin D（2012）The real stimulus：low-cost natural gas. The Wall Street Journal

第 6 章 页岩气开发对社区的影响

Kathryn J. Brasier，Lisa Davis，Leland Glenna，Timothy W. Kelsey，
Diane K, McLaughlin，Kai Schafft，Kristin Babbie，Catharine Biddle，
Anne DeLessio-Parson，Danielle Rhubart，and Mark Suchyta

[摘 要] 随着 Marcellus 页岩气开发相关基础设施的大量投入和大批劳动力的涌入，也带来了关于"新兴城市"对宾夕法尼亚州农村社区影响的问题。本章通过分析从宾夕法尼亚州 4 个县收集到的定量和定性数据，来评估包括住房、卫生、教育、犯罪以及居民对所在社区的看法等各种社会指标，（由于 Marcellus 页岩气的开发，这些指标都发生了变化）。定量数据表明，这些指标的许多变化都是有限的，难以从区域和长期趋势上进行区分。另外，通过"专题小组"获得的定性数据显示，居民对他们社区以及对未来前景的看法发生了根本性改变。本章讨论了这些发现对社会的影响，以及农村社区非常规发展对研究方法的挑战。

6.1 概述

Marcellus 页岩是一个含天然气的地质储层，分布于宾夕法尼亚州、纽约州、俄亥俄州、马里兰州和西弗吉尼亚州的部分地区。最近，水力压裂和水平钻井技术的进步，使宾夕法尼亚州的天然气行业快速发展。从 2005 年到 2013 年末，宾夕法尼亚州完钻了 7430 口非常规天然气井（宾夕法尼亚州环境保护部，2014）。天然气行业的迅速发展让人振奋，但对宾夕法尼亚州社区产生的潜在影响也值得关注，特别是农村社区，已经对人口的巨大改变不堪重负。

本章介绍了宾夕法尼亚州 4 个研究县（Bradford、Lycoming、Greene、Washington）的社区影响调查情况，他们因 Marcellus 页岩开发，天然气开采程度非常高（Brasier 等，2014）。具体包括对人口、住房、卫生保健、中小学教育以及犯罪的影响。我们主要使用来自县一级的公开数据，并通过收集来自专题小组的原始数据，来描述这 4 个县的变化。

作者简介：
K.J. 伯拉西尔（Kathryn J. Brasier），L. 格利纳（Leland Glenna），T.W. 凯尔西（Timothy W. Kelsey），D.K. 麦克劳克林（Diane K. Mclaughlin），卡伊·Schafft（Kai Schafft），K. 巴比（Kristin Babbie），C. 比德尔（Catharine Biddle），A. 德莱西奥－帕森（Anne DeLessio–Parson），丹尼尔·Rhubart（Danielle.Rhubart），马克·Suchyta（Mark. Suchyta）。
美国，宾夕法尼亚州 16801，宾夕法尼亚大学公园，州立大学，农业经济学、社会学和教育学系；e–mail：kbrasier@psu.edu；ladl3@psu.edu；llgl3@psu.edu；tkelsey@psu.edu；dkk@psu.edu；kas45@psu.edu；babbiekr@psu.edu；dcrl85@psu.edu；suchytam@psu.edu。
L. 戴维斯（Lias Davis）
美国，宾夕法尼亚州 16801，宾夕法尼亚大学公园，州立大学，卫生政策和管理系，宾夕法尼亚州农村卫生办公室；e–mail：ladl3@psu.edu。

6.2　自然资源"新兴城市"

社会科学家把农村社区经历的自然资源的快速开发称为"新兴城市"（Brown 等，2005；England 和 Albrecht，1984；Krannich，2012）。在自然资源开采的初期，劳动力需求增加，其中的一部分劳动力要求是高技能人才，而当地劳动力往往不能满足要求。结果，外地技术工人进入该地区，而其他人则因为新的经济机会被吸引而来。随着外来人口的增长，地方政府的服务、基础设施和住宅变得紧张。

之前关于"新兴城市"社区影响的研究，强调的是"社会混乱"，伴随人口的快速增长和变化，往往导致社区中社会问题的放大，如吸毒、酗酒、家庭暴力、心理健康问题和犯罪（Parkins 和 Angell，2011；Camasso 和 Wilkinson，1990；England 和 Albrecht，1984；Freudenburg 和 Jones，1991；Freudenburg 等，1982；Kohrs 和 Dean，1974；Gilmore，1976）。而突如其来的自然资源的开发，可以给许多农村社区，往往是经济停滞不前的社区带来机会，新的人口也会给住房、社会和医疗保健服务、执法部门和学校带来负担。

关于新兴城市的研究还强调，风险和机遇随不同社区、社会地位以及时间的推移有所不同（Freudenburg，1984；Freudenburg 和 Wilson，2002；Gramling 和 Freudenburg，1990；Schafit 等，2013）。年轻人可能特别容易受到新兴城市发展的负面影响（Freudenbmg，1984；Seyfrit 和 Sadler-Hammer，1988）。长住居民可能会因为突然出现的"新人"，而感觉到他们社区的社会结构发生改变或遭受威胁。纵观新兴城市的研究已经表明，会有繁荣、萧条、复苏等阶段（Brown 等，2005）。新兴城市基于不可再生资源发展，面临着"破产"的可能性，或者由于资源枯竭、技术变革或地缘政治趋势等原因，使得开采没有什么经济吸引力而进入开采递减期（Bunker 和 Ciccantel，2005；Freudenburg 和 Frickel，1994）。尽管 Brown 等的研究中记载过有经济复苏的阶段（2005），但没有研究显示社区成功转型的原因，或经济复苏是否会继续依赖于资源开采的投资周期（Freudenburg，1992；Freudenburg 和 Wilson，2002；James 和 Aadland，2011；农村社会学，1993）。

通过对社区在 20 世纪 70 年代和 80 年代经历的自然资源的开采（如煤、铀）和西部山区大规模工业开发（如发电厂）的研究，对于新兴城市的研究在很大程度上是成熟的。指导关于 Marcellus 页岩开发研究的一个重要问题是，新兴城市的模式对该地区的适用程度如何？以及石油社区影响的调查结果跟之前的研究有多一致（Brasier 等，2011；Jacquet 和 Kaye，2014；Kinchy 等，2014）？美国东北部地区的开发是发生在一个更大、更加多样化的地理区域，不像在西部山区的社区那样偏僻。宾夕法尼亚州的一些地区有着悠久的石油和天然气开采历史，这让他们更加熟悉，是建立经济活动的基础。在某些地区，由于资源开采的历史原因，地表和地下的所有权相分离，这也就影响了个别土地所有者通过租金和矿区使用费获取经济利益的能力。而且，从那些早期的研究中发现，在非常规天然气开发的进程中有着不同的范围和速度，这会影响社区经历潜在影响的规模和速度以及他们应对和适应的能力（Jacquet 和 Kay，2014）。尽管新兴城市的研究提供了一个重要的模型，并让 Marcellus 页岩的研究人员关注到一系列的问题（即人口、住房、家政服务、犯罪），但对模型的直接应用还需要更加谨慎。

6.3 Marcellus 页岩开发对社区的影响

研究人员已开始研究 Marcellus 页岩开发对宾夕法尼亚州及周边各个州的社区影响。作为一个刚刚兴起的研究,结论有时是不一致的,需要随着这个领域的持续增长和发展继续去验证。我们在这里提供了有关专题的简要介绍。

房地产市场的变化已经被认为是新兴城市发展最关键、最激烈和最直接的影响。Williamson 和 Kolb(2011)描述了有不同住房需求的一波又一波的工人。第一波是需要临时住房的员工(酒店、公司提供的住房设施、露营地和租赁的住房),最好是那些能够提供家政服务和饭菜的地方。第二波是与公司总部和地区办事处有联系的员工,倾向于租房和自有住房。在较大住房市场的影响值得注意:会抬高住房价格,让各种类型的房屋都供不应求。其结果是,这些社区中经济条件不好的家庭被迫用更高的价格购买质量更差的住房,或者是被迫离开市场(Ooms 等,2011;Williamson 和 Kolb,2011)。尽管在开展研究时,大多数的住房市场都受到了影响,但在大多数有较高钻探活动水平的农村地区最为紧张,因为在 Marcellus 页岩开发之前,他们可供选择的经济适用房相对较少,要快速提供新的经济适用房会有更多的困难(Ooms 等,2011;Williamson 和 Kolb,2011)。这些研究还记录了由于住房市场紧张导致的其他后果,包括增加无家可归的人员、社会服务机构提供临时住房的困难以及儿童福利机构评估高危儿童生活状况所面临的挑战(Brasier 等,2011)。

更多定量研究显示出不一致的结论。Kelsey 等(2012a,2012b)发现在"拥有更多 Marcellus 页岩气井的城镇和地区,房屋市场价值的平均增长幅度比那些没有 Marcellus 页岩气井的地区更大"❶。相反,由 Farren 等(2013)的研究发现,虽然在宾夕法尼亚州钻探活跃县的租金更高,但对于中等房屋的价格和空置率没有影响。他们进一步认为,房地产市场已经恢复到相当大的程度。

6.3.1 健康和医疗服务

与 Marcellus 页岩活动相关的健康影响备受关注,但在这方面的研究却少之又少(Adgate 等,2014;McDermott-Levy 和 kaktins,2012)。有几篇论文概述了流行病学的追踪和识别机制以及对人类健康的潜在影响(Adgate 等,2014;Steinzor 等,2013)。还有人用有限的数据来揭示 Marcellus 页岩开发活动与健康的潜在联系。Ferrar 和他的同事(2013)以自我报告的方式记录了由 Marcellus 页岩开发所带来的对身心健康的压力和影响。通过宾夕法尼亚州西南部的环境卫生项目发现,与钻井相关的最常见的症状是皮疹或过敏、恶心或呕吐、腹痛、呼吸困难或咳嗽以及流鼻血(Ferrar 等,2013)。从现有的研究中我们找不到对医疗服务的影响。

6.3.2 教育

最近的一些研究调查了 Marcellus 页岩开发对提供教育服务(特别是中小学教育)的影

---

❶ 财产应税价值的评估,用于确定属于县、市和学区的财产税。

响。Schafft 等（2014a，2014b）使用的调查数据辅以实地访谈和小组讨论的形式，发现在钻探活动程度高的地区，尽管受访者承认经济增长带来的好处，但他们也认识到为此付出了代价：经济差距增大，社区基础设施（包括房屋和道路）的压力明显增加。道路损坏和拥堵会干扰校车路线，公交车司机时常想离开学区去企业从事货运工作。尽管受访者报告说，工人的涌入增加了住房的压力，但鉴于大多数来自外地的工人并没有带家属，学校在招生规模或学生人数上基本没有明显的变化。

Schafft 等（2013）研究发现，人们对页岩气的看法大相径庭。中学管理员认为，页岩气开发带来的机遇，与人们对社会、环境和经济的风险看法有关。他们还发现，不论页岩气开发是风险还是机遇，他们对那些看法的强烈程度与所在学区的钻探活动水平相一致。

6.3.3 犯罪

到目前为止，研究发现 Marcellus 页岩活动对犯罪的影响结果较为复杂。Kowalski 和 Zaiac（2012）的调查数据，是来自宾夕法尼亚州警方的救援呼叫数据和联邦调查局统一犯罪信息系统的逮捕数据。他们的研究县（钻井数量最多的 7 个县）与该州的其他县相比，没有明显的差别。食品和水观察组织（2013）发现，经历了 Marcellus 页岩开发的农业县，其扰乱社会治安事件的增长速度与没有进行过 Marcellus 页岩开发的县相比要高。

6.3.4 社区变化

Brasier 等（2011）发现，在天然气开发过程中，特别是在开发的早期阶段，社区领导最担心的问题是社区内部的社会关系发生了根本性的变化，和被居民称之为家的美好自然环境的变化（Perry，2012）。调查研究记录对社区评级的主要因素是：环境质量、睦邻友好、饮用水和学校。在同样地区，也有社区成员认为 Marcellus 页岩开发有潜在的负面影响（Alteret 等，2010）。天然气开发的活动水平、开发阶段与社区的主要特征相互影响——尤其是人口规模、靠近人口中心的程度、交通运输网络、现有的基础设施水平以及开采历史——会影响整个社区的看法（Brasier 等，2011）。

在宾夕法尼亚州和美国东北部的许多农村社区，他们在地貌和经济上具有明显的农业特征。农业可能特别容易受到 Marcellus 页岩开发的影响，因为农民是大片土地的所有者，这些土地通常就是能源开采的目标（Glenna 等，2014）。租金和矿区使用费收入的增加，可以使农民改变他们的经营方式或者干脆停止耕种，会对地貌带来实质性的影响（Brasier 等，2011）。研究表明，农业的变化与 Marcellus 页岩活动是一致的。

Adams 和 Kelsey（2012）发现天然气开采的强度和奶牛数量的下降有关联，表明乳品业（一些地区的主要支助）可能正经历着与天然气开发相关的快速变化（Finkcl 等，2013）。宾夕法尼亚州卓越乳制品中心发现天然气开发有反补贴农业的趋势，有的农民报告计划将他们的乳制品业务现代化；有的报告计划在乳制品行业减少投资；还有的报告计划考虑农业的其他替代形式（Frey，2012）。这些研究结果表明，由于天然气钻采收益的投入，乳品业和农业会发生显著变化（Glenna 等，2014），这些变化可能影响居民对他们社区的评价。

6.4 Marcellus 页岩影响研究

使用新兴城市模型作为框架，研究报告透过一系列特征来描述对社区的影响，预测社区在经历快速的自然资源开发后各方面会发生的变化，包括人口、住房、医疗和保健服务、犯罪和刑事司法系统以及教育系统（Brasier 等，2014）。因为担心农村社区的年轻人会外迁，我们还对这一特殊群体的影响进行了讨论。我们还将探讨对社区的看法会如何改变 Marcellus 页岩开发的结果。

本项目研究的 4 个县（位于该州两个地区）是 Bradford，Lycoming，Greene 和 Washington。这些县都经历了宾夕法尼亚州 Marcellus 页岩开发的最高水平，但是他们有不同的人口、历史、经济基础和地理位置。通过比较这些差异有助于了解整个宾夕法尼亚州 Marcellus 页岩开发的潜在影响。通过将 4 个研究县及其相邻县划分为两个区域，我们分区进行了比较。北部地区包含 12 个县：2 个研究县（Bradford，Lycoming）和 10 个毗邻县（Clinton，Columbia，Montour，Northumberland，Potter，Sullivan，Susquehanna，Tioga，Union 和 Wyoming）；西南地区包括 6 个县：2 个研究县（Greene 和 Washington）以及周边的 4 个县（Allegheny，Beaver，Fayette 和 Westmoreland）。

在 2005—2013 年底期间，4 个研究县的完钻井数位居宾夕法尼亚州前 6 名（宾夕法尼亚 DEP，2014）。4 个研究县的非常规气井数占宾夕法尼亚州 7430 口气井中的将近一半（3654 口）（表 6.1）。Washington 县于 2005 年开始生产，现在拥有的 Marcellus 页岩气井数位居第一（Harper，2008）；Bradford 县于 2009 年开始有显著增长，到 2012 年达到最高活动水平，然后钻井活动下降。

表 6.2 提供了 4 个研究县截至 2000 年的大致情况，为了解各县和地区在 Marcellus 页岩开发之前的差异提供了重要的背景。Lycoming 和 Washington 两个县被美国人口普查局定级为大城市。Lycoming 县位于威廉斯波特市区（2000 年有 120044 人口），Washington 县是规模更大的匹兹堡大都会区的一部分（2000 年有 240 万人口）（美国人口普查，2000）。相比之下，Bradford 和 Greene 县被美国农业部经济研究处定级为毗邻大都市的小城镇（有 2500~19999 人）（2013）。

表 6.1　各研究县的钻井数　（2005—2013 年）（改编自 Brasier 等，2014）　　　　单位：口

县	2005	2006	2007	2008	2009	2010	2011	2012	2013	总计
Bradford 县	1	2	2	24	158	373	396	164	108	1229
Washington 县	5	19	45	66	101	166	155	195	220	972
Lycoming 县	0	0	5	12	23	119	301	202	163	823
Greene 县	0	2	14	67	101	103	121	105	117	630
合计										3654

资料来源：宾夕法尼亚州环境保护署，石油和天然气管理办公室（获取日期为 2014 年 5 月 21 日）。

表 6.2　各研究县在 2000 年（Marcellus 页岩开发之前）的特征（源自 Brasier 等，2014）

县和地区	人口 人	人口密度 人 /mile²	最小就业率，%	失业率，%	中等家庭收入 （调整为 2012 年） 美元
北部地区①②	47968	83	0.6	6.0	47071
Bradford 县	62761	55	0.6	5.5	48451
Lycoming 县	120044	97	0.1	6.3	47038
西南地区①	370881	505	1.8	6.6	47901
Greene 县	40672	71	6.7	9.2	41972
Washington 县	202897	237	1.3	5.3	52004
宾夕法尼亚州	12281054	274	0.3	5.7	55460

①县平均，包括研究县。

②北部地区包括 12 个县：Bradford 和 Lycoming，以及 10 个毗邻县（Clinton，Columbia，Montour，Northumberland，Potter，Sullivan，Susquehanna，Tioga，Union 和 Wyoming）；西南地区包括 6 个县：格林尼、华盛顿和 4 个毗邻县（Allegheny，Beaver，Fayette 和 Westmoreland）。

资料来源：社会资源表，2011；人口普查，2000。

6.5　数据采集与分析方法

本研究采用定量和定性资料相结合的方法，来描述 Marcellus 页岩活动对 4 个研究县的影响。通过定量分析对比 Marcellus 开发之前（2007 年以前）和 Marcellus 开发早期（2008—2012 年）的数据，描述了随着时间推移的变化趋势。在大多数情况下，是将研究县的趋势与临近各县和州的趋势相比较。但这种做法对于健康和医疗服务除外，因为只有研究县有相关数据。除非另有说明，主要通过对描述的统计来进行分析。主要通过专题小组收集的深入、定性的资料，用以解释定量数据的趋势，利用多种技术让研究的案例具有广度和深度。

6.5.1　定量数据的来源

如表 6.3 所示，对研究县要获取多个数据源并进行分析。收集的这些数据大多是通过互联网收集的公开可用的数据源❶。在县一级对每个专题的数据进行分析，但教育数据除外，因为它们是由学区组织的。

6.5.2　定性数据的来源

6.5.2.1　青年

由 36 名高二年级的年轻人组成 5 个专题小组，他们来自每个研究县中选出的各个学区。选取这个年级是有针对性的，因为在职业和住宅的选择上，这个年龄是他们准备从预

---

❶ 呼叫服务数据（直接从宾夕法尼亚州警方获得）和紧急医疗服务数据（根据宾夕法尼亚卫生部紧急医疗服务局的一项协议，由宾夕法尼亚州创伤系统基金会提供）除外。

期向现实转变的一个关键年龄。学区要通过层层选择，首先计算在每个学区的井数（宾夕法尼亚州环境保护部石油和天然气管理办公室，2014），从每个县拥有最高井数的学区中确定出 3 个区，然后在每个县再随机选择一个区。在这 4 个区中的每一个区设立一个专题小组，其中一个区设立两个专题小组，则共计组成 5 个专题小组，管理员对每个专题小组确定 6~8 个高二年级的学生，还要有不同性别的代表，则这 36 名学生就差不多代表了学区内的学生"典型"。❶

表 6.3 专题所使用的数据源

主题	数据源
人口	2000 年人口普查，社会资源管理器表（美国人口普查局）
	美国社区调查 2005 年 /2007 年（预测 3 年）（美国人口普查局）
	2010 年人口普查，社会资源管理器表（美国人口普查局）
住房	2000 年人口普查，社会资源管理器表（美国人口普查局）
	美国社区调查 2005 年 /2007 年（预测 3 年）（美国人口普查局）
	2010 年人口普查，社会资源管理器表（美国人口普查局）
	美国社区调查 2009 年 /2011 年（预测 3 年）（美国人口普查局）
健康和医疗	卫生保健成本控制委员会
	美国卫生和公共服务部，医疗保险和医疗补助服务中心
	美国卫生和公共服务部，妇女健康办公室：快速健康数据在线
	宾夕法尼亚公共福利部门
	宾夕法尼亚创伤系统基金会，宾夕法尼亚卫生部，紧急医疗服务局
教育	宾夕法尼亚州教育部
	国家教育统计中心，通用核心数据
犯罪	宾夕法尼亚州警局呼叫服务
	美国联邦调查局、美国司法部、统一的犯罪报告程序数据
	民事诉讼案件管理系统
	法院数据

6.5.2.2 学区

在选择了青年专题小组的同一学区，我们还要选择一个教育工作者的专题小组（其中一个学区安排两个教育工作者的专题小组）共 5 个专题小组。由包含学区负责人（每个地区一个）的两个专题小组作补充。此外，我们还组织了一个职业教育工作者的专题小组。总的来说，我们组织了由 47 名教育者和管理员组成的 8 个专题小组。

---

❶ 在所有的专题小组中，只有一个小组有学校管理人员在场。在有管理员在场的专题小组，学生们对 Marcellus 社区影响的评价明显更积极。这里不可能估计管理员存在的影响。

6.5.2.3　社区领导和公共服务机构代表

在 2012 年 11 月到 2013 年 6 月期间，共组织了 8 个专题小组共计 36 名参与者。在每个地区组织 4 个专题小组，包括：当地政府代表；医疗、住房和公共服务机构；当地经济发展机构和企业；农民和当地农业企业和服务机构的代表。专题小组的潜在参与者通过关键信息提供者来确定，如合作推广的教育工作者和机构代表、当选官员和专业联络人的推荐和建议以及互联网搜索。

所有的专题小组都是采用音频记录，再根据录音进行转录。使用不变的比较方法（Corbin 和 Strauss，2008；Creswell，2013），录音和现场记录都是开放编码，记录对社区变化的看法。我们的定量分析特别关注类别的变化，包括人口变化、经济条件和社会服务的压力。研究团队合作开发出的这种编码方案，通过讨论并达成共识，协调最初解读上的差异。

6.6　结果

以下内容通过利用定量和定性数据，总结了 4 个县的研究结果。

6.6.1　人口

新兴城市模型预测自然资源的开发会导致人口的大量增长。对于 Marcellus 页岩开发而言，可能是由于天然气及配套产业工人的涌入和这些工人家庭成员的到来以及和其他扩大经济机会的吸引，从而驱动了人口的增长。由于人口结构的变化影响服务、经济活动、基础设施和住房的需求，所以记录人口变化是至关重要的。表 6.4 中，我们通过使用县级综合数据以及来自美国人口和住房普查（2000 年和 2010 年）、美国社区调查的预测（估计 3 年，2005—2007 年），调查了 4 个县的人口变化。

在 Marcellus 进行页岩气开发的同时，Bradford 县经历了重大的人口增长。从 2000 年到 2005/2007 年，Bradford 县流失了 1000 多个居民，但从 2005 / 2007 年到 2010 年，几乎恢复到跟之前相同的数量。相比之下，Lycoming 县的人口从 2000 年到 2010 年有所下降。尽管 Lycoming 县在 2005/2007—2010 年期间人口减少的速度（−2.6%）明显少于之前的 5 年（−3.8%），但他在过去 10 年里流失了近 4000 居民，比起周边地区和州来说，这个变化格外引人注目。

Greene 县的人口在过去 10 年一直在下降，实际上近 5 年的下降速度还在加快。从 2000 年到 2005 / 2007 年，每年 1000 个人口中有 3.9% 的减少，从 2005 / 2007 年到 2010 年，每年 1000 个人口中有 6.5% 的减少。虽然该县在这 10 年来仅流失了 2000 个居民（大约 5%），但因为它的人口较少，这也是一个相当大的份额。形成鲜明对比的是，Washington 县在过去的 10 年中增加了近 5000 个居民，而在后 5 年的增长率还略有上升，与 Marcellus 页岩的开发相一致。

4 个研究县中，Bradford 和 Washington 县的人口经历了与 Marcellus 开发相一致的增长。这种增长在 Bradford 县尤为明显，Marcellus 活动有助于扭转前 5 年（2000—2005/2007 年）人口流失的状况，在后面 5 年（2005/2007—2010 年）人口有所增长。在我们研究的县当中，Bradford 于 2010 年底完钻的井数最多，2005—2010 年完钻了有 550 多口井。Washington 县的人口增长与州的增长趋势相似，可能是继 2000 年以来增长模式的延续。分析表明，人口增长或减少的长期趋势，并不那么容易被引入的某种经济活动所改变。

表 6.4　宾夕法尼亚州、研究县和地区的人口变化（2000—2010 年）（源自 McLaughlin 等，2014b）

县及地区	2000—2005/2007 年		2005/2007—2010 年		2000—2010 年	
	人口	平均变化率[①] %	人口	平均年变化率[①] %	人口	平均年变化率[①] %
宾夕法尼亚州	11281054	1.6	12400959	6.1	12702379	3.4
北部地区[②]	532741	−2.3	525508	6.1	538354	1.1
Bradford 县	62761	−3.0	61626	4.0	62622	−0.2
Lycoming 县	120044	−3.8	117311	−2.6	116111	−3.3
西南部地区[③]	2225284	−5.4	2153833	−1.4	2142168	−3.7
Greene 县	40672	−3.9	39717	−6.5	38686	−4.9
Washington 县	202897	2.0	205302	3.1	207820	2.4

①期间测量平均每年每 1000 居民的数量变化，2006 年是 3 年估算期的中间时间点，用于确定期间的年度。

② Marcellus 东北部地区包括 12 个县，其中 2 个研究县（Bradford 和 Lycoming），7 个毗邻县（Clinton，Columbia，Northumberland，Susquehanna，Tioga，Union 和 Wyoming），另有 3 个毗邻县（Montour，Potter 和 Sullivan）由于人口数量太少（据 2005/2007 年的 ACS 数据估计），被排除在本分析之外。

③西南地区包括 6 个县，其中 2 个研究县（Greene 和 Washington）和 4 个毗邻县（Allegheny，Beaver，Fayette 和 Westmoreland）。

资料来源：美国人口调查局，2000 年人口普查，2005—2007 年 ACS 3 年估计，2010 年人口普查。

这一对人口变化的分析有些重大的局限性，特别是与数据有关。美国人口普查及社区调查组对一些家庭的调查来自某一个特定的时间点。那些生活在临时房屋（如房车公园、露营地、酒店）的工人，是在这个行业中占有一定比例的典型，但不能算作是居民。这里显示的是县一级的情况，并不表明人口的增加或减少如何发生，因为人口数量是居民迁入、迁出和当前居民状况的一个综合结果。同样，目前尚不清楚与 Marcellus 页岩开发有关的人口流动和其他影响人口变化的趋势是如何相互影响的。这些趋势包括居民从纽约州和新泽西州到宾夕法尼亚州东北部的迁移；在大的城市地区、宾夕法尼亚州西部以及一些地区的新的大规模设施所在地，发生的长期的人口流失趋势。

6.6.2　住房

新兴城市模型表明，由于相关行业涌入的工人急需住房，使房地产市场变得紧张。Marcellus 页岩活动对住房的最大影响，很有可能集中在钻井最活跃而人口最少的县——本研究中的 Bradford 和 Greene。相比之下，人口较多的县被认为是更有能力吸收新居民，因为他们有更多的住宅和更大的能力来修建新的住房，本研究中的 Lycoming 和 Washington 县就属于此类。专题小组的数据也证实了这一点，一个北部地区专题小组的参与者认为房屋是"最大的问题"。他们机构每隔 3 年组织对居民进行一次住房问题的调查，2006 年在受访者关注的问题中住房问题大致排第 21 或第 20 位，到 2009 年它上升到第 7 位，2012

年位居首位。钻探活动的地点也很重要，地区总部和预备区域可以靠近（但不一定在）钻井地区，但那里要有充足便利的基础设施（交通、商业空间、职工住房）。Lycoming（Williamsport）和 Washington（Canonsburg）都是天然气公司的总部所在地，可以为周边地区服务。除了那些钻井数量最多的县，这种开采天然气的相关活动分散到各个县，可能会导致在钻探活跃的县与那些很少或根本没有钻探活动的县之间的差异较小。

在地区和全州的大环境下，我们分析了 4 个研究县在住宅、空置率和住房负担能力等方面的变化。这些分析来自美国人口和住房普查（2000 年）以及美国社区调查（ACS 3 年的估算，2005/2007 年和 2009/2011 年）的数据。我们还利用专题小组的数据来描述对住房影响的看法，这些都是不容易看得到的定量数据。

6.6.2.1　住宅

Bradford 县的住宅数量从 2000 年到 2005/2007 年增加了 2.1%，在 2005/2007 年到 2009/2011 年期间增加了 2.5%。前期（Marcellus 页岩开发之前）的增长百分比低于地区（2.8%）和州（3.8%），后期（Marcellus 开发期间）的增长百分比高于州（2.2%）和地区（2.0%）。Lycoming 县的住宅数量在前 5 年增长了 2.4%，在随后的 5 年有 2.4% 的减少，与 Marcellus 页岩开发一致；这两个百分比都低于州和地区在住宅数量上的变化。

Greene 县的住宅在前面阶段（2000—2005/2007 年）经历了 2.7% 的增长，在后面阶段（2005/2007—2009 年 /2011）减少了 4.0%。早期的增长高于地区水平（1.9%）但低于州水平。后面几年的跌幅大于地区水平（−0.4%），与州其他地方的增长（2.2%）形成鲜明的对比。Washington 县的住宅在 2000—2005/2007 年期间增加了 4.9%，在几个研究县当中最高，在随后的 2005/2007—2009/2011 年期间增加了 1.6%。两个阶段的增长都高于地区水平。

住宅在后面几年的较低增长变化是深受房地产危机和经济衰退的影响。在一些社区，由于天然气相关工人的大量涌入，更是加剧了 Marcellus 页岩开发之前经济适用房缺乏的状况（Lycoming 县规划和社区发展部，2012）。西南部地区在天然气工人涌入之前就已取消抵押赎回权，这进一步限制了经济适用房的有效性。被取消赎回住房的人们住着低收入所能负担得起的住房，因为他们没有别的地方可去。正因为如此，很难评估 Marcellus 页岩开发的影响。然而，当地区和州的住宅以较低比例增长时，Bradford 县的住宅增加了 2.5%，表明住宅随着天然气开发相关需求的增加有增长的潜力。

6.6.2.2　住宅的入住率和空置率

对住房需求的增加可能会反映出业主自用和出租单元的增加以及空置率的下降。在 Bradford 县，自有住房下降了 3.2%，绝大多数发生在 2005/2007 年至 2009/2011 年。房屋租赁的比例从 2000 年的 20.9% 增加到 2005/2007 年的 21.6%，然后在 2009/2011 年下降到 18.9%。与此相反的是，空置率却一直在增加，最大增长（4.8%）发生在 2005/2007 年至 2009/2011 年期间。Lycoming 县的业主自用单元也有所下降，从 2000 年的 62.2% 到 2005/2007 年为 60.5%，然后在 2009/2011 年期间相对稳定在 60.8%。Lycoming 县出租单元的比例跟 Bradford 县一样，在前几年增长了 0.9%（从 27.4% 增长到 28.3%），然后在 2005/2007 年至 2009/2011 年期间下降到 27.6%。10 年来空置单元的百分比从 10.4% 增加到 11.2% 直至 11.6%。Bradford 和 Lycoming 县的总体趋势都与北部地区类似，表明租赁或业主自用单元的需求下降、供应增加（如上所述），或住房价格已经超出了人们的支付能力。

Greene 县自有住房从 2000 年的 66.9% 下降为 2009/2011 年的 63.1%，房屋出租单元的百分比从 2000 年的 23.4% 下降到 2005/2007 年的 19.5%，然后在 2009/2011 年增长至 24.2%。这表明该县出租单元的需求和（或）可用性的波动。Greene 县的空置房从 2000 年的 9.7% 显著上升到 2005/2007 年的 15.3%，然后在 2009/2011 年又下降到 12.7%。在此期间，该县的住房存量先上涨然后又下降，低于 2000 年的利用率。

虽然 Washington 县自用住房和出租住房的比例与 Greene 县基本相似，但总体上更稳定。自用住房的比例从 2000 年的 71.7% 下降到 2005/2007 年的 70.8%，然后到 2009/2011 年为 69.6%；出租住房的百分比从 21.3% 下降到 19.8%，然后增加到 20.7%。Washington 县的住房空置率从 2000 年的 7.0% 增加到 2009/2011 年的 9.7%。在整个研究期间，Washington 县的住房入住率和空置率相对稳定，部分原因是因为其住宅规模更大，并且住房在不断增长，在这个时间段几乎增加了有 6000 个住宅单元。Bradford 县和 Washington 县住房空置率的变化，可能反映出这两个县 Marcellus 页岩气开发活动在时间和（或）类型上有所不同，或者可能反映了其他的开发活动：在 Washington 县郊区的扩建，或者对破旧房屋的各种拆迁。

6.6.2.3 住房负担能力

住房需求的增加可能会导致出租率的增加和住房负担能力的下降。当一个家庭支出不超过年收入的 30% 用于租房时，住房被认为是可负担得起的（美国住房和城市发展部，2014）。整个宾夕法尼亚州，家庭支出 30% 以上的年收入用于租房的百分率，从 2000 年到 2009/2011 年增长了 10.5%，在 2011 年底达到 46.1%。

4 个研究县在 2000 年到 2009/2011 年期间，支出 30% 以上收入用于租房的家庭的百分比都有所增加（表 6.5）。Bradford 县在 2000 年有 29% 的租户住在他们负担不起的住房，到 2009/2011 年有 36.7%。Lycoming 县负担不起房租的家庭百分比从 2000 年的 35.6% 上升到 2009 /2011 年的 46.2%，经历了大幅增加（10.6%）。Greene 县增幅最大，从 2000 年的 32.5% 增长到 2009/2011 年的 46.1%。Washington 县支出 30% 以上收入用于租房的家庭的百分比增长了 9.3%，从 2000 年的 33.5% 增长到 2009/2011 年的 42.8%。4 个研究县、州和西南部地区在 2000 年到 2005/2007 年期间的百分比变化最大；而北部地区在后面几年经历了更大的增长。

表 6.5 房租支出超过年收入 30% 的情况 （源自 McLaughlin 等，2014a）

县和地区	房租支出超过年收入 30% 的占比，%			变化，%	
	2000	2005/2007	2009/2011	2000—2005/2007	2005/2007—2009/2011
宾夕法尼亚州	35.6	43.1	46.1	7.5	3.0
北部地区①	32.5	36.8	41.6	4.3	4.8
Bradford 县	29.0	36.2	36.7	7.2	0.5
Lycoming 县	35.6	43.9	46.2	8.3	2.3

续表

县和地区	房租支出超过年收入30%的占比，%			变化，%	
	2000	2005/2007	2009/2011	2000—2005/2007	2005/2007—2009/2011
西南部地区②	33.3	40.1	42.1	6.8	2.0
Greene 县	32.5	41.5	46.1	9.0	0.6
Washington 县	33.5	39.3	42.8	5.8	3.5

①该地区9个县的平均水平。Montour，Potter 和 Sullivan 虽与 Bradford 和 Lycoming 相邻，但被排除在外，因为根据美国社区调查（ACS）2005—2007年的数据，它们的人口数量太小。

②该地区6个县的平均水平（包括研究县）。

资料来源：社会资源表。2000年人口普查，美国社区调查（ACS）2005—2007年和美国社区调查（ACS）2009—2011年（每3年估计一次），社会资源；美国人口普查局。

从各研究县家庭收入的变化情况，我们可以理解他们对经济适用房需求的变化（表6.6）。在 Bradford 县，家庭收入中位数从2000年到2005/2007年下降然后又有所上升；在 Lycoming 县，家庭收入中位数的业主一直都略有下降；Greene 县业主的家庭收入中位数从2000年到2005—2007年略有下降，但在2009—2011年又有所上升。Washington 县自用住房家庭的收入中位数在2000年到2005—2007年有所增长，但到2009—2011年略有下降。

表6.6 各研究县、地区和州的家庭收入中位数（调整到2012年的美元价格）
（源自 McLaughlin 等，2014a）

县和地区	家庭收入中位数，美元					
	业主			承租人		
	2000	2005/2007	2009/2011	2000	2005/2007	2009/2011
宾夕法尼亚州	65838	65003	64861	34019	29830	28928
北部地区①	54754	52643	53153	28460	26395	25751
Bradford 县	54836	48760	52548	30407	27174	25689
Lycoming 县	56599	55405	54607	23521	25495	24614
西南部地区①	56930	57181	57915	27624	24377	24332
Greene 县	50422	49251	54487	22406	19379	22177
Washington 县	60604	63398	62371	28282	24990	24820

①该地区的县平均水平，包括研究县。

资料来源：社会资源表。2000年人口普查，美国社区调查（ACS）2005—2007年和美国社区调查（ACS）2009—2011年（每3年估计一次），社会资源；美国人口普查局。

Bradford 县、Lycoming 县和 Washington 县的房东这段时间的情形不太好，由于通货膨胀率较低，在2009/2011年的家庭收入中位数比2000年更低。只有 Greene 县房东的家庭收入中位数在2009/2011年的收入跟2000年差不多。从那些关于自用单元和出租单元的家庭收入中位数的信息表明，出租房屋负担能力的减少在某种程度上是由于根据较低的通货膨胀率调整后租房者的收入较低。

专题小组参与者表明，这些数字可能低估了房地产市场波动、家庭收入和住房负担能力下降的程度。专题小组的参与者描述了天然气工人对住房的需求如何带来租金的上涨，而让当地居民无法负担。西南部地区的一个专题小组参与者说：

> 在 Marcellus 页岩开发之前，我们没有这么多租客找房子的问题，房东的收入较低……Marcellus 页岩开发之前，你可以很容易地找到 300 美元或 400 美元的公寓……，但现在……有时候还不可能找得到房子。

天然气行业的工人通常能得到住房补贴和比当地居民更高的收入，他们能够支付更高的租金。西南部地区专题小组的参与者报告说……他们能够负担得起 1400 美元的月租，是因为有一份足够幸运的工作给他们提供工资……他们在那里每天可以得到 150 美元的生活费。北部地区的参与者提到已观察到租金有所提高，我们看到由于住房成本上涨，有的家庭负担不起只有搬出去……另一位参与者讲述了一个活动房屋公园的房东如何驱赶现有居民，改善住房，然后以更高的租金出租给天然气工人。流离失所的居民失去了他们的家园和社区。

专题小组参与者介绍，房东从天然气行业工人那里收取的租金，比从低收入家庭的住房援助中获得的补偿更多。这两个地区的专题小组参与者都对将要接受抵用券的住房等候名单进行了评论：我们已经看到，自 2008 年以来我们的公共住房的名单几乎增加了 2 倍。低收入家庭搬去和其他的家庭成员住在帐篷或汽车里，或搬迁到可以负担得起住房的地区。一个北部地区的参与者描述：虽然你不会看到无家可归的人睡在大街上，但他们会当沙发客，他们与父母同住，他们是多个家庭居住在同一套房间……他们只是在寻找庇护的地方……我们讨论的是整个家庭……流离失所。参与者描述了为无家可归者增加庇护场所的需求，在北部地区的一个收容所已经收容了有 450 人，"他们中有 100 名儿童。"

在一些地区缺乏足够的优质住房，给低收入家庭带来困难。西南部地区的一个专题小组参与者观察到：

> 一旦他们（天然气工人）搬进来，基本上就毁坏了公寓，那时房东不想重新装修公寓，并且他们还提高了租金，可能从 400 美元增加到 1000 美元一个月。现在房东想再次提高租金，而……你的低收入……没有办法负担得起。

专题小组的参与者表明，总的来说现在是可用的住房少、价格更贵，而质量更差。低收入的个人和家庭流离失所、别无选择，除非在本地找到其他临时住房、搬到别处，否则就变得无家可归。

专题小组的研究结果表明，低收入家庭和个人的搬迁，需要暂时用定量数据来观察。人口普查和 ACS 数据并不能反映那些居住在临时住房，或由于租金增长或失去收入而流离失所的人。

6.6.3 健康和医疗的利用率

很难确定 Marcellus 页岩钻井活动所直接带来的健康状况或医疗利用率的变化。首要的问题是由于现有的医疗服务系统一般情况下不能从病人那里收集数据，包括他们的就业状况或他们是否受雇于与钻井相关的职业。如果收集的这些信息不是在系统的基础上进行，是不能公开使用的，这对于个人和社会服务机构也同样如此，但也许是在更小的范围内适用。由于提供者更多的是提供个人性质的服务，他们可能对客户的就业状况会有更多的了解，但像医疗服务系统一样，他们不以一致的、可量化的、可公开的方式收集或报告这些信息。由于这些限制，影响结果很大程度上是基于 Marcellus 页岩钻探活动的井数和时间之间的关系。这里，通过调查和比较在 Marcellus 页岩钻探活动之前和开发期间，关于医疗服务利用率、保险状况、损伤类型和紧急医疗服务投诉的数据，来识别任何有可能的影响。

6.6.3.1　获得医疗服务

获得全面、优质的医疗服务，影响一个人的身体、社会和心理健康状况，有助于预防疾病，协助检测健康状况，促进健康问题的治疗，并提高生活质量，延长寿命。因此，本分析关注的是对医疗服务的获得和利用，包括医院服务、社区的基础（安全保障）护理、急救护理、医疗保险和医疗补助保险的来源，以及没有保险的人口比例（医疗保险和医疗补助服务中心，2013a，2013b，2013c）。

各研究县在急救和社区医疗服务的数量上有细微的变化。医院数量保持稳定，在西南部地区有 2 个，北部地区有 7 个。北部地区的两个医院是宾夕法尼亚州指定的紧急救护医院，意味着他们必须位于指定的农村地区，不多于 25 张病床，还要满足其他一些条件。在 4 个研究县及其所在的两个地区中，北部地区的住院病人略有增加，西南部地区略有下降，但这并不一定与 Marcellus 页岩钻探有直接关系（Davis 等，2014）

在研究期间，4 个联邦授权的医保中心（FQHCs），通过在一个县建立农村医疗诊所（RHC）和关闭另一个县的农村医疗诊所，使"安全保障提供者"的数量略有增加（Davis 等，2014）。这些提供者的数量似乎与总体人口的变化无关，但可以反映某些县未投保人口的增加，可用联邦政府的资金来帮助建立或发展这些以社区为基础的医疗服务供应商。

要获得基础的保健护理是个问题且会一直存在，然而现在对心理和行为健康服务的需求在增加，需要机构间的协调来解决这一需求。通过专题小组进一步深入了解，对于初级和紧急护理医疗服务的需要和使用，相关机构缺乏服务和对策来应对这些增加的需求。一位参与者指出，"或许有时候你无法在一个小时的车程内预约到一个牙科医生"。专题小组参与者还提出了对心理和行为健康服务的需求，他们认为会增加县公共事业的负担。

6.6.3.2　伤害和紧急救助

伤害通过强加给个人、社会以及社会的经济成本来影响人口数量（Boden 等，2001）。伤害如何发生以及为什么发生，为决策者设计和重点干预防止受伤提供重要的信息（国家健康统计中心疾病控制和预防中心，2012）。为了这个分析，检查了在 2000—2011 年期间的 12 种不同类型的伤害：机动车事故、摩托车事故、行人事故、枪伤、刺伤、摔伤、热 / 腐蚀性材料事故、消防 / 火焰事故、被撞击、被夹、机械 / 电动工具事故和袭击。这些都是可能由 Marcellus 页岩开发活动所增加的相关伤害类型。

例如，交通事故和行人事故的增加可能是因为交通量的增加，尤其是与钻井和管道建设有关的货运交通；与犯罪有关的伤害（枪伤、刀伤）可能与年轻男子人口数量的增加有关；而与机械有关的伤害类型，如被撞击、被夹，在有钻机和其他大型机械工作的场所，机械或电动工具事故可能会更频繁地发生。

4 个研究县没有关于伤害的总体情况介绍，然而在摔伤、机动车事故、摩托车事故方面的损伤有明显增加。这些类型的损伤可能与 Marcellus 页岩开发等类型的大规模建筑活动有关。事故的增加可能与人口增长带来的车辆交通的增长有关（2013 年"食物和水观察"）。这一结论也同样反映了几个专题小组参与者的意见。来自西南部地区的一名专业人士反映："我们县酒后驾车的指控有大幅增加，仅在去年就有 25 个外州人因为酒驾被拦下。"

6.6.3.3　紧急医疗服务的投诉

紧急医疗服务（2013）是一个协调反应系统，紧急医疗护理涉及一些个人和机构。紧急医疗服务（EMS）是在一个事故导致严重的疾病或损伤后启动。分析 EMS 投诉（当EMS 服务被请求时，个人正在经历的健康问题），能够识别出随着时间的推移，个人正在经历的健康紧急状况。

所有 4 个县的投诉数量都有大幅增加，在某些情况下超过了 3000%。例如，Lycoming县的投诉量从 2009 年的 4464 件增加到 2011 年的 11819 件；Bradford 县从 2009 年的 1646件增加到 2010 年的 8607 件；Washington 县由 2009 年的 2732 件上升在到 2011 年的 33632件；以及 Greene 县从 2009 年的 149 件到 2011 年的 5030 件（紧急医疗服务，2013）。专题小组参与者并没有特别报告伤害本身的情况，而是强调与个人行为有关的问题，如使用药品、饮酒相关的后果如酒驾以及性传播疾病。我们不可能将这些问题与投诉的数据相关联，但可以推测与使用药物相关的行为可能会导致这些类型的伤害。

> 我要告诉你们，我知道在我们行业中最大的一个问题是，我们对一些石油和天然气工人会使用这种麻醉剂，他们不能通过药物测试。检测机构有一套应用程序进行测试，要是有 25 个人进行测试，其中 23 个都不能通过。

6.6.4　教育

对于那些经历了新兴城市相关增长的社区，所在学校最迫切的问题是在入学率、学生人口、学术成果以及学校和地区的财政状况等方面的影响。在某种程度上，与这些都有一定关系。例如，工人包括其家庭和孩子的大量涌入，会导致入学高峰吗？正如 Lycoming 县一个专题小组的教育家说过，"从宾夕法尼亚州教育部（PDE）获得的学生入学注册人数，将要有 20%~25% 的增长。"在宾夕法尼亚州 Marcellus 地区的很多农村学区，招生人数在过去几十年来一直在下降，在页岩气开发早期，教育工作者和管理人员看到对入学有明显的增长潜力，有助于缓减学校被关闭和合并的问题。同时，有人担心学校如何才能吸收突然涌入的大量学生，以及新学生可能会有什么样的需求。还有人质疑这些变化如何影响学区预算和招聘需求，以及可能给当地学区带来多大程度的更广泛的经济效益。

6.6.4.1　入学率和学生人口

令教育工作者惊奇的是，在招生、学生人口和学生成果评价上几乎没有变化。入学率继续呈现平稳而缓慢的下降趋势。入学率从 2005—2006 学年到 2010—2011 学年，各县的下降率分别为：Bradford 县 7.85%，Lycoming 县 3.8%，Greene 县 8.0%，以及 Washington 县 1.8%。我们所采访的教育工作者一致认为，主要是因为来自其他州的天然气工人没有把家庭成员或孩子带过来。北部地区专题小组的一个教育者说：

我们可能有比其他大多数地方更多的气井，但是我几乎没有看到任何孩子。我的意思是，如果在这个期间我看到超过七八个孩子，我可以看着他们说，"这是源于这个行业"我们做得好。然而我们的入学率在持续下降。事实果真如此，伙计们没有把他们的家庭成员带来。他们虽来了，但他们的家庭成员则呆在俄克拉荷马州、得克萨斯州或路易斯安那州。然而最重要的是，我们的学区没有地方可以让他们留下来。

虽然教育工作者提到由于天然气工人的到来，会出现一些新生，但几乎在所有地区新生的总体数量都很低。总人数的相对稳定或下降会隐藏学生的流动率，但是它仍然会影响学生的人口构成。然而，县一级数据并未显示学生人口或英语学习者（ELL）的数量以及学生接受特殊教育服务比例的明显变化。(Schafft 等，2014b)。

6.6.4.2　学生的经济状况

在 2000 年代的后半期，全州范围内有资格获得免费午餐或减价午餐的学生比例明显增加，在 2005—2006 学年和 2010—2011 学年期间增加了 23.8%。这种增长很大程度上归因于国家的衰退和经济的低迷，各研究县获取资助的比例都有所上升。4 个研究县中有 3 个县的增长低于州的增长（Bradford 县 5.3%、Washington 县 8.1% 以及 Lycoming 县 10.6%），只有 Greene 县高于州水平（26.6%）。

6.6.4.3　学业成果

一些教育工作者担忧，天然气行业丰厚的就业利润可能会导致学生辍学率的上升。Bradford 县的一位教育工作者说，例如天然气行业总是在找焊工，所以这些孩子们，如果他们能够取得焊接的资格证，他们能挣得比你我更多的钱。还有一种解释是：

出现了像这样的心态，"哦，我可以挣很多钱，并且会一直这样。我十七八岁就已经办到了。我甚至可以退学"。我们很担心，这会影响我们的毕业率和孩子们上大学的比例等。

年轻人也意识到这个行业带来的潜在机会。一个 Bradford 县的青年说，当我 18 岁时就已经有一个工作，从当助手起每周可以挣得 3000 美元，这都不需要有学位。

然而，4 个研究县的辍学率从 2007—2008 学年到 2011—2012 学年的变化不大。Greene 县的辍学率为 1.6%～2.6%，Washington 县的变化范围为 1.1%～1.4%，Lycoming 县为 2.2%～2.4%，Bradford 县为 2.1%～2.4%。专题小组的大量实例表明，有些学生已经退学，至少有部分是被天然气行业的机会所吸引。重要的问题仍然是关于行业相关的机会如何影响高等教育的愿望，这些愿望如何随着宾夕法尼亚州天然气产业结构的变化而变化。我们的数据不足以让我们去调查这些问题，但这些趋势和他们对社区、学校和其他地方机构的影响会受到持续关注。

6.6.5　犯罪

Marcellus 页岩活动对犯罪的潜在影响可以从多个方面感受到，包括犯罪活动、刑事调查、起诉和监禁。这里调查的定量数据包括：宾夕法尼亚州警方处理的呼叫服务、因各种违规类型的逮捕、司法系统中新的刑事和民事案件以及交通违法。

6.6.5.1 宾夕法尼亚州警方的呼叫服务

宾夕法尼亚州警方在整个市政范围内提供警力的覆盖水平和类型有所不同，表明这是县与县之间的差别，难以进行解释。然而，通过比较宾夕法尼亚州警方在 Marcellus 页岩开发之前（2001—2007 年）和开发期间（2008—2010 年）每个县发生案件的年平均率表明，Bradford 和 Washington 两个研究县有所增长（表 6.7）。Bradford 县在 2001—2007 年期间年均逮捕率是每 1000 个居民中有 75.4 人，在 2008—2010 年期间是每 1000 个居民中逮捕 88.9 人。Washington 县的平均犯罪率在 2001—2007 年期间是每 1000 个居民中有 63.4 人，而在 2008—2010 年是每 1000 个居民中有 71.7 人。Lycoming 县和 Greene 县在气井开发活跃那几年的年平均犯罪率比开发前要低。

表 6.7　宾夕法尼亚州年平均犯罪率[①]（源自 Brasie 和 Rhubart，2014）　　　单位：人/1000 个居民

类别	Bradford	Lycoming	北部地区[②]	Greene	Washington	西南地区[②]	整个州各县
宾夕法尼亚州警察呼叫服务	75.4 88.9	71.0 69.0	106.5 103.5	139.2 130.9	63.4 71.7	74.5 74.0	48.1 47.3
因严重犯罪逮捕	5.8 5.7	8.9 8.9	7.2 6.9	7.2 5.5	8.1 7.5	9.2 9.0	9.9 9.8
因轻微犯罪逮捕	19.0 19.5	26.8 24.2	22.6 20.2	25.5 19.8	21.9 16.7	23.1 20.5	22.7 20.4
因酒后开车罪逮捕	3.4 3.7	4.5 5.1	3.7 4.3	6.0 5.9	4.1 3.9	3.8 4.1	3.9 4.2
滥用药物	1.6 2.0	2.1 1.7	2.7 2.9	2.5 2.4	2.1 1.6	2.4 2.5	1.7 1.5
新刑事案件	9.5 10.3	16.5 16.3	11.2 12.5	13.1 13.4	12.7 13.8	13.3 14.3	12.5 13.2
新民事案件	6.5 10.3	7.2 11.4	5.5 9.4	5.0 9.6	1.8 4.3	6.6 11.0	5.9 10.7
交通违规	89.1 100.1	105.5 112.9	151.3 155.6	130.9 140.8	139.3 179.9	124.6 148.4	153.0 157.0

①指研究县在 Marcellus 页岩开发活动之前（2001—2007 年，上面的数字）和 Marcellus 页岩开发活动期间（2008—2010 年，下面的数字）。

②县平均，包括研究县。

6.6.5.2 逮捕的犯罪类型

所有研究县犯罪的逮捕率都在降低，表明 Marcellus 页岩开发对犯罪活动的影响是复杂而不确定的。Bradford 县在 Marcellus 页岩开发期间并未表现出犯罪活动有明显增长（2001—2007 年犯罪率为 5.8%，2008—2010 年为 5.7%），未成年人犯罪只有轻微增长（分别为 19.0% 和 19.5%），酒驾（分别为 3.4% 和 3.7%），滥用药物（分别是 1.6% 和 2.0%）（表 6.7）。在 Lycoming 县，只有酒驾的逮捕率在气井开发活动期间要高一些（分别是每

1000 个居民中逮捕 4.5 人和 5.1 人），严重犯罪的逮捕率在两个时期保持不变（都是每 1000 个居民中逮捕 8.9 人）；Lycoming 县在气井开发活跃期间，未成年人犯罪和滥用药物的逮捕率较低。Greene 县和 Washington 县所有犯罪类型的逮捕率在气井开发活跃期间都较低。

6.6.5.3 刑事、民事和治安等新案件

宾夕法尼亚州法院的行政办公室通过宾夕法尼亚的统一司法系统（UJS），记录了刑事、民事、家庭、孤儿和地方法院系统的案件。统一司法系统记录了县在某一特定年度提交的新案件，表明从之前一段时间（时间跨度从几天到几年）的犯罪活动水平以及由机构和办事处调查、起诉、辩护和判决罪犯的工作。因为它并不包括从往年结转的案件，不能提供系统中所有案件的总体情况。

如表 6.7 所示，4 个研究县中有 3 个县（Bradford，Greene 和 Washington）的刑事案件犯罪率在气井开发活跃期间（2008—2010 年）略高于之前的几年。值得注意的是，在那些年每个地区和州的犯罪率也更高。在所有研究县中，民事案件的犯罪率大大增加；然而，根据地区和全州的数据分析表明，宾夕法尼亚州其他县的犯罪率也在增加。在气井开发活跃的几年中，4 个研究县中有 3 个县交通违规的增长率比周边地区和州的各县都要高。

这些发现表明，某些地方的犯罪可能会受 Marcellus 页岩开发的影响，然而这种现象发生的确切机制是未知的。虽然有一些证据表明石油和采矿业雇佣的员工增加了危险行为（例如酒精、药物滥用等）（Parkins 和 Angell，2011；Lockie 等，2009），与天然气行业的关系复杂。此外，当社区发生变化时，犯罪率的增加可能与社区增加的报告有关（Freudenburg 和 Jones，1991；Krannich 等，1985）。执法的变化也可能导致报告模式的改变（Ruddell，2011）。而且，在开展本研究的 10 年期间，其他方面的情况（例如，经济衰退）也可能影响犯罪的趋势。

6.6.6 对社区变化的看法

专题小组的参与者对 Marcellus 页岩活动如何影响他们的生活质量和社区成员之间的关系表示担忧。他们的这些关注涉及对行业本身的看法和社区发展的冲突。有的还讨论了他们的担忧是如何影响他们对自己社区的看法。

6.6.6.1 "没有中间地带"——社区关于天然气的分歧

专题小组参与者描述了他们认为 Marcellus 页岩开发如何在一些居民之间产生分歧。参与者意识到主管部门优先考虑经济效益而忽略了环境影响的问题。一个参与者（当地政府官员）是这样解释这个分歧的：

> 人们之间有分歧，有的人认为"我不想破坏环境"；有的人贪婪地想要从天然气中得到钱；还有的人人云亦云："滚出去，你破坏了我们的地方。这里再没有树，再没有动物。城市化并不是这里的每个人都期望的"。话又说回来，拥有大量土地的人也想要钱，想要钱可以带来的一切。

对于 Marcellus 页岩开发的收益和成本的分配问题，会产生另一个分歧。当地居民通过增加商业活动、新的就业机会、租金和矿区使用费收入可以增加一些经济收益。例如，一位参与者解释说，农场主可以用天然气租赁所得的资金再投资于他们的业务，这有利于农

场主购买之前一直超过他们预算的新设备。一位农场主解释说：

> 哦，它是我们的福利……这是曾发生过的最好的事……人们挣得了钱可以消费，他们可以购买他们能买得起的任何东西，或上交给政府，就这么简单…… 这里有很多生锈的机器，一旦你得到这样一笔钱，你就会想要舒适和闪亮的东西。

对许多社区成员来说，增加的收入可以缓解经济困难。这种改善反映的不仅仅是物质上的变化：

> （页岩气生产企业）把大量资金投到这个县……如果你曾经开车去过东部的县……就像阿巴拉契亚，我的意思是住在那儿的人们，他们的农场是合伙经营……他们有4~5辆汽车，但其中只有一辆能开得出来，割草机躺在那里，灌木丛生，房子盖到一半，上面的墙板有三种……你现在开车去那里，有修剪整齐的院子，有体面的新车，垃圾被清走了，房子固定好了，屋顶和墙板焕然一新。我不是挖苦或难过，但这让人感到自豪，有钱可以让他们过得更好。

专题小组的其他参与者描述了很多与开发相关的问题，但这些问题不能通过经济增长来弥补：

> 他们抱怨卡车跑得太快，阻碍交通……当他们抄近道时会经过我的院子。有很多人都在抱怨。我倾向于认为，那些抱怨最多的人可能就是未从租赁上获得经济收益的人。

页岩气开发对个人和社区健康发展的影响，以及对当地人口、环境和设施的改变是冲突的根源。然而，这些影响是不确定的：

> 似乎和任何有争议的东西一样……会有某个农场主说，"我的奶牛十分兴奋，水都要着火了"。你住在某个参与者的隔壁，你会说，"我要在水里游泳，我会喝这个水，我的宝贝儿要在这个水里洗澡。"没有人管——所有关于健康的问题都悬而未决。

专题小组参与者也报告了新来的居民可能会给当地社区带来困扰：

> 我非常担忧小镇的社会结构会被打破。现在任何一条街道的房子里都住着天然气工人……就他们而言，对社区不用承担责任。他们是租房者，也不会对纳税基数有真正的影响。如果你在城里逛，看起来就像是在一个第三世界的社区。无人关心，人们也不保留财产。如果有的话，也只是损坏财产。

天然气开发的利弊问题往往是由专题小组的参与者提出。他们经常会说"这是一把双刃剑"。也有其他评论说，我想你会发现负面影响和积极影响差不多。而其他人当被问及天然气钻井这10年来对他们地区的影响是好还是坏时，他们的回答是现在要得出结论还为时尚早。

6.6.6.2 "不一样的感受"——依恋的地方

专题小组参与者描述了他们所认为的社会和环境的变化对他们居住地的影响状况：

我喜欢呆在树林里，但自从天然气工业来到这个县后，周围的森林就更少了。可以这么说，土地差不多都被破坏了，他们即使恢复土地，也几乎没有5~6年前的感觉了。

他们用许多词汇来描述对景观的影响，以及在他们喜爱的地方，这些变化是如何影响他们的情感和切身经历。一位参与者用"伤痕"一词来描述对景观的变化。还有的人说：

世界上我最喜欢的事情之一就是，当你有大致一周的时间乘坐独木舟到某个湖，坐在那里钓鱼，然后在那边有一口大的、巨大的、响亮的、嘈杂的气井……风景已然改变，有时它会让我心碎。

这些对他们家园的威胁激发了一些专题小组参与者的政治行动，但是这些活动有时候是要付出代价的：

如果我想在这里延续生命，我想让我的孩子们在我曾经所拥有的一样的空气下成长，而不仅仅是坐在那里……你不得不走出去，去努力实现……很多人加入我们这个团队都是为了那个目标……但因为压力太大，不得不半途而废。

专题小组参与者对他们社区和自然资源的短期经济利益和长期风险进行了权衡分析。"人们真的喜欢住在这里，想在这里生活吗？我觉得我很矛盾，或者说我想要得到好处但我不想有风险。我也希望分得一块蛋糕并吃了它。"但这种不确定性导致我们对未来的看法不一致。有些专题小组的参与者认为，经济机会可能会让年轻人返回家园。还有人介绍现在的年轻人都想离开这个地区，或者如果他们离开了就不会再想回来。

最近这四五年发生的变化可以说是翻天覆地的……我一直认为自己出生和成长都会在西部这个县……你不能说服我考虑别的任何地方。但是在过去几年里我告诉人们，如果今晚回家我妻子说咱们搬家吧，只要那是一个我可以接受的地方，我会开始期待明天……我们在这个县的生活质量已经改变。我并不是说它被毁掉了，我是说它已经改变，已经不再是过去……它再也不一样了，这是无可争辩的事实。

其他人也表示因为发生的变化希望离开社区："我对我的农场没有处置权……但我要告诉你，如果我有权利的话，我会卖掉他们。我和我的两个孩子可能会搬到别的地方去。"

6.7 结论

本章通过定量数据的描述分析表明，Marcellus 页岩活动对 4 个县的影响是复杂的，它们往往难以从更广泛和长期的趋势上加以区分。研究结果表明，部分县市经历了一些行业的变化，但这些变化取决于 Marcellus 页岩开发之前的乡村水平、地理区域以及原有人口和经济的变化趋势。尽管一手资料显示总体变化相对较小，但定性数据表明对社区有较大影响，令人对社区的未来有所担忧。同时，研究揭示了地方经验的特殊性、地方居民的重要性以及如何看待社区利益可能受到的快速变化的影响。

感　谢

本研究是由宾夕法尼亚农村中心（宾夕法尼亚州议会的一个立法机构）资助。宾夕法尼亚农村中心是一个两党、两院制的立法机构，为宾夕法尼亚州议会提供农村政策支持。本报告所载资料并不一定反映宾夕法尼亚农村中心委员会个别成员的意见。项目团队诚挚感谢参加项目基础研究、数据收集和分析的几位同仁，包括马太福音·菲利特（Matthew Filteau）、马克·利奇（Mark Leach）、凯莉·戴维斯（Kylie Davis）、柯尔斯顿·哈迪（Kirsten Hardy）和凯特琳·Chajkowski（Kaitlyn Chajkowski）。也感谢我们咨询委员会的成员，在项目的关键时刻为我们提供了重要见解，让我们获取数据，还有社区成员和县委委员通过专题小组和会谈分享他们的经验，对他们所付出的时间、帮助和见解感激不尽。

参 考 文 献

Adams R, Kelsey TW (2012) Pennsylvania dairy farms and Marcellus Shale, 2007-2010. Penn State Cooperative Extension, University Park

Adgate JL, Goldstein BD, McKenzie LM (2014) Potential public health hazards, exposures and health effects from unconventional natural gas development. Environ Sci Technol

Alter T. Ooms T, Brasier K et al (2010) Baseline socioeconomic analysis for the Marcellus Shale development in Pennsylvania. Report to the Appalachian Regional Commission, Washington, DC

American Community Survey: Selected Population Profile (Pennsylvania) (2007) US Census Bureau, Washington, DC. http://factfinder2.census.gov/. Accessed Aug 2012

Boden LI. Biddle EA, Speiler EA (2001) Social and economic impacts of workplace illness and injury: current and future directions for research. Am J Ind Med 40: 398-402

Brasier K, Rhubart D (2014) Effects of Marcellus Shale development on the criminal justice system. Report prepared for the Center for Rural Pennsylvania, Harrisburg

Brasier KJ, Filteau MR, McLaughlin DK et al (2011) Residents' perceptions of community and environmental impacts from development of natural gas in the Marcellus Shale: a comparison of Pennsylvania and New York cases. J Rural Soc Sci 26 (1): 32-61

Brasier K, Davis L, Glenna L et al (2014) The Marcellus Shale impacts study: chronicling social and economic change in the Northern Tier and Southwest Pennsylvania. Report prepared for the Center for Rural Pennsylvania, Harrisburg

Brown RB, Dorius SF, Krannich RS (2005) The boom-bust-recovery cycle: dynamics of change in community satisfaction and social integration in Delta, Utah. Rural Soc 70 (1): 28-49

Bunker S, Ciccantell P (2005) Globalization and the race for resources. The John Hopkins University Press, Baltimore

Bureau of Economic Analysis (2011) Regional economic accounts: local area personal income. U. S. Department of Commerce. http://www.bea.gov/regional/pdf/overview/regional_lapi.pdf

Bureau of Economic Analysis (2011) Local areas personal income and employment. (2007-2011). http://www.bea.gov/iTable/iTable.cfm?reqid=70&step=l&isuri=1&acrdn=5#reqid=70&step=l&isuri=1

Bureau of Labor Statistics (2014) The recession of 2007—2009. http://www.bls.gov/spotlight/2012/recession/. Accessed 25 Oct 2012

Camasso MJ, Wilkinson KP (l990) Severe child maltreatment in ecological perspective: the case of the Western energy boom. J Soc Serv Res 13 (3): 1-18

Center for workplace Information and Analysis (2011) Marcellus Shale fast face. Pennsylvania Department of Labor and Industry, Harrisburg

Centers for Disease Control and Prevention National Center for Health Statistics (2012) NCHS data on injuries. http://www. cdc. gov/nchs/data/factsheets/factsheet_injury. htm. Accessed on 15 July 2012

Centers for Medicare and Medicaid Services (2013a) Community mental health center fact sheet. http://www. cms. gov/Medicare/Provider-Enrollment-and-Certification/CertificationandComplianc/CommunityHealthCenters. html. Accessed 15 July 2012

Centers for Medicare and Medicaid Services (2013b) Federally qualified health center fact sheet. http://www. cms. gov/Outreach-and-Education/Medicare-Learning-Network-MLN/MLNProducts/downloads/fqhcfactsheet. pdf. Accessed 15 July 2012

Centers for Medicare and Medicaid Services (2013c) Rural health clinic fact sheet. http://www. cms. gov/Outreach-and-Education/Medicare-Learning-Network-MLN/MLNProducts/down-loads/RuralHlthClinfctsht. pdf. Accessed 15 July 2012

Corbin JM, Strauss AL (2008) Basics of qualitative research. Sage, Thousand Oaks

Creswell JW (2013) Research design: qualitative, quantitative and mixed methods approaches. Sage, Thousand Oaks

Davis LA, McLaughlin D, Uberoi N (2014) The impact of Marcellus Shale development on health and health care. Report prepared for the Center for Rural Pennsylvania, Harrisburg

Davis KR, Kelsey TW, Glenna LL et al (2014) Local governments and Marcellus Shale development. Report prepared for the Center for Rural Pennsylvania, Harrisburg

Emergency Medical Services (2013) National Highway Transportation Safety Administration, Washington, DC. http://www. ems. gov/mission. htm. Accessed 2 July 2013

England JL. Albrecht SL (1984) Boomtowns and social disruptions. Rural Soc 46: 230-46

Farren M, Weinstein A, Partridge M, et al (2013) Too many heads and not enough beds. will shale development cause a housing shortage?The Swank Program in Rural-urban Policy, The Ohio State University. Columbus. http://go. osu. edu/shale_housing-rpt

Ferrai KJ. Kriesky J, Christen CL et al (2013) Assessment and longitudinal analysis of health impacts and stressors perceived to result from unconventional shale gas development in the Marcellus Shale region. Int J Occup Environ Health 19 (2) : 104-112

Finkel ML. Selegean J, Hays J et al (2013) Marcellus Shale drilling's impact on the dairy industy in Pennsylvania, a descriptive report. New Solut 23 (1) : 189-201

Food and Water Watch (2013) The social costs of fracking: a Pennsylvania case study. http://documents. foodandwaterwatch. org/doc/Social_Costs_of_Fracking. pdf. Accessed 22 May 2014

Freudenberg WR (1984) Boomtown's youth: the differential impacts of rapid community growth on adolescents and adults. Am Sociol Rev 49 (5) : 697-705

Freudenburg WR (1984) Differential impacts of rapid community growth. Am Sociol Rev 49: 697-715

Freudenburg WR (1992) Addictive Economies: Extractive Industries and Vulnerable Localities in a Changing World Economy. Rural Sociology 57 (3) : 305-332

Freudenburg WR. Frickel S (1994) Digging deeper: mining-dependent regions in historical perspective. Rural Soc 59: 266-288

Freudenburg WR, Jones RE (1991) Criminal behavior and rapid community growth: examining the evidence. Rural Soc 56 (4) : 619-645

Freudenburg WR. Wilson LJ (2002) Mining the data: analyzing the economic implications ot mining for nonmetropolitan regions. Soc Inq 72 (4) : 546-575

Freudenburg WR. Bacigalupi LM. Landoll-Young C（1982）Mental health consequences of rapid community growth：a report from the longitudinal study of boomtown mental health impacts. J Health Hum Resour Adm 4（3）：334-351

Frey J（2012）The future of the Pennsylvania dairy industry with the impact of natural gas. Center for Dairy Excellence, Harrisburg

Gilmore JS（1976）Boom towns may hinder energy resource development：Isolated rural communities cannot handle sudden industrialization and growth without help. Science 191：535-540

Glenna L. Babbie K. Kelsey TW et al（forthcoming）Establishing a baseline for measuring agricultural changes related to Marcellus Shale development. Report prepared for the Center for Rural Pennsylvania, Harrisburg

Gramling R, Freudenburg WR（1990）A closer look at 'local control'：communities, commodities, and the collapse of the coast. Rural Soc 55（4）：541-558

Harper JA（2008）The Marcellus Shale-an old "new" gas reservoir in Pennsylvania. Pennsylvania Geol 38：2-13

Headwaters Economics（2009）Fossil fuel extraction as a county economic development strategy：are energy-focusing counties benefiting?Headwaters Economics, Bozeman

Jacobson M, Kelsey TW（2011）Impacts of Marcellus Shale development on municipal govern ments in Susquehanna and Washington counties. 2010. Penn State University Cooperative Extension Marcellus Education Fact Sheet, University Park

Jacquet JB. Kay DL（2014）The unconventional boomtown：updating the impact model to fit new spatial and temporal scales. J Rural Commun Devel 9（1）：1-23

James A, Aadland D（2011）The Curse of the natural resources：an empirical investigation ot U. S. counties Resour Energy Econ 33：440-453

Kelsey TW. Adams R, Milchak S（2012a）Real property tax base, market values, and Marcellus Shale：2007-2009. CECD Research Paper Series. http：//cecd. aers. psu. edu

Kelsey T, Hartman W, Schafft KA, et al（2012b）Marcellus Shale gas development and Pennsylvania school districts：what are the implications for school expenditures and tax revenues?Penn State Cooperative Extension Marcellus Education Fact Sheet, University Park

Kelsey TW, Hardy K, Glenna L et al（forthcoming）Local economic impacts related to Marcellus Shale development. Report prepared for the Center for Rural Pennsylvania, Harrisburg

Kinchy A, Perry S, Rhubart D et al（2014）New natural gas development and rural communities in the United States. In：Bailey C, Jenson L, Ransom E（eds）Rural America in a globalizing world：problems and prospects for the 2010s. West Virginia University Press, Morgantown

Kohrs E, Dean V（1974）Social consequences of boom town growth in Wyoming. Paper presented at the Rocky Mountain American Association of the Advancement of Sciece Meeting, Laramie. Wyoming. 24-26 Apr 1974

Kowalski L, Zajec G（2012）A preliminary examination of Marcellus Shale drilling activity and crime trends in Pennsylvania. Justice Center for Research, Pennsylvania state University, University Park. http：//justicecenter. psu. edu/research/documents/MarcellusFinalReport. pdf

Krannich RS（2012）Social change in natural resource-based rural communities：the evolution of sociological research and knowledge as influenced by William R. Freudenburg. J Environ Stud Sci 2（1）：18-27

Krannich RS, Greider T, Little RL（1985）Rapid growth and feal of crime：a four-community comparison. Rural Soc 50（2）：193-29

Lockie SM, Ranettovich V, Petkova-Timmer J et al（2009）Coal mining and the resource community cycle：a longitudinal assessment of the social impacts of the Coppabella coal mine. Environ Impact Asses 29（5）：330-339

Lycoming Department of Planning and Community Development（2012）The impacts of the Marcellus Shale industry on housing in Lycoming County. http：//www. lyco. org/Departments/PlanningandCommunityDevel opment. aspx

McDermott-Levy R，Kaktins N（2012）Preserving health in the Marcellus region. Pennsylvania Nurse September 67（3）：4-10

McLaughlin D，DeLessio-Parson A，Rhubart D（2014a）Housing and Marcellus Shale development. Report prepared for the Center for Rural Pennsylvania，Harrisburg

McLaughlin D，Rhubart D，DeLessio-Parson A et al（2014b）Population change and Marcellus Shale development. Report prepared for the Center for Rural Pennsylvania，Harrisburg

Ooms T，Tracewski S，Wassel K et al（2011）Impact on housing in Appalachian Pennsylvania as a result of Marcellus Shale. The Institute for Public Policy and Economic Development，Wilkes-Barre. http：//www. institutepa. org/PDF/Marcellus/housing 11. pdf

Parkins JR，Angell AC（2011）Linking social structure，fragmentation，and substance abuse in a resource-based community. Commun Work Family 14（1）：39-55

Pennsylvania Department of Environmental Protection Office of Oil and Gas Management：Wells Drilled by County（2014）. Pennsylvania Department of Environmental Protection，Harrisburg. http：//www. portal. state. pa. us/portal/server. pt/community/oil_and_gas_reports/20297. Accessed 21 May 2014

Pennsylvania Department of Public Welfare（2013）Achieves of food stamps and cash stats. http：//listserv. dpw. state. pa. us/ ma-food-stamps-and-cash-stats. html. Accessed 12 July 2013

Pennsylvania Department of Revenue（2013）Tax Compendium，2007-12. http：//www. portal. state. pa. us/ portal/server. pt/community/reports_and_statistecs/17303/tax_compendium/602434

Perry S（2012）Development，land use，and collective trauma：the Marcellus Shale gas boom in rural Pennsylvania. Culture Agric Food Environ 34（1）：81-92

Ruddll R（2011）Boomtown policing：responding to the dark side of resource development. Policing 5（4）：328-342

Rural Sociological Society（1993）Persistent poverty in rural America. Westview Press，Boulder

Schafft KA，Biddle C（2014）Youth perspectives on Marcellus Shale gas development：community change and future prospects. Report prepared for the center for rural Pennsylvania，Harrisburg

Schafft KA，Borlu Y，Glenna L（2013）The relationship between Marcellus Shale gas development in Pennsylvania and local perception of risk and opportunity. Rural Soc 78（2）：143-166

Schafft KA，Glenna LL，Green B et al（2014a）Local impacts of unconventional gas development within Pennsylvania's Marcellus Shale Region：gauging boomtown development through the perspectives of educational administrators. Soc Natur Resour 27（4）：389-404

Schafft KA，Kotok S，Biddle C（2016）Marcellus Shale gas development and impacts on Pennsylvania schools and education. Report prepared for the Center for Rural Pennsylvania，Harrisburg

Seyfritt CL，Sadler-Hammer NC（1988）Social impact of rapid energy development on rural youth：a statewide comparison. Soc Nature Resour 1（1）：57-67

Social Explorer Tables：Census 2000，Census 2010，American Community Survey（2005-2007 and 2009-2011）three-year estimates（2011）Social explorer. http：//www. socialexplorer. com/. Accessed 12 July 2013

Steinzor N，Subra W，Sumi L（2013）Investigating links between shale gas development and health impacts through a community survey project in Pennsylvania. New Solut 23（1）：55-83

Stokowski PA（1996）Crime patterns and gaming development in rural Colorado. J Travel Res 34：63 69

The Unified Judicial System of Pennsylvania（2014）. Research and Statistics Records：Common Please Case Management System & Magisterial District Judge Data. http：//www. pacourts. us/ news-and-statistics/

research-and-statistics/

US Census Bureau (2010) Table 1. Intercensal estimates of the resident population for counties of Pennsylvania, April 1, 2000 to July 1, 2010. https: //www. census. gov/popest/data/intercensal/county/CO-ESTOOINT-01. html

U. S. Census Bureau (2013) Small area health insurance estimate (SAHIE) . http: //www. census. gov/hhes/ www/sahie/. Accessed 12 July 2012

U. S. Census Bureau, Population Estimates (2013) http: //www. census. gov/popest/. Provided on 15 July 2013

U. S. Census Bureau Quick Facts (2013) http: //quickfacts. census. gov/qfd/states/42/42015. html

U. S. Department of Health and Human Services (2012) Access to care. http: //www. healthypeople. gov/2020/ topicsobjectives2020/overview. aspx?topicid=1. Accessed 12 July 2012

U. S. Department of Housing and Urban Development (HUD) (2014) Affordable housing. http: //portal. hud. gov/hudportal/HUD?src=/program_offices/comm-planning/affordablehousing/

United States Department of Agriculture's National Agricultural Statistics Service (2013) Farms. Land in Farms, and Livestock Operations: 2012 Summary. http: //usda01. Library, cornell. edu/usda/current/ FarmLandIn/FarmLandln-02-19-2013. pdf

United States Department of Justice. Federal Bureau of Investigation. Uniform Crime Reporting Program Data[United States]: County-Level Detailed Arrest and Offense Data, 2008. [CPSR27644-v1. Ann Arbor. MI: Inter-university Consortium for PoliticaI and Social Research[distributor], 2011-04-21. doi: 10. 3886/ ICPSR27644. vl

Wilkinson KP (1985) Community development in rural America: sociological issues in national policy. J S Rural Sociol (3) l

Williamson, J, Kolb B (2011) Marcellus natural gas development's effect on housing in Pennsylvania. Lycoming college center for the study of community and the economy. Williamsport, Pennsylvania. http: // www. housingalliancepa. Org/sites/default/files/resources/Lycoming-PHFA% 20Marcellus_report. pdf

第7章 州级页岩监管变化的起因及结果——以宾夕法尼亚州和纽约州为例

Ilia Murtazashvili

[摘　要]水力压裂结合水平钻井技术的应用，释放了美国页岩气开发的经济潜力，然而各州对页岩气的监管对策有很大差异。本章通过聚焦宾夕法尼亚州和纽约州在监管对策上的差异，思考了 Marcellus 页岩的政治经济影响。事实证明，宾夕法尼亚州的监管是"有效的"。两个地方的不同反应可以通过政治特征来解释，而不是地理、相对价格或制度的差异。本章考虑了联邦监管水力压裂的成本和效益。虽然各州应对水力压裂的差别较大，但对页岩气的分权管理有很多好处，几乎没有明显的成本。

7.1　概述

一直以来，人们就知道美国有丰富的页岩气，但由于采用常规钻井技术不能进行有效开采，这些页岩直到最近都没有经济开采价值。而水力压裂结合水平钻井技术的应用，释放了这些州生产页岩气的巨大潜力。水力压裂和水平钻井都不是新技术，但这两项技术结合在一起就形成了一项新的页岩气开采技术（Fitzgerald，2013）。

页岩开采的一个显著特点是需要经济参与者对新的经济机会的快速响应。根据制度变革重在"效益"的观点，只要州提供一个基本的私有财产权制度，经济参与者就会对创造财富的机会有所反应（Demsetz，1967；Barzel，1989）。虽然政治和监管的冲突往往会破坏经济参与者利用新的经济机会（Libecap，1989），但页岩气生产的繁荣表明，对他们利用这些经济机会几乎没有障碍。

North（1990）认为，社会的制度构架，特别是产权结构，是理解经济并利用这些新经济机会的关键。美国的产权制度为页岩热潮提供了一个近乎理想的基础。部分原因是因为美国利用产权制度管理矿产资源已经延续了两个世纪。1785 年的《土地条例》和 1787 年的《西北条例》，以建立土地私有产权为目的，建立了一个调查土地的框架（North 和 Rutten，1987；Mittal 等，2011）。土地条例明确了地表土地的私有财产制度，也确定了大量州有矿产的土地，但在美国西部的"淘金热"中充分表明，矿产土地为州所有的体制，终究会与个人开采矿产资源的意愿相冲突。加利福尼亚州于 1848 年发现金矿，直到 1866 年联邦政府才按照规定拥有了矿产土地和矿产权利（Umbeck，1981）。尽管个人有官方认可的所有权，但他们需要在自己的土地上承包矿产权，这个制度被认为是矿区对矿产土地

作者简介：
Ilia Murtazashvili
美国，宾夕法尼亚州 15260，匹兹堡，韦斯利西部国际公共事务学院 3810，匹兹堡大学公共与国际事务研究生院；
e—mail：imurtaz@pitt.edu。

拥有所有权（Murtazashvili，2013）。最终，联邦政府加强了产权制度，先是在1851年通过了加利福尼亚土地所有权法案，明确土地所有权的特点；然后通过1866年的矿业法将采矿权分离管理，形成了地方采矿法规（Libecap，1989；Clay，1999；Clay和Wright，2005）。

虽然矿产私有制的需求与州想从巨大矿产资源获利的愿望之间存在很大冲突，但直到1866年，该制度才顺利实现了对矿产土地所有权的分权管理。那时候，有二种所有权制度来管理矿权：第一种是私人土地永久拥有权，即土地所有者保留有地表土地和矿产资源的所有权（Ellickson，1993）；第二种是分割的产权，即地表和矿产权被分离，这在个人想要出售地表土地并保留采矿权的地方比较普遍。在这种情况下，矿权所有者通常理所当然地会有开采矿产土地的权利；第三种是矿产资源为州所有制，例如州所拥有的一些土地（尽管在有些州所有的土地上，州只拥有地表土地，而个人拥有矿产权利）。

页岩开发的关键在于对矿产权的明确分配并确保安全。不管产权制度是州所有制、私人土地永久拥有权或产权分离，很容易辨别谁拥有页岩气的矿权（虽然要搞清谁真正拥有矿权需要一些跑腿的工作，这就是为什么在页岩气繁荣时期租地人起重要作用的原因），这样天然气公司就能够很快租用土地。正如Coase（1960）预测，当交易成本低时，州提供了一个私有产权体系，产权就会以最有价值利用的方式来进行有效分配。而对于签约的土地——页岩气的繁荣之地，至关重要的是分配土地的过程，缔约双方能够如此迅速地重新分配产权以应对新的经济机会是很不简单的。

在这良好的环境体制下，页岩气产量已从最初占天然气总产量的大约1%增加到1/3，此外在就业机会上也有所提高（Weber，2012）。尽管在租赁过程中的效率和页岩气产量都有大幅增加，但在通过改进页岩气开采技术来应对面临的机遇和挑战上，州级监管很大的不同，差别最大的是宾夕法尼亚州及其相邻的纽约州。虽然这两个州接壤，都期望从页岩生产上获得利润，但在对页岩气开发的反应上有着显著的不同：宾夕法尼亚州通过鼓励页岩气生产以应对新的机会，而纽约州事实上自从2009年就暂停了页岩气生产。本章分析了这两个州的不同监管措施、产生这些差异的原因以及联邦制管理的程度。其中对于水力压裂有实质性自主权来进行的州，对页岩气生产的监管是恰当的。

从政治经济学的角度来看，有多个原因会导致这两个州的差异，其中之一是他们在应对新的经济机会时，代表了两种截然不同的反应。宾夕法尼亚州代表的是积极推动水力压裂的法律制度，而相比之下，纽约州对水力压裂的反应则更为谨慎。❶同样，在了解经济体如何应对新的经济机遇时，这些案例有利于提醒我们考虑政治的重要性。

从研究设计的角度来看，将宾夕法尼亚州和纽约州进行比较是有意义的。一旦确定了不同反应的"效率"，关键是要理解为什么在某些情况下的反应是有效的，而在其他情况下无效（Riker和Weimer，1995；Weimer，1997）。虽然建立机制推动制度变革的过程往往是困难的，要解释制度影响效益的程度需要考虑制度变革的理论。解释规章制度变化的一些主要因素有地理、相对价格的变化、制度和政治。直观地讲，"政治"有助于解释页岩气政策的变化，它非常重要，至少是解释页岩政策变化因果机制的一个例证。由于宾夕法尼亚

---

❶ Marcellus的大部分页岩比Utica页岩埋藏更深。由于Marcellus的开采更能带来利润，这时候它已被广泛开采。

州和纽约州接壤，有相似的地理特征，从页岩气生产中可以获得相似的预期收益；有相似的产权制度，不太可能通过地理特征、相对价格的变化以及产权制度来解释页岩政策的变化。这一研究设计有利于了解政治和群体冲突是否造成了这些政策的差异，因为我们可以从应对这些政策的变化中，排除 些主要的相互矛盾的解释。

本章对 Marcellus 页岩的州级监管得出了几个结论。首先，尽管普遍认为宾夕法尼亚州鼓励在西部偏远地区采用水力压裂技术，但在被认可的几个有规模效益的页岩气开发案例中，监管者的反应相当快速而全面；第二，不同的政党对于州级 Marcellus 页岩的政策有所不同；第三，事实说明，联邦制是一个解决水力压裂问题的恰当制度。不像最近的几项研究，将监管的变化作为联邦政府需要更大作为的证据（Wiseman，2009；Richardson 等，2013；Warner 和 Shapiro，2013），本章仅仅是陈述事实，大量监管的变化并不意味着管理制度的失败或不足。我们有充分的理由采取联邦制监管，这归因于对优先选择水力压裂的差异性、用新技术试验政策的重要性、地方机构的监管能力（州和地方政府）以及一些与水力压裂有关的难以辨别的州以外的因素。

本章主要有以下几部分：首先综述了宾夕法尼亚州和纽约州的监管对策，"法案 13 是有效的吗？"一节从几个方面来评估监管对策，了解哪个州监管的程度有效；"监管对策解释"一节试图解释监管对策，特别是在地理、相对价格、制度和政治的变化程度，对于页岩政策的变化都有合理的解释；"联邦制和水力压裂"一节介绍了联邦制对水力压裂的监管情况；在结论部分还建议了未来研究的几个方面。

7.2   监管对策

产权的快速再分配和页岩气产量的大幅增加，表明经济对新经济机会的迅速响应。在宾夕法尼亚州和纽约州，租赁土地都有一个公平有序的过程，是为页岩生产打好基础的一步。其中，宾夕法尼亚州通过立法增加了页岩生产的机会；而纽约州尽管已有大量的租赁活动，但事实上在通过对水力压裂技术的深入研究后已暂停了水力压裂。本节描述了这两个州在立法方面的主要区别。

7.2.1 宾夕法尼亚州

宾夕法尼亚州关于页岩的主要法律是 13 号法案，由州长 Tom Corbett 在 2012 年签署。宾夕法尼亚州早在 2005—2006 年就开始进行页岩气的勘探开发，在 13 号法案立法时已经有大量与页岩气生产有关的活动。紧接着公司开始争取土地的租赁权。首先来的公司往往都是小公司，其目的是联合租赁而不是进行水力压裂。这些公司推测联合租赁会有价值，刚开始是进行联合租赁，后来随着更大公司的介入实际上是参与钻井的过程。这些大公司自己不会去对租赁的土地议价，而是依靠租地人来洽谈合同，并确认谁拥有土地的矿权。在美国，由于地表和地下的矿权往往是独立的，要辨别矿权的主人是一项具有挑战的任务。因此，租赁土地的关键是需要弄清谁真正拥有矿产的权利。在这方面，租地人通过将合同当事人召集在一起，是有助于增加社会剩余的企业家。

在经济学中，制度变革的核心机制之一是相对价格的变化。随着相对价格的变化，个人有动机建立新的机构（North 和 Thomas，1973；North，1981）。一旦机构建立，相对价格的变化会促使产权的重新分配。页岩行业的迅速崛起不仅体现了产权的力量，而且也表明宾夕法尼亚州大量传统的适用于常规油气开发的法律也可以适用于非常规油气的开采。

尽管天然气公司和他们的租地人承诺宾夕法尼亚州农村有丰富的页岩气，地方政府也几乎没有直接反对水力压裂，但宾夕法尼亚州还是有几个市规定禁止水力压裂，来应对这个新兴的页岩热潮。全国第一个禁止水力压裂的城市是宾夕法尼亚州的匹兹堡（Pittsburgh），这也许正讽刺了匹兹堡在煤炭和钢铁行业中扮演的角色。虽然当时天然气公司只租用了大约 1% 的土地，但市议会基于对环境影响的担忧，一致通过在城市中禁止采用水力压裂技术。这项禁令是由社区环境法律辩护基金委员会起草，并由理事会成员 Doug Shields 牵头，是基于对水力压裂的担忧以及地方政府有权自治的政治理论（Smydo，2010）。随后，为了改变城市的自治宪章，匹兹堡市议会曾投票将监管改为全民公投，让市政府在未来要取消这项禁令更加困难（Smydo，2011）。但当时的市长 Luke Ravenstahl 最终还是决定不签署公投法案，因此没有进行全民公投（McNulty，2011）。Allegheny 县委员会（包括匹兹堡）也考虑了一项禁令，当时他们有 7% 的土地在进行租赁，但最终没有付诸行动（Smydo 和 Barcousky，2011）。还有其他几个地方政府也禁止水力压裂，包括与匹兹堡接壤的威金斯堡（Wilkinsburg）和其他几个社区。

地方政府禁止水力压裂有几个原因：一是对页岩气经济影响的担忧，许多社区曾经经历过采掘业的兴衰，不相信水力压裂会有一个可持续发展的未来；二是社区寻求禁止水力压裂也表达了对地方自主管理的信念，地方政府有权决定他们集体的未来；三是水力压裂对环境和生态所产生的后果也有大量的不确定性。

然而核心问题是，对水力压裂的禁止反映了在地方一级立法的必要性，因为州级监管无力应对水力压裂问题，大众和学术界都认为州政府几乎没有进行适当的监管。页岩生产被认为是"荒凉西部"在 19 世纪采取的较为常见的放任政策（Rabe 和 Borick，2012；Revkin，2013）。还有人形容页岩气生产是"盲目地向前冲"，因为他们认为在开发过程中缺乏监管（Schmidt，2011）。尽管美国环保署已对水力压裂所产生的后果进行了几项大规模的研究，但也有研究认为页岩气生产是"未经试验的水域"，建议谨慎对待（Wiseman，2009）。

尽管常规天然气和非常规天然气的生产有明显差异，如非常规天然气更加关注水力压裂对地下水污染的问题（Holahan 和 Amold，2013），但宾夕法尼亚州等由于有长期开采常规油气资源的经验，对非常规天然气的开采已有一个相当强大的监管制度。另外，还有大量的法律问题需要处理，包括页岩矿权的租赁、联营和承包以及州取代地方的监管（Pifer，2010a，2010b）。这表明"荒凉西部"的法律环境缺少的不仅是监管，还必须改进以应对常规天然气和非常规天然气开采之间的差异。

由于州率先对常规石油和天然气的开采进行了监管，对于页岩开采相关法律制度的修订顺理成章地属于州层面上。Tom Corbett 州长修订了现有的州级管理制度，但并没有制订新的政策将权力下放给地方政府。2011 年，Corbett 州长任命了一个咨询委员会专门研究 Marcellus 页岩。他们经过一年的公众会议和研究形成了一份报告，修订 1984 年的石油和天然气法案，最终形成 13 号法案（Corbett 的 Marcellus 页岩咨询委员会，2011）。13 号法案有几项重要规定，包括由州取代地方进行矿区划分和强制征收各种影响费的权力。对于影响费是有争议的，因为有些议员支持，并且还支持开采税。此外，有人担心取代地方所拥有的矿区划分权力违反了地方自治宪章，这为当地社区提供了矿区划分的权力。

13 号法案还建立了示范分区条例，一项对地方政府有特别限制的要求。这个非常重要，因为大约 40% 进行水力压裂的社区实际上没有矿区划分的要求（Colaneri，2014）。此外，影响费包含了一部分要授权使用的费用，目的是确保资金用于当地社区，帮助改善与 Marcellus 有关的基础设施。

有几个社区反对 13 号法案，认为它违反了《地方自治宪章》提出的地方自治原则。2013 年 12 月，宾夕法尼亚州最高法院裁定条款 4-2 推翻了矿区划分的限制，于是撤销了这个限制条款。这就意味着在没有分区要求的地区目前还没有明确的规则来控制（Cusick，2014）。Corbett 管理当局的呼吁，同州环境保护部一样，后者反对最高法院撤销这个限制条款。（Hopey，2014）。

7.2.2 纽约州

纽约州的地下也蕴藏着大量页岩气。正如宾夕法尼亚州一样，纽约州的许多土地所有者与天然气公司签署租约，期待着像其他地方一样出现页岩开发热潮的到来。在这一方面，纽约州私人团体出租土地以获得新的最有价值的利用，也是应对新的经济机遇，对产权进行全面和迅速再分配的一个例子。

然而，两个州的相似之处也仅限于租赁过程。纽约州从一开始就采取了对页岩开发完全不同的政策。针对健康问题，Andrew Cuomo 州长在 2009 年批准了一项关于健康影响的研究，来了解水力压裂所带来的环境影响，其中一个类似于暂停水力压裂的结论遭到了实质性的反对，部分原因是担心关于健康影响的研究已经完成，但他们却迟迟不出调查结果（Hakim，2013；McKinley，2013a）。尽管有反对意见，但事实上这项禁令截至 2014 年仍然存在。

虽然纽约州实际上禁止水力压裂，但在纽约州地方政府层面对水力压裂仍有大量的政治冲突。与宾夕法尼亚州相似，纽约州政府也采取地方自治，地方政府有实际权力来管理经济活动。纽约州第一个直接挑战水力压裂的社区是 Dryden，它是 Tompkins 县一个有着 1.5 万人口的农村社区，拥有农场、马牧场以及几家小企业。2011 年 8 月，镇上的监事会在 Dryden 资源意识联盟的支持下，经过漫长的游说辩论，投票禁止了水力压裂。但有些人已经开出几千美元一英亩的价格出租土地，相当于下了一个赌注（McKinley，2013b）。总之，大约 10% 有页岩气生产潜力的地区，地方政府已禁止水力压裂或在尝试这么做（Arnold 和 Holahan，2014）。

正如所料，这些关于水力压裂的禁令遭到了强烈反对。禁止水力压裂在事实上损害了已签署租约的土地所有者的利益，他们的矿区使用费收入取决于页岩气的产量。由于水力压裂影响其租赁权的价值，这个禁令事实上对那些想签租约的人也有不利影响。此外，天然气行业为确保租赁的权利已经进行了投入。地方一级的法规受到纽约州独立的石油和天然气协会的挑战也不足为奇。在 Dryden 的监管也受到了美国挪威能源公司在法庭上的抗议。

问题在于在合法情况下州法律是否会先于地方当局来禁止水力压裂。最终法院基本上支持了 Dryden 小镇的要求（Hills，2014）。根据这些法律判决，州缺乏明确的理由来强制要求地方政府，这些地方政府有权禁止水力压裂。由于纽约州层面的政治环境比宾夕法尼亚州更不利于开展水力压裂，州石油和天然气法规对地方法规没有明显的优先权，因此社区有权禁止水力压裂。

7.3 13 号法案"有效"吗

在政治经济中的一个核心问题是考量管理制度对效率的影响程度。从狭义上讲，"有效"的政策能促进财富的创造（Barzel，1989；Knight 和 North，1997）。同时，一个页岩气政策的有效性取决于其规定中包含的弥补外部成本的程度。此外，重要的是了解页岩管理给州政府带来的税收以及保护地方自治的程度。接下来将对宾夕法尼亚州和纽约州的立法在这些不同层面的效率进行比较。

7.3.1 对财富的反应

在 Northian 对传统制度的分析中，有效的制度和政策是创造财富的机会。在制度建设方面，13 号法案在财富方面的反应进展顺利而备受关注。13 号法案促进了页岩气的发展，而不是限制水力压裂。法案有效地限制了地方政府禁止水力压裂的权利，并因此赋予天然气公司根据他们已租用土地的经济条件来做生产决策的能力。可以有各种各样的方法来衡量他们获得的收益，包括创造就业机会和新的投资机会、个人从出租土地预付红利中收到的报酬以及从生产中获得的矿区使用费。13 号法案可以确保生产决策基于相对价格的变化来制订，天然气公司可以最大限度地利用他们联合租赁的价值。

相反，纽约州的法律对这个创造财富的机会没有反应。租赁过程表明可以创造大量的财富，但是纽约州的规定阻碍了页岩生产，并且由于政治制度的不确定性，也打消了人们签署租约的积极性。

7.3.2 经济外部性

在考虑规则是否经济有效时，经济外部性是在市场失灵时所必须考虑的。当大量经济外部性与水力压裂有关时，从承包的页岩矿权上获得的收益就更少。

通过对比常规石油和非常规石油的生产，来了解页岩生产的经济外部性是必要的。从广义上讲，页岩气和常规天然气是两种常见的公共资源，这些公共资源面临的挑战是，在缺乏有效产权的情况下往往会被用尽（Libecap，1989；Ostrom，1990；Ostrom，2005）。与常规天然气（和石油）相比，其主要挑战是竞相开发一个公共天然气资源会导致社会浪费。在这种情况下，解决的方案往往是联合经营或强制联合经营，这正是集团公司决定把气井的所有权强制进行集中管理的原因。通过建立集体所有制，每个钻井工人都是气井生产的剩余权利人，因而这样的体系使得竞相采油的高昂成本的外部性变得内在化（Wiggins 和 Libecap，1985；Libecap 和 Smith，1999；Libecap 和 Smith，2002）。

联合经营的典型问题是会因政治冲突破坏这些协议（Libecap 和 Wiggins，1985）。相比之下，页岩生产的问题在于水力压裂是"非点源污染"，即其中有许多部分会造成污染，很难分清环境损害的责任（Holahan 和 Arnold，2013）。因此，联合经营不能解决页岩的环境问题，但它可以解决交通拥堵的问题，因为强制联合经营只需要土地所有人赞同钻井的计划，但他们不必处理地下水污染的问题。

至于联合经营在常规油气与非常规油气开采之间的差异，并不意味着页岩的制度环境只适用于监管荒凉的西部。❶ 由于宾夕法尼亚州长期以来一直在处理非点源污染的问题，从管理的角度看，他们应该有足够的能力应对水力压裂的影响。在宾夕法尼亚州，监管水力压裂的权力机构属于州环保部。另外，同样重要的是是要认识到联邦环境保护署（EPA）对页岩生产有重要的监督职能。❷

在制度建设方面，13 号法案的相关规定有利于环境的可持续性。一是它为地方政府解决了一个重要的如何集体行动的问题，有助于他们考虑在离地下水多远的距离设置井场。如上所述，只有约 40% 的地区采用分区进行水力压裂。除许多社区缺乏分区外，宾夕法尼亚州拥有大量的地方政府机构，在全国排名第三（有 2562 个城镇，包括 56 个城市，958 个区，1 个镇，93 个一级乡镇和 1454 个二级乡镇）。对于 13 号法案设立示范分区条例的重要原因是可能有一个很大的协调问题，正因如此，地方政府没有能力监管页岩气的开发。

从设计角度来看，13 号法案似乎是解决集体行动的问题。然而，页岩生产已经开始了很长时间，我们能够确定是否存在与页岩生产有关的广泛的经济外部性。尽管对于水力压裂存在许多担忧，但似乎还没有与页岩生产有关的经济外部性的证据。许多针对 Marcellus 页岩水力压裂后对环境影响的研究，主要集中在地下水的影响。Marcellus 页岩因其水力压裂的位置更靠近于依赖地下水的家园，比得克萨斯州的 Barnett 页岩还有更多的地下水问题。在宾夕法尼亚州的 Dimock 也有许多争议，人们担心的是甲烷污染。奥斯卡提名的记录片"天然气之国"，根据镇里几户人家的报告，表明水力压裂产生的甲烷气体会污染地下水并有可能燃烧（Banerjee，2012）。然而，环保署随后驳斥了该地区水力压裂和地下水风险之间的任何联系（Drajem，2013）。

虽然一直有人大肆宣扬地下水的潜在污染，但水力压裂最终的科研成果还并不确定，没有明确显示对地下水有污染的确凿证据。科学杂志最近发表的一项研究结果表明，尽管水力压裂可能对地下水有一些边际效应，但由于在水力压裂开始前已采取了一些可靠的措施，他们之间不会有直接的因果关系（Vidic 等，2013）。也有一些研究间接针对地下水的污染问题，包括地下水污染对房地产价值的影响。最近一项研究发现，水力压裂降低了房屋的产权价值，因为大约有 1% 的家庭依赖于地下水（Muehlenbachs 等，2014）。这一发现可能是源于地下水的实际污染情况，但它也可能是由人们所想象的水力压裂影响地下水的状况，并不是实际的地下水污染，所以这一发现并不一定是水力压裂对环境不利影响的证据。此外，它对地产价值的影响非常小，并且不可能是永久性的。由于上述对产权价值研

---

❶ Wisman（2009），例如，建议谨慎使用水力压裂技术，尽管 EPA 采用大量水力压裂技术的研究和借鉴 Barnett 页岩丰富的经验进行监管，西部地区直至 2009 年才被广泛的开采。

❷ 见 EPA，"水力压裂技术对饮用水资源潜在影响研究的初步报告"。
http：//www2-epa-gov/hfstudy/study-potential-impacts-hydraulic-fracturing-drinking-water-resources-progress-report-0。

究所使用的数据只有页岩气刚开始生产那两年的，它不能用作页岩生产对产权价值长期影响的结论。也有人担心水力压裂对地表水的污染，但水力压裂对地表水的不利影响也只有一些有限的证据（Olmstead 等，2013）。

除了对水的污染，水力压裂对环境和生态另一主要的持续性影响是会释放甲烷到大气中。甲烷在释放过程中，会对全球变暖有很大影响，也许比煤燃烧的影响更大（Howarth 等，2011），但由于释放的甲烷是有限的，页岩开采对环境的影响并不完全是持续性的。然而，对于甲烷到底有多大影响还有很大争议，有些人认为早期的研究夸大了甲烷的影响（Cathles III 等，2012；Howarth 等，2012）。另外，至关重要的是我们要知道有两个方法可以处理逸出的甲烷：第一个办法是直接燃烧，或燃烧甲烷用于井场照明。这似乎看起来对环境不利，但将释放的甲烷通过燃烧可以减少其不利的影响。第二个办法是封井，有许多公司这样做。由于许多天然气公司已采用燃烧或封井（或两者兼而有之）的办法，似乎逸出的甲烷并不像早期研究所显示的存在那么多问题。

最后一个问题是页岩生产与其他能源（特别是可再生能源）之间的可持续性问题。在促进页岩生产的过程中，13 号法案也促进了化石燃料的生产。由于页岩是一种化石燃料，法律允许对它的设计有不完善的地方。事实上，反对页岩气开发的主要争议在于，任何减少可再生能源的转型都是"糟糕"的（Grogsman，2013）。至少，这种评论从设计角度考虑了促进页岩开发同可替代能源开发之间关系的重要性。

研究表明，制度环境不足以应对水力压裂，这种情况举不胜举。然而，目前还不清楚有多少证据表明其在环境影响监管方面的不足。如果监管制度不完善，那么我们预料会有更多绝对的外部性。实际上，几乎没有证据表明这样的环境问题。而宾夕法尼亚州对促进水力压裂的立法，主要包括监管水力压裂对环境的影响，同时也向州提供税收来治理与水力压裂相关的危害（见下文关于税收的讨论）。

就地下水和逸出的甲烷而言，纽约州在环境保护方面做得更好。原因显而易见：事实上在禁止页岩气生产的地方，就不存在与它相关的外部性。当然，我们更应该考虑的是到目前为止天然气是比煤更好的选择。在这方面，纽约州暂停页岩气的开发，从而减少了天然气使用可能带来的对环境的影响。

7.3.3 州财政收入

在考虑自然资源开采时，有几个重要因素用来考虑州的财政收入。"资源诅咒"是一个基于结果的概念，从经济增长到内战再到民主政治期间都适用，并与州可以从自然资源的财富中获得利益的程度有关（Ross，1999，2001；Collier 和 Hoeffler，2005）。虽然资源诅咒通常发生在发展中国家，但资源诅咒也可以发生在包括美国在内的任何地方。这种观点认为，由于资源诅咒，拥有更多资源财富的州的情况可能会更糟（Goldberg 等，2008）。到目前为止，对页岩资源诅咒的研究只关注了就业和人口的影响（Weber，2014）。然而，重要的是也要考虑州的财政收入，包括州从页岩中获利从而影响其提供公共产品的能力以及处理与页岩生产相关的经济外部性问题。

从页岩生产中征税主要有几个选择，具体是影响费、开采税或间接通过增加财产价值来实现收益。13 号法案不允许地方政府直接对页岩气生产征税，它依靠征收影响费并根据方案分配费用。

从设计角度来看，13 号法案承认财产税是当地政府从页岩生产获得收益的一种间接形式。影响费提供了一种更直接的方式，以确保地方政府利益不仅仅是依靠增加财产价值来增加收入。影响费由州进行管理，州政府不可能愚蠢到（或目光短浅地）对页岩生产征收很少的税或不征税。相比之下，开采税几乎可以用于任何情况，也不一定与当地的外部性有关。

影响费一直是当地许多社区的福利，特别是那些经费预算较少的政府，根据页岩气产量来衡量增加预算的规模。由公共事业委员会提供的井数和税收数据表明，虽然 2012 年的井数大约增加了 25%，而税收相比前一年却有所下降。2011 年页岩气公司向州政府上交了 2.04 亿美元，2012 年上交了 1.98 亿美元。税收的金额由天然气的价格决定，随着产量的增加，给价格带来下行压力，税收可能会下降。对于一口新井每年的费用可能会低至40000 美元，而不是 60000 美元，而且 15 年后费用可能会低至 5000 美元一口井（Detrow, 2012）。

尽管现在要了解影响费所带来的后果还为时过早，它们似乎为地方政府增加了大量税收。要更全面地评估影响费的影响势必要考虑税收如何支出以及它们是否包含页岩生产的成本。由于水力压裂技术会产生不可预见的成本，影响费可能不一定设置得合理。尽管如此，显然从短期来看 13 号法案给社区提供了大笔的地方财政收入。

也可以用开采税来代替影响费，这一税收是由州征收而不是社区。Corbett 州长的竞争对手之一 Allyson Schwartz 在 2014 年的选举中，认为对页岩征收 5% 的开采税会带来几十亿美元的税收。备选提案承诺到 2022 年会产生 220 亿美元的税收。❶ 虽然这样肯定能够增加页岩气生产的税收，但影响费比开采税的提案更直接与经济外部性相关。然而，无论是影响费还是开采税，对确保州获得税收似乎都是重要的，并且无论是影响费或其他税收（在设置优化的时候），对于了解法律是否有效也是重要的。由于影响费根据环境外部性进行调整，它在效率方面的表现似乎相当不错。

纽约州至少在短期内放弃了州从自然资源财富中获利的机会，一些地方政府可能会因此受到损失。当然页岩仍埋藏在地下，从长远来说纽约州仍然有从它的页岩财富中获利的机会，并且如果没有一定的影响费或税收，州不太可能允许天然气公司生产（考虑到州不太支持水力压裂的状况）。

7.3.4 地方自治

13 号法案最有争议的一个方面是取消了禁止水力压裂的权力。具体来说，13 号法案给水力压裂地区提供了一个示范条例，包括限制条款的规定。这些规定为当地社区的地方发展绘制了一幅蓝图。同样地，它们可以被视作是一个解决规划不协调问题的办法，也是为那些没有足够资源的社区，面临如何为页岩开发编制合理综合规划问题的一个解决办法。

这些规定不合理地篡夺了社区的自治权，不受大家欢迎，宾夕法尼亚州最高法院最近推翻了 13 号法案关于分区的规定。因此，州在多大程度上可以促进经济的发展还是个

---

❶　这项建议可在这里找到：http://allysonschwartz.com/wp-content/uploads/Schwartz-Shale-MC13.pdf。

问题。

不管权力机构阻止地方禁止水力压裂的法律纠纷如何解决，应该明确社区即使没有权力禁止水力压裂，他们也有大量自主权。社区虽然不能禁止页岩气生产，但他们可以进行管理。示范区条例还可以缓解社区与天然气公司的冲突。在某些方面，13 号法案解决了分区的这些问题。更多的文献表明，社区可能会受到商业利益的影响。在社会学和规划中，这通常被称为成长机制：社区经常被商业利益压倒（Molotch，1976）。还有一个文献介绍了州对资本结构的依赖（Przeworski 和 Wallerstein，1988），需要在规划过程中努力协调社区或州级经济增长的管理（Lubell 等，2005；Feiock 等，2008）。州级协调分区是基于认识到社区往往不能够协调他们对发展的响应，州的协调会增加地方政府的自主性调节，来管理他们有能力管理的地区，这种监管旨在寻求在企业和政府之间创造公平的环境。

纽约州虽然在名义上保持地方自治，禁止水力压裂，实际上以暂停的方式暗中破坏了地方自治。地方政府或许可以禁止水力压裂，但他们不能推动水力压裂的开展。但是，如果州取消了禁令，社区保留禁止水力压裂的权利，那么他们会有高度的自治。因此，尽管在此之前纽约的规定破坏了社区的自主权，但纽约州一旦解除禁令可能会有大量的社区有自治权可以进行水力压裂。

表 7.1 比较了两个州在这些方面的响应情况。宾夕法尼亚州的管理在每个方面都似乎是有效的，至少其包含的这些规定，显示立法是有效的。相比之下，纽约州的规定至少在短期内是无效的。当然，纽约州并不是任何地方都禁止页岩气的开采，所以重要的是不要批评州的反应太多，尽管很明显在短期内监管的拖延会有较大的成本。

表 7.1　比较宾夕法尼亚州和纽约州的响应情况

比较的方面	宾夕法尼亚州	纽约州
对财富的响应	优秀：13 号法案促进了水力压裂并使租赁的价值最大化	差：没有生产的机会，资源闲置在租赁的土地上，尽管页岩仍埋藏在地下，但其价值被闲置
经济外部性	优秀到中等：示范区条例是对当地集体行动问题的回应，与水力压裂几乎没有明显的经济外部性	对地下水有利（没有水力压裂问题），但在促进替代煤的方面差
州财政收入	优秀：州包含了对页岩影响的规定，包括指导税收以解决经济的外部性	从短期来看较差（政府税收除外），但从长远看还行，因为政府可以在未来的页岩生产中通过税费获利
地方自治权	优秀到中等：划定的社区有实质性的自主权，虽然他们不能彻底禁止水力压裂，但分区的规定向社区开放其他政策	暂停水力压裂的做法较差（没有允许水力压裂的权力），解除暂停和地方自治的做法优秀（有禁止或允许水力压裂的权利）

7.4　监管对策解释

一旦我们理解了制度的影响，重要的是要理解它们为什么改变。本节考虑了几种常见的制度变迁机制，可以解释为什么宾夕法尼亚州的响应是有效的监管，而纽约州的延误代价太高。

制度变迁的一个重要解释是地理位置的差异（Diamond，2005）。地理位置可以解释为什么可以选择某些制度。例如，假设用定居者死亡率的差异来解释政治制度的差异，定居者死亡率较高归因于较差的制度（Acemoglu 等，2002）。这些观点表明，地理因素可能会产生更有效的制度。

对于制度变迁的另一种常规解释是相对价格的变化。一直以来人们认为，产权会根据相对价格的变化作出相应改变，这样当他们的改变有效时制度将改变（Demsetz，1967；Barzel，1989）。这一观点表明，页岩政策的不同可能影响页岩开采的效益，那些要想从页岩开采中获得更多收益的地区，更有可能采取有效的管理。

制度结构也可能影响法规。关于路径依赖的文献强调，制度如何制订会导致不同的选择（Pierson，2000；Acemoglu 和 Robinson，2006）。页岩制度变革的最重要一个方面是其所有权的基本结构。例如，在欧洲通常是州拥有矿权，相比之下，在美国通常是个人拥有矿权。完全地产权是指那些现有的既包括地上也包括地下的产权（Ellickson，1993）。完全地产权的产权制确保将会有支持者（矿产所有者）在允许水力压裂时获得直接的收益。相比之下，出租的土地所有者不能直接从页岩生产中获利，因此欧洲的土地所有者对水力压裂没有多大的兴趣。这个观点表明，页岩政策将受矿产土地私有财产权存在与否的影响。

虽然地理位置、相对价格和机构往往可以解释制度变迁的路径，但在州对页岩监管的情况下，每一项的解释似乎又难以置信。尽管两个州的页岩存在一些差异，但地理位置的相似足以排除对页岩生产差异的解释；相对价格也可以排除在外，因为这两个州在页岩开采上都会获得巨大的收益；产权可以解释美国（页岩生产快速增加，并且对页岩有明确的产权）和欧洲（几乎没有页岩生产，而且通常是州拥有矿权）之间的差异。然而，由于宾夕法尼亚州和纽约州本质上都拥有相同的基本产权制度，我们不需要担心从页岩中直接获利的差异，并可以排除作为制度变迁的一个解释。

这使得政治和群体冲突可以作为制度变迁的解释，财产权的政治理论关注政治利益、政治意识形态和政治体制，它们可以作为制度变迁的解释（Knight 和 Sened，1995；Sened，1997）。这些理论表明，在页岩管理中的变化将反映他们在政治上的考虑。

政治制度变迁理论往往强调以关键政治角色的利益作为制度变迁的原因。这些理论表明，机构将反映政治官员也可能是政府官员的利益（Riker 和 Sened，1991；Sened，1997）。13 号法案由 2010 年当选的共和党人 Tom Corbett 主持制定，而在纽约州民主党一直坚持禁止页岩开发。因此，用政治精英们的兴趣来解释页岩政策的变化貌似合理。

公众舆论也为政策的差异提供了一个合理解释。在民主的"赢者通吃"的政治领域，公共政策差异最明显的原因是普通选民的利益（Mayhew，1974；Krehbiel，2010）。衡量民众是否赞同水力压裂的一个方法就是通过民意调查。但这样的调查作为全国性的代表是有限的，因为虽然宾夕法尼亚州和纽约州对水力压裂技术更为了解，但整个美国对水力压裂的认识还是有限的（Boudet 等，2014）。在宾夕法尼亚州的民意调查表明，水力压裂有大量的不确定性，明确支持水力压裂的没有压倒性优势，但大多数人支持（Kriesky 等，2013）。纽约州关于水力压裂显然还有更多的分歧。这些对水力压裂在收益和成本观念上的差异，是公共政策选择差异的一个似乎合理的解释。

群体冲突也可能是制度变迁的一个重要机制（Knight，1992；Acemoglu，2003），这些理论表明，管理和制度会反映强势群体的利益。

在页岩开采中，有几个值得考虑的群体。一个是土地所有人，土地所有人有兴趣支持水力压裂，这样可以使他们的出租权价值最大化。但他们也可能签署了不好的租约。一种可能性是，已经签署了租约的土地所有人现在可能希望延期。土地所有人本来可以受益，特别是对于那些签署的租约条件差的人。纽约州在 2000 年左右开始签署租约。监管的延迟导致像切萨皮克（Chesapeake）这些公司要求法院允许他们对没有钻井的土地继续持有租约（公司为了维持租约不得不钻井）。然而，没有任何证据表明土地所有者协会或土地所有者签署的租约反对水力压裂。此外，在宾夕法尼亚州的土地所有者协会一般都支持水力压裂，特别是由于他们通常能够通过集体谈判获得丰厚的租赁条件，包含的条款有利于地表土地的所有者在水力压裂过程中获得赔偿。

在理解公共政策时，也有大量文献介绍了抗议运动的重要性（Tilly 等，2001）。在纽约不乏有反抗水力压裂的团体，有一个激进组织叫"纽约人反对水力压裂"。市政当局已经禁止页岩生产，当地的集体行动也似乎说明了这些政策的变化（Arnold 和 Holahan，2014）。毫无疑问，通过抗议活动组织上的差异可以解释公共政策的变化，但要从政治意识形态上分析抗议团体的影响，既有挑战性又超出了本文的范围。

政治机构经常用于解释制度的变化，然而这些研究通常集中在地方一级，如用公投和其他政策（Feiock，2004；Lubell 等，2005；Feiock 等，2008）。尽管从地方政府的政治机构中，找到社区在禁止或允许水力压裂方面的变化更容易，但用州一级政治机构来解释监管反应的变化有可能不同（表 7.2）。

表 7.2　其他解释的合理性

理论机制	是否合理	依据
地理位置	不	在宾夕法尼亚州和纽约州的地理相似性可以排除地理位置的影响
相对价格	不	从这两个州的页岩生产可以获得相似的利益
产权机构	不	两个州都拥有相同的产权制度，签署租约都迅速，并且两个州的土地所有者都对页岩生产有兴趣
政治利益	是	州政治监管的变化可以解释宾夕法尼亚州支持水力压裂而纽约州禁止水力压裂的差异
政治意识形态	是	民意调查显示在宾夕法尼亚州多数支持水力压裂，更相信收益大于成本
抗议团体	是	这两个州都有活跃的抗议团体，然而在纽约州的地方禁令一直较多，这意味着有更多的抗议活动
政治体制	不清楚	虽然地方政策的变化可以根据政治制度来理解，从州层面的政治制度似乎没有足够的变化来了解水力压裂政策的不同

7.5　联邦制和水力压裂

到目前为止的探讨表明，州对水力压裂的反应已有实质变化。这是说明联邦制管理的失败吗？或者说，水力压裂监管的变化是一个联邦制如何运作的实例？

对于联邦制大家都知道，尽管鉴于许多研究表明它是有用的，但在对页岩监管的变化说明了联邦制有缺点。一方面的原因是联邦制有助于市场机制的出现，同时也提高了公共物品供给的效率（Weingast，1995；Weingast，1997）。另一方面，从更一般的意义上认为联邦制是一个多中心管理的例子。Ostrom（1990，2005）阐述了自然资源多中心管理的重要性，认为对于自然资源这样的管理是恰当的，因为社区比上级政府往往能够更好地理解和管理环境问题。

这些观点表明，页岩气的分权管理从理论上讲是有利的。对比上述观点与"未来资源"最近发表的一份报告，主要有以下认识：

> 就其本身而言，差异无所谓好还是坏。政府的主要工作是将污染等问题的外部性内在化。如果我们观察到的差异反映了全州在不同条件下带来的不同程度的环境风险，那么这个差异是好事。另外，如果差异来源于环境风险，而是源于政治、管制俘获、就业等经济问题，或者仅仅是历史演变或未经检验的假设，我们可能会质疑这个差异是否合理。确实，即使州的规定完全是州外部效应的内在化，这些规定可能会影响周边环境或下游的州（Richardson 等，2013）。

这份报告的结论是：没有发现差异的证据或明确的解释。因为他们无法识别环境外部性的差异以作为州政策变化的根源。报告认为在响应上的差异应被视为一种麻烦。还有人提出批评，认为应该把水力压裂从联邦安全饮用水法案中去掉（Warner 和 Shapiro，2013）。

这些方法的　个缺点是，他们认为，除了环境协调之外，联邦主义没有太多的理由。正如 Spence（2013）最近称，对水力压裂的暂停有很大的机会成本，包括经济利益。如下文所述，政治意愿的变化，包括从页岩生产获取经济利益的重要性的看法，是为什么联邦制监管适合于页岩气生产的一个重要原因，并不证明需要由中央政府来更多地协调。

7.5.1　偏好的差异

联邦制为公共政策提供了各种各样的选择机会。公众舆论调查显示，宾夕法尼亚州和纽约州对待页岩有很大的差异。在纽约州，大多数人反对水力压裂；而在宾夕法尼业州，有大多数人支持。共和党人多数支持水力压裂，而无党派人士往往是有分歧的。鉴于这些思想认识上的分歧，目前尚不清楚为什么会要实施一个共同的标准。州在对水力压裂响应上的差异，在一定程度上反映了他们根本性的选择差异（包括经济条件的差异性，这也是支持和反对水力压裂的因素），建议我们应该在监管页岩的政策上有所变化，这种变化是联邦制工作的一部分。

7.5.2　地理的差异

在美国，实行水力压裂联邦制的第二个原因是地理上的差异。宾夕法尼亚州和纽约州相似，因为他们在靠近地下水的地方都有水力压裂（或有可能接近地下水）。然而，很显然在得克萨斯州的地理位置有所不同，在那里没有地下水污染的问题。在得克萨斯州，将废水注入美国环保署批准的深井更加可行。在宾夕法尼亚州，就没有这么多的选择。这个地理差异表明，对于水力压裂的联邦制，不同的州可以制订不同的规则，这是恰当的。

7.5.3 试验

实行联邦制的一个根本原因是，各州是进行政策试验的实验室。正是出于这个原因，各州通常被描述成民主的实验室。通过试验，各州可以相互模仿，并通过分权管理的过程进行政策的推广（Shipan 和 Volden，2006）。

对于一些不确定性意味着国家政策对水力压裂的重要性。然而，不确定性也可能是页岩分权管理的原因。宾夕法尼亚州水力压裂的经历，也肯定会给纽约州提供重要的信息。对纽约州而言，国家政策相似，几乎没有关于水力压裂的研究。从这个意义上讲，联邦制可以确保一些州可以首先进行实验，然后其他州可以在实验基础上进行效仿、修改和改进。

7.5.4 地方的管理能力

如果地方机构没有能力管理页岩生产，对于水力压裂的分权管理就毫无意义。例如，页岩生产需要检查气井是否存在违规行为。为了应对不断增加的页岩许可和页岩开采活动，宾夕法尼亚州环境保护部分配给页岩监管部门的井数已翻了两番。我们没有理由怀疑纽约州的监管能力，并且即使对各州有所怀疑，美国环保署正在进行水力压裂的大规模研究，由国家政府提供监督实际上减少了地方的负担。

7.5.5 问题协调的程度

问题协调是联邦政府的一个重要理由，对于联邦条例的一个挑战是缺乏对贸易政策的协调，因为各州彼此都制订了关税。主要变化是向国会提供商业监管权，包括对水路的监管。

目前尚不清楚州层面不同的监管制度有什么协调问题。有各种关于水的联邦条例可以用来作为联邦监管页岩的案例。然而问题协调的根源在于各个州，可能有许多地方性分区条例。13 号法案就是一个如何解决协调问题的例子。地下水可能跨越边界，但在大多数情况下页岩生产是一个与当地有关的问题。

Rabe（2014）认为，对于不同的问题很少有州际协定。确实如此，但不可否认的是，如此多的页岩都是在当地，所以对当地的影响会很大。有可能不需要这样的契约。事实上，页岩生产似乎没有产生什么外部效应，这意味着不需要太多的州际监管。

7.5.6 碳的价格

页岩气是一种化石燃料，因而它不是一个解决能源问题的长期方案。它比其他化石燃料更清洁，但无论是常规的还是非常规的化石燃料，它仍然有化石燃料未解决的外部性。问题在于页岩生产的分权管理，是否会增加或减少碳的所有合理价格的可能性。与联邦政府相比，州可能不会向页岩征收相应的税。然而，看来无论是州政府还是国会都愿意给碳定适当的价格，所以很可能对页岩生产征税，如果真要生产的话，征收的税率水平不完全内在化，有与温室气体生产有关的外部效应。

7.6 结论

页岩气的繁荣为政治辖区如何应对新的经济机会提供了一个重要的例子。在宾夕法尼亚州，对水力压裂的响应似乎是有效的，而在纽约州似乎是无效的。这两个州在地理位置、相对价格和机构上来看都有相似性，但在政治上有差异，表明这些政策的差异主要源于政治原因。页岩的情况也表明"水力压裂联盟"有它的优点，并没有管理混乱的迹象，他们对水力压裂截然不同的反应可以指导联邦制应该如何工作。毕竟宪法没有给各州强加一个效率的标准或补救环境的外部性，所以各州应对水力压裂的变化——是有效还是无效、或有无环保的意识——是可以预期的。

一些人认为由于产权是有保障的，没有必要急于开发页岩气（Goldstein 等，2013）。然而，对于页岩也有一个非常强大的看似有效的监管反应（Bloomberg 和 Krupp，2014；Krupp，2014）。现在的问题似乎是"为什么要等？"本章认为确实有几个理由需要等待，虽然这个建议是从政治角度考虑而不是从经济角度考虑，这将继续限制页岩的开发。

参 考 文 献

Acemoglu D（2003）Why not a political Coase theorem?Social conflict, commitment, and politics. J Comp Econ 31：620-652

Acemoglu D. Robinson JA（2006）De facto political power and institutional persistence. Am Econ Rev 96：325-330

Acemoglu D, Johnson S, Robinson JA（2002）Reversal of fortune：geography and institutions in the making of the modern World income distribution. Q J Econ 117：1231-1294

Arnold G, Holahan R（2014）The Federalism of Fracking：how the locus of policy-making authority affects civic engagement. Publius J Federal 44：344-368

Banerjee N（2012）Clouded readings of EPA study of Dimock water, featured in "Gasland." Los Angeles Times

Barzel Y（1989）Economic analysis of property rights. Cambridge University Press, New York

Bloomberg MR, Krupp F（2014）The right way to develop shale gas. New York Times

Boudet H, Clarke C, Bugden D et al（2014）"Fracking" controversy and communication：using national survey data to understand public perceptions of hydraulic fracturing. Energy Policy 65：57-67

Cathles LM III, Brown L, Taam M, Hunter A（2012）A commentary on "The greenhouse-gas footprint of natural gas in shale formations" by RW Howarth, R. Santoro, and Anthony Ingraffea. Clim Change 113：525-535

Clay KB（1999）Property rights and Institutions：congress and the California Land Act 1851. J Econ Hist 59：122-142

Clay K, Wright G（2005）order without law?Property rights during the California gold rush. Explor Econ Hist 42：155-183

Coase R（1960）The problem of social cost. J Law Econ 3：1-44

Colaneri K（2014）Pa. towns with no zoning rules unlikely to limit gas drilling. StateImpact

Collier P. Hoeffler A（2005）Resource rents, governance, and conflict. J Conflict Resolut 49：625-633

Cusick M（2014）Did Pennsylvania's highest court unravel environmental protections for oil and gas?StateImpact

Demsetz H（1967）Toward a theory of property rights. Am Econ Rev 57：347-359

Detrow S（2012）Estimate. impact fee would generate$219 million In 2012. StateImpact

Diamond J（2005）Collapse：how societies choose to fail or succeed. Viking, New York

Drajem M（2013）EPA official links fracking and drinking water issues in Dimock, Pa. The Washington Post

Ellickson RC (1993) Property in land. Yale Law J 102: 1315-1400

Feiock RC (2004) Politics, institutions and local land—use regulation. Urban Stud 41: 363-375

Feiock RC, Tavares AF, Lubell M (2008) Policy instrument choices for growth management and land use regulation. Policy Stud J 36: 461-480

Fitzgerald T (2013) Frackonomics: some economics of hydraulic fracturing. Frackonomics Some Econ Hydraulic Fract Case Western Law Rev 63: 1337-1362

Goldberg E, Wibbels E, Mvukiyehe E (2008) Lessons from strange cases democracy, development, and the resource curse in the US States. Comp Polit Stud 41: 477-514

Goldstein BD. Bjerke EF, Kriesky J (2013) Challenges of unconventional shale gas development: so what's the rush. Notre dame J Law Ethics Public Policy 27: 149-88

Governor's Marcellus Shale Advisory Commission (2011) Governor's Marcellus Shale Advisory Commission report. Harrisburg

Grossman PZ (2013) US energy policy and the pursuit of failure. Cambridge University Press, Cambridge

Hakim D (2013) New York Governor puts off decision on drilling. New York Times

Hills Jr RM (2014) Hydrofracking and home rule: defending and defining an anti-preemption canon of statutory construction in New York. Albany Law Rev 77: 648-72

Holahan R. Arnold G (2013) An institutional theory of hydraulic fracturing policy·Ecol Econ 94: 127-134

Hopey D (2014) Corbett administration asks Court to reconsider Act 13 decision. Pittsburgh Post-Gazette

Howarth RW. Santotoro R, Ingraffea A (2011) Methane and the greenhouse-gas footprint of natural gas from shale formations. Clim Change 106: 679-690

Howarth RW, Santotro R, Ingraffea A (2012) Venting and leaking of methane from shale gas devel opment: response to Cathles et a1. Clim Change 113: 537-549

Knight J (1992) Institutions and social conflict. Cambridge University Press, New York

Knight J. NorthDC (1997) Explaining the complexity of institutional change. The political economy of property rights, Institutional Change and Credibility in the Reform of Centrally Planned Economies. Cambridge University Press, New York, pp349-54

Knight J, Sened I (1995) Explaining social institutions. University of Michigan Press, Ann Arbor

Krehbiel K (2010) Pivotal politics: a theory of US lawmaking. University of Chicago Press. New York

Kriesky J, Goldstein BD, Zell K, Beach S (2013) Differing opinions about natural gas drilling in two adjacent counties with different levels of drilling activity. Energy Policy 58: 228-236

Krupp F (2014) Don't just rill, baby-drill carefully how to making fracking safer for the environ ment. Foreign Affairs

Libecap GD (1989) contracting for property rights. Cambridge University Press, New York

Libecap GD, Smith JL (1999) The self-enforcing provisions of oil and gas unit operating agreements: theory and evidence. J Law Econ Org 15: 526-548

Libecap GD, Smith JL (2002) The economic evolution of petroleum property rights in the United States. J Legal Stud 31: S589-S608

Libecap GD, Wiggins SN (1985) The influence of private contractual failure on regulation: the case of oil field unitization. J Polit Econ 93: 690-714

Lubell M. Feiock RC, Ramirez E (2005) Political institutions and conservation by local governments. Urban Aff Rev 40: 706-729

Mayhew DR (1974) Congress: the electoral connection. Yale University Press. New Haven

McKinley J (2013a) Still undecided on fracking, Cuomo won't press for health study's release. New York Times

McKinley J (2013b) Fracking fight focuses on a New York Town's Ban. New York Times

McNulty T (2011) Mayor to let drilling referendum die. Pittsburgh Post-Gazette

Mittal S. Rakove JN, Weingast BR (2011) The constitutional choices of 1787 and their consequences. Founding choices: American Economic Policy in the 1790s. University of Chicago Press, Chicago, pp25-56

Molotch H (1976) The city as a growth machine: toward a political economy of place. Am J Sociol 82: 309-332

Muehlenbachs L, Spiller E, Timmins C (2014) The housing market impacts of shale gas development. National Bureau of Economic Research

Murtazashvili I (2013) The political economy of the American frontier. Cambridge University Press, New York

North DC (1981) Structure and change in economic history. W. W. Norton & Company, New York

North DC (1990) Institutions, institutional change and economic performance. Cambridge University Press, New York

North DC, Rutten A (1987) The Northwest Ordinance in historical perspective. Essays on the Economy of the Old Northwest, pp19-31

North DC. Thomas RP (1973) The rise of the Western world: a new economic history. Cambridge University Press. New YorK

Olmstead sM, Muehlenbachs LA, Shih J-S et al (2013) Shale gas development impacts on surface water quality in Pennsylvania. Proc Natl Acad Sci 110: 4962-4967

Ostrom E (1990) Governing the commons: the evolution of institutions for collective action. Cambridge University Press, New York

Ostrom E (2005) Understanding institutional diversity. Princeton University Press, Princeton

Origins and Consequences of State-Level Variation in Shale Regulation. . .

Pierson P (2000) Increasing returns, path dependence, and the study of politics. Am Polit Sci Rev 94: 251-267

Pifer RH (2010a) What a short, strange trip it's been: moving forward after five years of Marcellus Shale development. U Pitt L Rev 72: 615

Pifer RH (2010b) Drake meets Marcellus: a review of Pennsylvania case law upon the sesquicen-tennial of the United States Oil and Gas Industry. Tex J Oil Gas Energy L 6: 47

Przeworski A, Wallerstein M (1988) Structural dependence of the state on capital. Am Polit Sci Rev 82: 11-29

Rabe BG (2014) Shale play politics: the intergovernmental odyssey of American shale governance. Environ Sci Technol 48 (15) : 8369-8375

Rabe BG, Borick CP (2012) Gas drillers'new Wild West. Philadelphia Inquirer

Revkin AC (2013) Is "Wild West" era for gas drilling coming to an end?New York Times

Richardson N, Gottlieb M, Krupnick A, Wiseman H (2013) The State of State Shale Gas Regulation. Resources for the Future Report

Riker WH, Sened I (1991) A political theory of the origin of property rights: airport slots. Am J Polit Sci 35: 951-969

Riker WH, Weimer DL (1995) The political economy of transformation: liberalization and property rights. Modern political economy: old topics, new directions. Cambridge University Press. New York, pp80-107

Ross ML (1999) The political economy of the resource curse. World Polit 51: 297-322

Ross ML (2001) Does oil hinder democracy?World Polit 53: 325-361

Schmidt CW (2011) Blind rush?Shale gas boom proceeds amid human health questions. Environ Health Perspect 119: a348

Sened I (1997) The political institution of private property. Cambridge University Press. New York

Shipan CR, Volden C (2006) Bottom-up Federalism: the diffusion of antismoking policies from US cities to states. Am J Polit Sci 50：825-843

Smydo J （2010）Pittsburgh moves ahead with controversial gas drilling Ban. Pittsburgh Post-Gazette

Smydo J （2011）Council OKs putting drilling ban on ballot. Pittsburgh Post-Gazette

Smydo J，Barcousky L （2011）County considering shale restrictions. Pittsburgh Post-Gazette

Spence DB （2013）Backyard politics，national policies：understanding the opportunity costs of national fracking bans. Yale J Reg 30：30A-475

Tilly C，McAdam D，Tarrow S （2001）Dynamics of contention. Cambridge University Press，New York

Umbeck J （1981）A theory of property rights：with applicatjon to the California gold rush. Iowa State University Press，Ames

Vidic RD，Brantley SL，Vandenbossche JM et al （2013）Impact of shale gas development on regional water quality. Science 340：1235009

Warner B，Shapiro J （2013）Fractured，fragmented federalism：a study in Fracking Regulatory Policy. Publius J Federalism

Weber JG （2012）The effects of a natural gas boom on employment and income in Colorado. Texas，and Wyoming. Energ Econ 34：1580-1588

Weber JG （2014）A decade of natural gas development：the makings of a resource Curse?Energy Res Econ 37：168-83

Weimer DL （1997）The political economy of property rights：institutional change and credibility in the reform of centrally planned economies. Cambridge University Press，New York

Weingast BR （1995）The economic role of political Institutions：market-preserving federalism and economic development. J Law Econ Org 11：1

Weingast BR （1997）The political fbundations of democracy and the rule of law. Am Polit Sci Rev 91：245-263

Wiggins SN，Libecap GD （1985）Oil field unitization：contractual failure in the presence of imperfect information. Am Econ Rev 75：368-385

Wiseman H （2009）Untested waters：the rise of hydraulic fracturing in oil and gas production and the need to revisit regulation. Fordham Environ Law Rev 20：115

第 8 章 页岩气开发对其他行业的影响

Alan krupnick，Zhongmin Wang，Yushuang Wang

[摘 要] 本章综述了美国页岩气革命对发电、运输和制造业的影响。天然气代替其他燃料，特别是在发电中代替煤炭，可降低该行业一氧化碳的排放量。天然气在运输行业的使用目前可以忽略不计，但在加气基础设施和改善天然气汽车技术方面，预计将增加更多的投资。在美国及海外的石油化工和其他制造业，已通过投资美国本土的制造业项目来响应这个低天然气的价格。

8.1 概述

以前美国国内的天然气产量一直呈下降趋势，而通过页岩气革命极大地促进了美国的天然气生产。美国干气产量从 2005 年的 $18.05 \times 10^{12} ft^3$ 到 2012 年的 $25 \times 10^{12} ft^3$，大约增长了 27.4% [美国能源信息署（EIA）2014 年初发布]，在很大程度上是由于页岩气等非常规能源产量的增长。美国能源信息署预测，到 2040 年产量将增长到 $38 \times 10^{12} ft^3$。天然气供应的这一重大转变，将压低天然气的价格。亨利中心（Henry Hub）天然气的年平均现货价格下跌了 50% 以上，从 2008 年的 8.86 美元 $/10^6 Btu$ 下降到 2011 年的 4 美元 $/10^6 Btu$，在 2012 年初低至大约 2.5 美元 $/10^6 Btu$，截至 2014 年 3 月底又回升到大约 4.5 美元 $/10^6 Btu$。[1] 这个价格与其他国家的天然气现货价格形成鲜明对比，日本为 13~15 美元 $/10^6 Btu$，欧洲大约为 10 美元 $/10^6 Btu$。然而，考虑到需求、供应和相关法规（不论是页岩气开采直接相关的法规还是现有和潜在的气候政策）的不确定性，未来天然气的价格会有着很大的不确定性。[2] 图 8.1 显示了美国能源信息署（EIA）在 2012 年度能源展望（AEO）中预测的未来价格的范围。假设页岩资源的储量越大则天然气的价格会更低，反之亦然。在碳定价的情况下，由于更多的以碳为主的燃料（如煤）转向天然气的需求，预计天然气的价格会高于参考价格。

天然气价格的下降会导致美国在各个能源消费领域使用天然气的程度发生重大改变，包括在电力、交通和工业部门用天然气替代其他燃料。本章的目的是介绍美国已经发生的影响以及预测未来美国市场会发生的影响。[3]

作者简介：
Alan Krupnick（艾伦·克洛普尼克），Zhongmin Wang（王忠民），Yushuang Wang（王玉双）
美国华盛顿特区西北部 1616 P.St，未来资源研究所；e-mail：krupnick@rff.org；wang@rff.org；ywang@rff.org。

[1] 见美国能源信息署"亨利中心墨西哥湾沿岸的天然气价格"，http://www.eia.goV/dnaV/ng/hist/rngwh-hdM.htm。

[2] 由于供需平衡的变化和页岩储量散布的地理特征，天然气价格的波动可能会减少，这有可能降低墨西哥湾作为天然气供应来源地的重要地位（Lipschultz，2012）。

[3] 美国页岩气革命已经改变了全球的能源格局。例如，美国煤炭发电量需求的减少，导致美国出口欧洲的煤炭量增加，欧洲的电力行业用煤炭替代天然气。然而，这些在美国以外地区，页岩气对能源市场的影响不在本章的研究范围之内。

在这一章中，我们首先将证明天然气在美国经济中的作用。随后，我们就页岩气热潮对电力、交通和制造业三个终端使用部门的影响进行全面的评估。

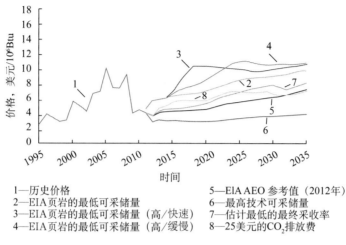

1—历史价格
2—EIA页岩的最低可采储量
3—EIA页岩的最低可采储量（高/快速）
4—EIA页岩的最低可采储量（高/缓慢）
5—EIA AEO 参考值（2012年）
6—最高技术可采储量
7—估计最低的最终采收率
8—25美元的CO_2排放费

图 8.1　亨利中心天然气现货价格

资料来源：EIA

8.2　天然气在美国的经济性

天然气在美国经济中有着独特的地位，因为它是电力、住宅、商业部门的主要燃料，是工业部门的主要原料，但在运输行业几乎没有应用。如图 8.2 所示，2012 年天然气在美国的主要能源消耗中占 27%，占工业能源供应的 43%，在给住宅和商业供暖的能源中占 75%，在用于发电的燃料中占 24%。天然气在工业、住宅 / 商业和电力行业的应用比较均衡（每个行业各占 32%）。相比之下，运输行业使用的能源只有 3% 来自于天然气。

本章对住宅和商业部门进行的讨论有限，主要是由于天然气在这些部门已经有 75% 的份额，要进一步增长需要修建更多的管道到低人口密度的地区，并且无论如何，供暖和热水系统营业额的增长都比较缓慢。如图 8.3 所示，天然气发电在近几年有显著增加，工业用天然气最近有所回落，商业和住宅供暖用的天然气趋于平稳。

8.3　电力部门

预计较低的天然气价格将促使更多的电厂运营商从其他燃料转而利用天然气来进行发电，从而增加天然气在发电燃料构成中的份额。同样，在同等条件下，更便宜的天然气可以降低总体电价，从而增加用电量的需求。然而，较低的天然气价格可能对核能和可再生能源的经济情况更加不利；同时，它可以为间歇性可再生能源发电提供潜在的补充，所以可能会影响到这些低碳或零碳的燃料。

对于天然气的使用已经有三代技术：天然气联合循环（NGCC）机组、蒸汽轮机和燃气轮机。在这三种技术中，天然气联合循环机组和蒸汽轮机通常被用作基本负荷或中间负荷机组，而考虑到燃气轮机的高度灵活性，它更有可能作为调峰负荷机组（麻省理工学院，2009）。在短期内，可以通过改变不同发电机组的容量来实现从其他燃料到天然气的切换，也就是通过更频繁地运行天然气发电机来利用更便宜的燃料。从长远来看，燃油价格的变化也会影响投资新电厂和关闭老厂的经营决策，从而改变发电量的燃料构成。

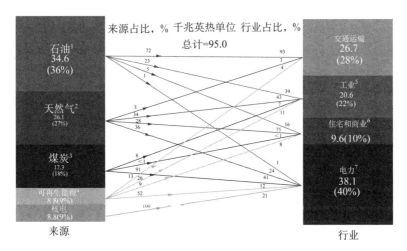

图 8.2　2012 年基本能源消耗的来源和行业

1—不包括混合了石油的生物燃料，生物燃料属于"可再生能源"；2—不包括其他类型的气体燃料；3—包括少于 0.1 千兆英热单位的煤焦炭净进口量；4—常规的水力发电、地热、太阳能/光电能、风能和生物质能；5—包括供工业用的热电联产（CHP）和纯工业用电的工厂；6—包括供商业用的热电联产（CHP）和纯商业用电的工厂；7—纯发电和热电联产（CHP）的电厂，其主要业务是向公众出售电或者同时出售电和热能，其中 0.2 千兆英热单位的电力净进口没有在"来源"中显示

资料来源：美国能源信息署

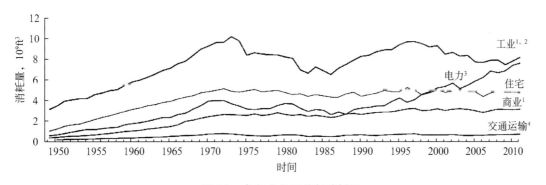

图 8.3　各行业的天然气消耗量

1—包括热电联产（CHP）的工厂和少量纯发电的工厂；2—包括租赁、工厂燃料和其他工业；3—纯发电和热电联产（CHP）的电厂，其主要业务是向公众出售电或者同时出售电和热能；4—天然气在管线中运行的消耗量（主要是在压缩机），和作为燃料交付给消费者的天然气；加上少量用作汽车的燃料

资料来源：EIA（2012a）

8.3.1　从煤到天然气的转换

虽然不像中国的发电行业那样是煤炭占主导地位，美国的发电也在很大程度上依赖

煤炭。然而最近较低的天然气价格，已使天然气发电有优于煤炭发电的竞争优势，在电力燃料构成中已有明显的燃料转换趋势（从煤炭和其他燃料转换到天然气的趋势）。从2008 年到 2011 年，煤炭发电的年度份额从 48.2% 下跌至 42.3%，而天然气发电 ❶ 的份额从21.4% 上升至 24.8%，可再生能源发电的份额从 9.2% 上升到 12.7%（EIA，2012a）。事实上，煤炭的月发电量所占份额在 2012 年 4 月首次下降到与天然气发电的同一水平（EIA，2012b）❷。最近的统计数据表明，煤炭年发电量的所占份额（36%）已触自 2012 年 8 月以来的最低水平（Logan 等，2012）。

据估计，从 2008 年到 2012 年上半年，全国有超过 300TW·h 的燃料从煤炭发电转换为天然气发电（Lee 等，2012）。

对美国来说，在页岩气大规模生产之前的几年，由于燃气机组的天然气发电能力较高而利用率相对较低，从现有的燃气电厂提高发电的潜力巨大。截至 2011 年，夏季天然气的总发电量为 413GW，在所有燃料来源中的发电量最大（比煤炭发电量多 94GW）（EIA，2012a）。这些天然气发电厂中的大部分都建于 1998 年到 2003 年，其中一些因为在页岩气热潮之前较高的天然气价格而被闲置。但随着天然气价格的暴跌，这些燃气发电厂更是受到了公共事业管理人员的青睐。例如，美国最大的两个煤炭消费商之一——美国电力公司，其燃气发电厂在 2012 年的生产能力发挥了 70%，而燃煤发电厂只运行了不到一半的时间（Mufson，2012）。在 PJM 互联服务领域的天然气联合循环电厂，从 2008 年到 2012 年第一季度，其平均利用率增长了一倍以上（Lee 等，2012）。

然而，根据 Macmillan 等所述（2013），由于燃气能力过剩、技术限制、长期的煤炭购销合同以及对天然气和电力输送的限制，发电燃料从煤到天然气的转换受每年 613TW·h的理论上限的限制，这大约相当于美国 2011 年 13% 的发电量。假设天然气价格为每百万英热单位 2.5~4 美元，则 198GW 开式循环的燃气发电厂由于其效率较低，不太可能与燃煤电厂相竞争；褐煤由于它的成本很低，不会有被天然气取代的威胁（Macmillan 等，2013）。

煤炭与天然气发电的竞争主要集中在美国东部地区，那里煤炭的价格相对较高（Macmillan 等，2013）。从 Burtraw 等（2012）的建模结果显示，采用低价天然气方案 ❸ 比高价天然气方案能发更多的电。这一趋势在竞争激烈的地区非常明显。

从长远来看，根据公司 2012 年 7 月宣布的发电厂关闭计划（Celebl 等，2012），预计到 2016 年将关闭大约 30GW 的燃煤发电厂（占煤炭总发电能力的 10% 左右）。除了（需要）充裕的天然气供应，对煤炭燃烧造成的大气污染的监管将会更为严格，也对这些厂的关闭起着至关重要的作用。许多有老燃煤发电厂的公司必须决定，是投资环境控制设备以确保他们的燃煤电厂能够继续运行，还是投资新的、清洁的燃气发电厂。尽管也曾因高的

---

❶ 可再生发电包括传统的水力发电以及生物、地热、太阳能和风力发电。
❷ 注意，这并不一定表明 2012 年的煤炭发电和天然气发电的年产量占有同等份额。这是因为天然气发电在一年中的不同季节波动很大，并且主要集中在夏天，可利用天然气的峰值发电机来满足这样的高需求。
❸ 低价天然气方案指美国能源信息署（EIA）在 2011 年的年度能源展望（AEO）对电力需求和天然气供应的预测。而高价天然气方案对电力需求的预测使用的是 2011 年年度能源展望（AEO）一样的数据，但对天然气供应的预测是由美国能源信息署在 2009 年年度能源展望的预测所取代，这个数据要小得多。根据年度能源展望从 2009 年到 2011 年的预测，页岩气资源未经证实的技术可采储量估计增长了 3 倍以上，从 $267 \times 10^{12} ft^3$ 增长到 $827 \times 10^{12} ft^3$（EIA，2012c）。相对于低价天然气方案，这个方案表明了降低天然气供应和更高天然气井口价格对电力行业的影响。

气价抑制了对天然气的需求，但对行业而言，低廉的价格使后一种选择更具有吸引力。

8.3.2　可再生能源的混合效应

在短期内，廉价的天然气不可能排挤可再生能源，因为可再生能源没有燃料成本，几乎比其他所有能源的可变成本都低（Weiss 等，2013）。更重要的是，许多州都强制规定了可再生能源的发电份额。因此这些限制约束了天然气对市场的渗透。而从长远来看，考虑到可再生能源昂贵的前期费用，提高燃气发电厂的经济效益将使天然气在与煤炭和可再生能源竞争新增发电容量时更有竞争力（Weiss 等，2013）。对近期低天然气价的预期，使可再生能源项目的开发商难以签到为他们的项目提供资金的电力购买协议。只有那些有政府支持的有利地点的风电项目，在逐步降低成本的基础上可以与天然气发电相竞争（Lee 等，2012）。

同时，从"紧密耦合的混合动力技术"❶ 到"更松散耦合的集成系统和市场设计"，天然气和可再生能源发电都有潜在的合作机会（Lee 等，2012，p.3）。通过降低可再生能源与天然气混合动力系统的成本，以灵活的天然气发电支持间歇性的可再生能源发电，低廉的天然气价格将使可再生能源发电更具竞争力。在天然气生产区和高风能潜力区之间的地理位置相重叠表明，可以共同选址发展风力和天然气项目，并建设所需的传输基础设施（Lee 等，2012）。因此，廉价天然气对可再生能源发电的长期总体影响取决于电力市场的特点，如当前容量的燃料构成、调度系统、负载特性和有关规定。

而扩大天然气的供应可能会对可再生能源有混合效应，模型结果（Burtraw 等，2012）表明，到 2035 年，采用低价天然气方案时可再生能源的发电量预计要比采用高价天然气方案大约低 5%。这种低价天然气对可再生能源整体的"排斥"影响与行业的主要观点一致，也支持了环保人士的担忧，他们担心页岩气可能会损害到可再生能源的市场份额。

8.3.3　电力价格、需求和温室气体排放的变化

用更便宜的天然气作为燃料来发电可能会降低电价。然而，从 2008—2011 年，由于受多种因素的影响，实际平均电价只有适度减少，这些影响包括经济衰退、能量效率的改进和供应情况的变化。根据通货膨胀调整后，从 2008 年至 2011 年平均电价下降了约 2%，每度电从 8.97 美分降到 8.81 美分（以 2005 年的美元价格计量）。在 4 类终端用户中，住宅用户 2011 年面临的电价最高，平均为 11.8 美分 /（kW·h）。住宅用户也是唯一一个在 2011 年的电价比 2008 年略高的终端用户。其他 3 类用户（商业、工业和运输）的电力价格在此期间都有所下跌，从 2008 年到 2011 年分别减少了 5%，3% 和 6%（EIA，2012a）。

展望未来，通过建模的结果（Burtraw 等，2012）表明，预计在接下来的 20 年内，国内天然气的大量供应将继续大幅降低电力的零售价格。在国家层面，2020 年高价天然气方案的平均电价预计比低价天然气方案的电价高出约 5.7%。这种影响在竞争激烈的地区最为突出，预计到 2020 年这两种方案的平均电价相差 9.6%。而在有服务成本地区的价格差异

---

❶　例如混合集中式太阳能发电（CSP）和天然气发电系统、沼气和天然气联合循环燃气涡轮机，天然气动力压缩空气储能器（CAES）用于储存非高峰期的可再生能源发电，以备在高峰时使用等（Lee 等，2012）。

要小一些，约为 3.6%。更便宜的天然气预计将对不同的客户群体有不同的影响。在国家层面，工业用户电价的差额百分比最大（2020 年 6.8%），其次是商业用户（2020 年 5.7%）和住宅用户（2020 年 4.6%）。在激烈的市场竞争中，工业用户可能会从更便宜的电力中获得最大的收益，到 2020 年电价的差额预计高达 14.5%。

将高价天然气方案与低价天然气方案相比较，在执行高价天然气方案时，天然气和电力的价格更高，消费者的做法是尽量少用电。与对电力价格的影响相似，这些影响对工业用户和竞争激烈的地区尤为突出。

在发电过程中，发电燃料构成的变化也会导致温室气体（GHG）排放的变化，这部分大约占美国二氧化碳（CO_2）总排放量的 40%。从 2005—2008 年，发电过程中 CO_2 的排放量在 $23.46 \times 10^8 \sim 24.16 \times 10^8 t$ 的范围内波动，2009 年下降了 9.09%，为 $21.46 \times 10^8 t$，随后在 2010 年略有增加，为 $22.58 \times 10^8 t$。所有终端使用部门化石燃料的 CO_2 总排放量遵循类似的规律，CO_2 排量从 2008 年的 $55.72 \times 10^8 t$ 大幅下降至 2009 年的 $52.06 \times 10^8 t$，从 2009 年到 2010 年又有小幅增加［美国环境保护署（EPA），2012］。正如 Burtraw 等（2012）所建的模型，到 2035 年，低价天然气方案下天然气使用量的增加会减少发电过程中 CO_2 的排放量，会从高价天然气方案 $26.76 \times 10^8 t$ 的排放量减少为 $25.79 \times 10^8 t$。

8.3.4 对电网运行的影响

增加天然气作为发电燃料的使用，也会存在因天然气管道容量的限制和可能中断的管道服务所带来的电力可靠性的相关问题（Lee 等，2012）。主要依靠天然气发电的地区，在冬季由于天然气管道输送能力限制，容易受到天然气和电力价格上涨的风险。随着燃气发电厂电力份额的增长，正在实施一些制度改革，以促进电力传输业务和天然气管道业务之间更好的协调。联邦能源管理委员会（FERC）在 2013 年 11 月发布了一项法案"允许州际天然气管道和输电运营商共享非公开的业务信息，以促进其系统的可靠性和完整性"（FERC，2013）。新英格兰 ISO 公司最近改变了日前竞价的截止时间，从头天正午到第二天上午 10 时，市场结算的截止时间从下午 4 时到次日凌晨 1 时 30 分，以更好地与大陆天然气市场的日前竞价时间表一致。❶这些并网运行的变化旨在解决由于天然气发电份额增加所引起的可靠性问题。

8.4 交通运输行业

与电力行业不同的是，在美国交通行业目前所使用的能源中，只有一小部分来自于天然气。2012 年，天然气在总共 26.7 千兆英热单位的交通能源消耗中占 3%，石油以 93% 的份额占主导地位（图 2；EIA 未注明日期）。❷然而，较低的天然气价格加上相对较高的油价，选择将天然气作为运输燃料会越来越具有吸引力。

图 8.4 绘制了每个能量单位的油价与天然气价格的比率，表明在过去几年里比率呈现

---

❶ http://isonewswire.com/updates/2013/5/22/spi-news-day-ahead-energy-market-timeline-changes-go-into-ef. html。
❷ 天然气在运输部门的消耗，既包括利用天然气给天然气运输管网提供动力（2011 年占天然气总消耗量的 2.8%），还包括将天然气作为汽车燃料（2011 年占天然气总消耗量的 0.1%）（Lee 等，2012）。

出快速增长的势头，截至 2011 年底已飙升到 500%。而其他因素也会影响消费者支付的燃油价格（例如燃油税❶、基础设施成本、供应商的竞争力以及交付和存储的成本），压缩天然气（CNG）与其他替代燃料的零售价格差距最近也在拉大。低气价无疑加快了运输行业从石油燃料向天然气燃料转换的趋势。

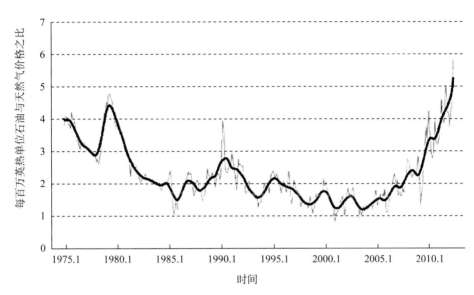

图 8.4 每单位能量的石油和天然气价格之比（自 Knittel，2012）

8.4.1 天然气在交通运输中的使用现状

天然气在交通运输的使用中，有三种基本方式可以用来代替石油。第一，天然气通过气转液（GTL）的过程，可以转换成液体燃料，如甲醇、乙醇和柴油，将内燃机稍作改动，转换成的液体就可以在里面直接燃烧。第二，压缩天然气（CNG）可以在轻型、中型天然气汽车（NGVs）或双燃料汽车（用 CNG 或汽油都可以运行）中燃烧。第三，天然气可以冷凝成液化天然气（LNG），作为替代柴油的燃料，用于重型卡车（以及船舶、驳船和铁路）。

8.4.1.1 天然气汽车的市场推广

天然气汽车几十年来一直是全球汽车队伍的一部分，估计全世界大约有 1520 万辆。❷美国目前拥有天然气汽车的数量在全球排名第 17 位，紧随其后的国家有伊朗、巴基斯坦、阿根廷、巴西、印度、意大利和中国。❷在过去，天然气汽车在美国市场所占的份额有限，主要针对小的专营市场，如：中型—重型车辆（如公共汽车或垃圾车），运货卡车车队的车辆 [如那些来自联邦快递、UPS 公司、美国电话电报公司（AT&T）的车辆]（Taschler 和 Content，2011）以及其他车辆。尽管从 1999 年到 2009 年，美国国内运输行业的天然气消

---

❶ "目前在联邦层面上，在能量相当的基础上，压缩天然气与汽油征收的税率相同（每加仑汽油当量 0.18 美元，或相当于每加仑柴油 0.21 美元），而液化天然气实际征收的税率要高于柴油"（EIA，2012c，p.38）。

❷ 美国天然气汽车协会 http：//www.ngvc.org/about_ngv/index.html （accessed on 11/08/2013）。

耗量增加了 2 倍（Bryce，2011），但天然气在交通运输行业的总体使用中所占比例仍然非常小；2010 年，道路上每 900 万辆重型车（HDVs）中以天然气为动力的不到 0.4%，占重型车辆能源总消耗量的 0.3%（EIA，2012c）。到 2011 年，美国大约只有 0.05% 的车直接用天然气作燃料（Lee 等，2012）。除了只能用天然气驱动的天然气汽车，市场上还提供了双燃料车，它有两个独立的供油系统，既可以用天然气驱动又可以用汽油驱动。并且双燃料汽车可以用柴油燃料点火作辅助，用天然气作燃料驱动。❶ 这些技术可以为天然气汽车在未来获得更高的市场占有率架起桥梁。

公共交通巴士是运输行业中天然气消费的大户，约有 20% 的巴士使用天然气（C2ES，2012）。各个公立学校也将他们的车队改为天然气汽车。例如，俄克拉何马州的塔尔萨公立学校，在 20 世纪 80 年代末参加了一个替代燃料汽车的试点项目后，现在已有一个 190 辆 CNG 汽车的车队。

有趣的是，垃圾车已被证实是占有天然气市场份额的主力军，估计有 60% 的新卡车由天然气提供动力。据悉，东北地区的 15 个城市和社区已经部分或全部将以柴油为动力的垃圾车改为天然气驱动，到 2012 年底可节约燃料成本 450 万~600 万美元（能源远景，2013）。

就轻型车（LDV）制造商而言，本田最近推出了 2014 款思域天然气汽车，具有 31mile/gal 的燃油经济性，目前在 37 个州可以购买；香港公司计划在美国建造 CNG／汽油／电力混合动力车；克莱斯勒正准备生产以天然气为燃料的轻型车；福特自 2011 年开始将 CNG 驱动的全顺连接车型投放市场；汽车生产集团 2012 年提出了一个天然气驱动的 SUV 模型。至于卡车引擎方面，来自于其他公司（如排放解决方案公司 ESI）与行业领袖韦斯特波特的竞争日益激烈❷；雪佛兰现在提供了可以无缝切换天然气和汽油的双燃料 sliver2500HD 车型。

美国加气基础设施的缺乏，对于扩大天然气的市场份额仍然是一个重要的障碍，特别是对于那些不能到市中心加气的车队。卡车和公共汽车经常沿固定的路线行驶，并停放在公共区域，这意味着 CNG 车队的基础设施可以集中在某些特定区域，只要他们靠近天然气管道就行。而压缩天然气在轿车上的广泛使用，就需要一个更大范围的、昂贵的基础加气设施［替代燃料和先进汽车数据中心（AFDC），2011］。

截至 2012 年 5 月，美国有 1047 座 CNG 加气站和 53 座 LNG 加气站，而在 2010 年全国有 157000 座加油站。根据能源信息署的数据（2012c），53% 的 CNG 加气站和 57% 的 LNG 加气站都是私营企业，不向公众开放，并且许多公共和私人的加气站都集中在少数几个州，如加利福尼亚州。因此，在美国大部分地区要使用加气基础设施还有一定的障碍。对于基础设施建设的一部分挑战是"先有鸡还是先有蛋"的问题：汽车用户会在他们认为有足够的加气站时才会购买天然气汽车，但只有在有了足够数量的汽车需要加气时，才能

---

❶ 美国天然气汽车协会 http://www.ngvc.org/about_ngv/index.html。

❷ ESI 最近开发了以天然气为燃料的凤凰 7.6L，是对 300 马力重型纳威斯达 MaxxforceDT 柴油发动机的改进。目前，ESI 已经开始销售 375 马力的凤凰 9.3L，项目正在开发 T444E 7.3L，并在 2011 年第 3 季度研发 475 马力的凤凰 13L（Turner 2010）。

新建天然气汽车的加气设施。无论如何，私营企业和公共部门都在努力解决这个问题，后文将作简要描述。

8.4.1.2 天然气制油（GTLS）和天然气制甲醇和乙醇

通过天然气制油（GTL）技术，天然气可以转换成柴油和汽油，就可以在传统的内燃机里燃烧。当前技术的转化率是大约需要 $10 \times 10^3 ft^3$ 的天然气可以转换成 1bbl 原油当量的产品。假定 4 美元 $/10^3 ft^3$ 的天然气，可以转化为 40 美元 /bbl 的石油当量（C2ES，2012）。然而，GTL 项目的主要问题是，对于一个日产 100000bbl 的炼油厂，前期的投资成本高达 100 亿美元（Lipschultz，2012）。GTL 燃料在运输上的使用仍然有限，因为在马来西亚、南非和现在的卡塔尔，只有少数几个 GTL 炼油厂在进行商业运营，这些厂的产量不到全球柴油需求量的 1%。尽管如此，廉价天然气可用性的提高促成萨索尔公司（Sasol）（南非的一家公司），宣布计划在美国路易斯安那州的韦斯特莱克建立首个总投资达 16 亿～21 亿美元的 GTL 工厂。❶ 该项目目前在前期工程设计（FEED）阶段，萨索尔公司预计在 2016 年完成项目的最终投资决策 ❷。然而壳牌公司取消了原本计划于 2019 年上线 GTL 工厂的计划。

天然气也可以转换为甲醇、乙醇、丁醇和二甲醚，可与汽油以不同的比例混和生成一种替代燃料。常见的混合燃料包括 E85（85% 的乙醇、15% 的汽油）和 M85（85% 的甲醇、15% 的汽油）。目前美国道路上奔驰的 1000 万辆汽车都使用了这种灵活多变的混合燃料。通过转换工具，这些混合燃料可以在标准的内燃机汽车上正常使用。

即将发表的研究结果（Fraas 等，2013）表明，即使包含转换装置的成本，考虑到目前燃料价格的差异，E85 在客运车辆的广泛使用也具有强大的经济意义。这项研究通过使用塞拉尼斯公司的"TCX"程序，是基于从天然气生产乙醇（最终是 E85）的成本估计。如果能获得关于这个过程的成本的更多细节，混合燃料的使用前景可能让消费者和制造商越来越看好。

8.4.1.3 联邦和州的努力

联邦政府一直在试图通过一系列的补贴项目来促进天然气在运输中的使用。2005 年的能源税政策法案（PL109-58），对购买的新车提供所得税抵免，专用于补贴替代燃料汽车 50% 以上的增量成本。如果车辆符合某些更严格的排放标准，再额外增加 30% 的补贴，抵免税收的金额取决于车辆的大小，从 2500 美元到 32000 美元不等。然而，只有在 2005 年 12 月 31 日到 2010 年 12 月 31 日期间购买的才有效。❸2009 年 8 月，美国能源部（DOE）宣布，根据州和地方政府的《美国复苏与再投资法案》（PL III-5），拨款给天然气技术发展和加气站建设方面的资金会有 3 亿美元。最近的立法工作是 2011 年众议院提出的第 1380 号法案——《新的替代交通工具给美国人带来的解决方案（天然气)》。❹ 这个提案为新的天

---

❶ http：//www.sasollouisianaprojects.com/page.php?page=projects（2014 年 5 月 29 日访问）。

❷ http：//www.ogj.com/articles/2013/11/sasol-Iets-contract-for-louisiana-gtl-plant.html。

❸ PL 109-58 还对所销售的用于机动车燃料使用的 CNG 和 LNG 提供税收抵免，每加仑汽油当量的 CNG 或每加仑液体的 LNG 有 50 美分的抵免。补贴开始于 2006 年 10 月 1 日，而且最近已经过期。注意抵免的税收（现在的消费税税率已超过两倍）是给卖方而不是买方。目前还不清楚这是否已经支付给最终的卖家（在这种情况下，货运公司的老板可以打折）——或者是支付给批发商。

❹ 见 http：//www.govtrack.us/congress/bill.xpd?bill=h112-1380。

然气汽车在零售和制造业、商业和住宅加气设施以及天然气本身提供了税收抵免。❶ 然而天然气法案在 2012 年 3 月遭到了参议院的否决。2013 年初，作为 2012 年美国纳税人救助法案的一部分，联邦天然气汽车税收优惠政策获得通过（HR 8；PL 112–240），其中包括"给每加仑汽油当量的页岩气 50 美分作为汽车燃料的补贴，以及一项最高可达 30000 美元，用于抵免新安装天然气加气设备 30% 的费用"。❷

在联邦层面，2011 年 8 月美国环保署和美国交通部（DOT's）的国家公路交通安全管理局首次实施减少温室气体排放的项目，改善中型和重型车辆的燃油效率，天然气汽车和其他替代燃料车辆基于温室气体的减排能力可以实行税收减免（EPA 和 DOT，2011）。2012 年 3 月，奥巴马总统宣布为社区新拨款 10 亿美元，以实现"促进社区清洁，让先进的汽车遍布全国"（白宫，2012，p.l）。这个"无色燃料"的提案包括电气化、天然气和其他替代燃料。项目还旨在发展 5 个地区的 LNG 通道以增加天然气汽车（NGV）的部署（白宫，2012）。最近，奥巴马总统概述了税收抵免的政策：针对专用替代燃料卡车，补贴 50% 的增量成本，政策有效期为 5 年，并承诺对一些计划购置天然气汽车的社区提供财政支持（白宫，2013）。

州和地方政府也有介入。由于部分地区对空气质量的管理规定，南海岸空气流域 65% 的公交巴士现在转换成用天然气作燃料；在 2006 年底批准的圣佩德罗湾清洁空气行动计划包括：用清洁的替代品如 LNG 汽车（包括 18 轮的 LNG 汽车），在 5 年内取代洛杉矶和长滩港口的所有柴油卡车（洛杉矶港和长滩港，2011）。截至 2011 年，在拖运卡车登记处有 879 辆天然气燃料卡车，占圣佩德罗湾集装箱拖车的 7%；宾夕法尼亚州拥有大量的页岩气储量，为促进对天然气卡车和巴士的投资，已出台了一系列法规，向政府和企业提供 4750 万美元的税收优惠、补贴和贷款。❸

地区也在通过激励或提供加气设施，以努力解决"先有鸡还是先有蛋"的问题。犹他州通过与当地燃气公司合作建立加气基础设施，一直在推动天然气汽车的使用（包括私人汽车）。犹他州有 73 座 CNG 加气站，仅次于加利福尼亚和纽约州，是目前拥有 CNG 加气站数量最多的州之一（AFDC，2011）；在科罗拉多州，大章克申市于 2011 年 4 月开放了第一家 CNG 加气站，完成从加利福尼亚州到丹佛市沿线 CNG 加气站的建设（Cianca，2011）；得克萨斯州根据得克萨斯清洁运输三角战略计划，在达拉斯、圣安东尼奥和休斯顿之间建设加气站；目前在西海岸地区（州际清洁运输走廊）和宾夕法尼亚州（宾夕法尼亚州清洁运输走廊）也在开展类似的工作（EIA，2012c）。

8.4.1.4 私营企业的努力

在没有政府补贴的情况下，私营企业对推动天然气在运输业中的应用发挥了重要作用。

---

❶ 具体来说，天然气法案提出（1）购买新天然气汽车的税收抵免，最高有 80% 的价格差，这意味着对于 LDVs 来说最多有 7500 美元，对于 HDVs 有 64000 美元；（2）新加气站的基础设施税收抵免 50% 的成本，最高可达 100000 美元；（3）每加仑燃料税抵免 50 美分；（4）家用加气设备可以抵免 2000 美元；（5）对天然气汽车制造商的税收抵免（Gray，2011）。

❷ http://www.ngvamerica.org/gov_policy/fed_legislate.html（accessed on 05/19/2014）。

❸ 马塞勒斯页岩联盟，是宾夕法尼亚州的一个天然气贸易集团，在 2011 年 4 月公布的研究掀起了一场在全州建立 17 个新加气站的活动，并建议对 850 辆新的天然气重型车辆进行补贴，估计约 2.08 亿美元（Gladstein、Neandross 及其同事，2011）。

典型的例子是切萨皮克能源公司带头斥资 1.5 亿美元，与通用电气公司（GE）、清洁燃料公司（Clean Fuels）和 Pilot Flying J 公司的载货汽车停车场合作，在美国州际公路沿线 Pilot Flying J 公司的各个停车场建设了 150 个 CNG 和 LNG 加气站（总共有 150 个）。通用电器公司提供模块化和标准化的 CNG 压缩站，被称为"盒子里的 CNG™"。❶❷ 通过私营企业和公众的共同努力，家用 CNG 加气站的成本正从当前的 4000 美元在逐步走低（Lipschultz 2012）。

8.4.2　天然气汽车与汽油或柴油燃料车的经济性对比

对消费者和决策者而言，天然气在美国未来运输燃料构成中的作用，取决于天然气汽车的吸引力。在本节中，我们调查了美国将天然气汽车作为最合理替代品的选择依据，主要关注的是：（1）轻型车，用 CNG 驱动与传统汽油和电动混合动力车进行比较；（2）重型卡车，用 LNG 驱动与柴油动力车进行比较。许多比较都是基于一些原始的分析，所使用的数据源于 NEMS-RFF 模型、汽车制造商以及其他关键来源。

调查结果表明，在合理的情况下，即使没有政府补贴，LNG 重型卡车的投资回报期也具有吸引力。基础设施问题可能没有通常认为的那么严峻，因为州与州之间的卡车运输正逐渐从长途运输的结构转向"中心辐射"的结构，这样的发展有助于更加合理地设置 LNG 加气站，因此使用 LNG 的卡车将更加普遍（Taylor 等，2006）❸。此外，如上所述，壳牌和切萨皮克能源公司在建设 LNG 加气站所作的努力，代表着非常积极的、不需要补贴都会进行的发展。如果没有碳定价的政策或其他方面优于石油的支持天然气的政策，CNG 作为轻型汽车燃料的销售仍然比较艰难。

8.4.2.1　轻型车

表 8.1 展示了本田 2011 年款天然气汽车（思域 GX 轿车）与同等配置的本田思域轿车（LX-S 自动变速器）和思域混合动力车（CVT AT-PZEV）之间的特性和成本的相对差异。在没有补贴的情况下（从社会的观点用适当的方法来比较车辆的成本），天然气汽车比混合动力车贵，但明显比汽油车更贵（32%）。其保养和修理的费用也比其他车型贵，比汽油动力车贵 50% 以上。❹ 天然气汽车作为汽油车的替代车型，其燃油经济性大致一样（远低于混合动力车）。

假设天然气跟汽油相比有 1.50 美元 /gal 汽油当量的优势，按 7 年的运行时间和 6% 的利率计算（不计算基础设施成本或任何补贴），我们发现天然气轻型车每年几乎比相应的汽油燃料车要贵 200 美元。然而，对于天然气汽车必须考虑基础设施的成本，除非他们有一个家庭加气装置并且他们家里已经接有天然气，否则个人不会购买这样的汽车。目前这

❶ "通用电气和切萨皮克能源公司发起的天然气燃料基础设施建设" NGV 全球新闻，http://www.ngvglobal.com/ge-and-chesapeake-energy-initiative-targets-natural-gas-fueling-infrastructure-development-0309。
❷ 切萨皮克能源公司，"改变美国运输燃料市场并增加对美国天然气的需求"http://www.chk.com/About/Business Strategy/Pages/lncrease-Demand.aspx。
❸ 见 http://scm.ncsu.edu/public/lessons/less031014.html 美国主要零售商对这个系统的讨论。
❹ 这些评估来自本田官网。用来自堪萨斯天然气服务网站所用的信息进行同类比较（Goulding 等，2011），认为"一些车队运营商通过将他们的车转换为 CNG 汽车，降低了 40% 的维修费用"（http://www.oneok.com/en/KGS/CustomerCare/BusinessDevelopment/NaturalGas Vehicles.aspx）。

些装置的成本为 4000 美元，假设它们能持续使用 10 年，并且都以 6% 的利率摊销成本。❶
加上这个年度成本，天然气汽车的成本费用比以汽油为燃料的对应车型的成本高 200～721
美元。

表 8.1　天然气汽车和混合动力车的显著差异　　　　　　　　　　单位：美元

特性	思域 天然气汽车	思域 汽油车	思域 电力—汽油混合动力车
建议零售价（同等装备）	26240	19905	24700
补贴（2011 年 1 月已取消）	4000	0	0
5 年的维护保养	3321	2145	2340
综合燃油经济性，mile/gal	28	29	41
油箱容量，gge①	7.8	13.2	12.3
里程，mile	218	383	504
载货量，ft³	6	12	10.4
实用范围（州）	（50 个）	（50 个）	（50 个）
年度总成本的差异（不包括基础设施）	200	—	400
年度总成本的差异（包括基础设施）	721	—	400
2000 美元的基础设施补贴和 4000 美元的机动车补贴	100	—	400

① gge 相当于每加仑的汽油。
资料来源：本田官网：http：//automobiles.honda.com/tools/compare/。

从个人角度来看，我们需要考虑投资成本有 4000 美元的补贴（这个补贴已在 2010 年
年底到期，但联邦立法目前正在考虑恢复），还有 2000 美元的补贴可用于家庭加气站和每
年的贷款费用（我们假设为期 5 年）。经过这些调整之后，摊销的成本比汽油车大约少 100
美元。然而如上所述，天然气汽车的实用范围更小，后备行李箱的空间更少。因为在家里
加气是不可能的，几乎在美国所有的地方都不能可靠地用于长途旅行。这些局限性是否比
消费者每年节省的 100 美元更有价值还有待观察。

8.4.2.2　重型卡车

2011 年，柴油在全国的平均零售价格是 3.84 美元 /gal，对于 LNG 全国平均名义零售
价格是 3.05 美元 / 加仑柴油当量（dge），对于 CNG 是 2.32 美元 /dge。这表明以柴油作燃
料的重型车大约有 0.80 美元 /dge 的价差（EIA，2012c）。❷ 在加利福尼亚州，卡车司机可
以在好几个加气站加 LNG，对于单个的卡车司机 LNG 比柴油便宜 0.75 美元 /gal 柴油当

❶　本田公司还指出（个人通信），由于天然气的高水含量和低压缩比，给家用加气装置增加了 CNG 发动机燃料积垢
　　的风险。
❷　不管这些价格的差异，对天然气应该比柴油适当多考虑一些税收优惠，但目前还见不到这些好处。直到 2009 年底，
　　LNG 的销售商才能够从联邦政府获得 50 美分 /gal 的补助（一些州计划给每加仑 LNG 提供补助以抵免消费税），这
　　些好处很可能是在燃料价格较低时通过的。

量，对于车队来说，可以便宜 1 美元 /gal。❶ 事实上，当油价在 2008 年处于高峰时，柴油是 4.75 美元 /gal，LNG 比柴油便宜 2 美元 /gal，而天然气的定价相对较高为 11～13 美元 / 10^3ft^3（环境影响评估，2008）。

表 8.2 给出了我们对天然气重型卡车与同类柴油卡车进行比较的主要假设条件。通过在网上和与专家对话提供的数据估计，其投资成本范围在 7 万元到 10 万元不等（对于早期的车型），比柴油卡车大约多 100000 美元。❷ 对于韦斯特波特的压缩型 LNG 发动机，采用新技术以 85% 的 LNG 和 15% 的柴油作混合燃料，关于汽车价格的详细信息是成本价差为 70000 美元，售价仅比同类型的柴油车高 35000～40000 美元。对于较小型的第 8 类卡车（被称为"Baby 8"）或 7 类卡车（两者都使用火花塞技术）的价格大约相差 40000 美元。

表 8.2   天然气重型卡车和柴油卡车的比较

LNG 和柴油的价格差异	0.50 美元 /dge、1.00 美元 /dge 以及 1.50 美元 /dge
投资成本差异	35000 美元、70000 美元以及 100000 美元
燃油经济性	柴油（类 8）：5.1mile/gal（2007）[①]；LNG：4.6dge～5.6dge[②]
车辆行驶里程	70000[③]～125000[④] mile/a
车辆寿命	15 年[⑤]
利率	31%[⑥]、10%、5%[⑦]

注：dge—加仑柴油当量。
[①] FHWA（2008）。这个估计最近被修正为 6.0mile/gal（FHWA，2009）。
[②] 2009 年 11 月 17 日采访清洁能源公司的米切尔普拉特。
[③] FHWA（2008）。
[④] 根据 2002 年人口普查数据，车辆的平均行驶里程约 90000mile/a，并指出大约 1/3 的车队行驶了 125000mile 或更多的里程。
[⑤] 根据美国交通部（DOT）的数据，2007 年注册的新购买的混合燃料卡车（第 8 级）有 222.1 万辆，因此新车占所有车辆的 6.8%。假设卡车报废和购买的数量相等，处于平衡状况，卡车的平均寿命是 14.7 年。行业分析师提供卡车的实际平均寿命是 18～20 年（FHWA，2008）。
[⑥] 这一利率来源于市场的实际数据显示，购买者需要在三到四年内通过节约燃料来收回投资成本，并且在这前几年节省燃料的贴现率为 10%。
[⑦] 用于评估公共项目的社会贴现率，通常为 3%～5%。虽然天然气汽车替代柴油车不是一个公共项目，但它可以在减少排放和能源安全方面给公众带来巨大的好处。因此，我们用这个比率来进行计算，是假设市场完全失灵时，从社会角度来说明对液化天然气卡车进行补贴或要求的有效性。为了反映部分市场失灵，增加了 10% 的利率。

基于上述假设估计的投资回收期见表 8.3。要获得 2 年或者更少的回报期（这个期限通常被认为是行业在进行投资之前所要追寻的）——对于一个成本差异为 7 万美元、燃油经济性为 5.1mile/gal 当量的投资，需要一个大约 1.50 美元 /gal 当量的燃料价差，评估多年节

---

❶ 2009 年 11 月 17 日采访清洁能源公司的米切尔·普拉特（Mitchell Pratt）。
❷ 运输服务总公司最近还购买了 22 辆肯沃斯 T800 LNG 卡车，来扩大 6 个月前购买的 8 个卡车车队。这一购买表明其燃料和维护成本是可控的（Kell-Holland，2009）。
❸ 2009 年 11 月采访韦斯特波特康明斯公司的迈克尔·加拉格尔（michael Gallagher）。

省燃料效益的利润率通常是 10% 或更低，汽车行驶里程大约为每年 12.5×10^4mile。对于行驶里程较低的卡车（每年 9×10^4mile），投资回收期要大约增加一年。这一调查结果表明，行驶里程多的运输车队很有可能最先采用。如果燃料价差减半，则投资回收期会多一倍以上（表明退税和补贴的效果）。当 LNG 卡车的燃油经济性增长 10%，其他情况相当，燃料价差为 1.50 美元时，可使投资回收期减少大约 10%。当价差更小时，这种改变会导致投资回收期减少得更多（即 LNG 相对于柴油的优势更少）。例如，在只有 0.75 美元 /dge 的价差时，投资回收期下降约 20%～25%。这些结果表明投资回收期随价格波动的敏感性。

表 8.3 假设的投资回收期的敏感性

汽车成本差异，美元		35000			70000		
燃油经济性，mile/gal		5.6	5.1	4.6	5.1		
汽车行驶里程，mile		70000			125000	90000	70000
利率 0.05	燃料价差 =1.50 美元	1.62	1.82	2.14	2.05	2.91	3.82
	燃料价差 =0.75 美元	3.04	3.82	5.54	4.33	6.29	8.52
	燃料价差 =0.50 美元	4.30	6.03	11.98	6.89	10.36	14.62
利率 0.10	燃料价差 =1.50 美元	1.73	1.95	2.31	2.22	3.22	4.36
	燃料价差 =0.75 美元	3.39	4.36	6.74	5.03	7.9	11.96
	燃料价差 =0.50 美元	4.99	7.48	22.72	8.88	16.54	—
利率 0.31	燃料价差 =1.50 美元	12.09	—	—	3.30	6.35	—
	燃料价差 =0.75 美元	—	—	—	—	—	—
	燃料价差 =0.50 美元	—	—	—	—	—	—

8.4.2.3 影响成本的其他因素

就连天然气的支持者也承认，天然气汽车要占领各个细分市场的主要份额还面临很大障碍。不论车辆的类型，观察人士更关注的是经济性（更多的是天然气汽车的成本，尽管它的燃料成本可能更低），以及加气站的安全性和可利用率问题。还有关于转售市场的担忧，它是货运行业的一个重要组成部分，如果以天然气为燃料，需要一个密集的加气网络，但不太可能在短期内出现。此外，对于轻型汽车来说，巡航距离、重量和车内空间都是备受关注的话题。由于 CNG 的能量密度很低并且有一定压力，其燃料罐相比其他类型的车辆又大又重。如表 8.1 所示，载货空间明显比汽油车低（50%），行驶里程只有 218mile，而汽油车为 383mile，混合动力车为 504mile。

值得注意的是，上述估算没有直接考虑安全和基础设施的费用。双方都有关于安全问题的争议，例如，支持者认为需要控制高压并保持低温，这就需要非常牢固的气罐和其他设备，以确保在发生意外时天然气卡车比柴油车更安全。反对者提出了对 LNG 储存设施及其潜在爆炸性的担忧。《独立评论》里关于安全问题的论述（Hesterberg 等，2009，p.20）

认为，柴油巴士比 CNG 汽车有明显的消防和安全优势。至于这些结论是否适用于 LNG 汽车和柴油卡车，目前还不清楚。政府的一份关于 CNG 与 LNG 的对比报告得出的结论❶认为，LNG 的腐蚀性更小，但无味，所以泄漏不容易被察觉，需要甲烷探测器进行检测。至于 LNG 需要非常低的温度来储存，意味着存储系统需要对储罐的压力和系统进行严密的监测，以便在紧急情况下释放气体。

虽然该报告指出，储气罐破裂是极其不可能的，但它也表示一旦产生火灾会比"等量"油箱破裂释放出的热量多 60%。给天然气汽车加气也需要额外的防护措施，并且在加气过程中温度的快速变化也会对车辆的材料和部件带来压力。该行业对这些问题的反应基本上是：如果遵循适当的程序，这些燃料是安全的。

此外，即使卡车运输行业为长途运输提供了充足的燃料基础设施，但有关缺乏适合卡车转售市场基础设施的经济问题可能依然存在。卡车在使用 6~8 年后，可能会不再用于商业货运业务，需要转售到农场和城市。由于在农村和城市地区没有足够的加气基础设施，就没有它们可以转售的市场。因此不论是从个体企业还是社会的角度，实际上都限制了这些卡车的使用寿命。

8.4.3　预测未来天然气汽车目标市场的占有份额

展望未来，预测未来新汽车的成本差异可能会降低。第一，由于汽油车和柴油车现有的经济规模，天然气汽车尚未从规模经济中受益，因此如果天然气汽车的需求增加，成本可能会大幅下降。第二，2010 年开始实施的更严格的柴油排放标准，可能会提高柴油汽车的价格。此外，第二阶段的卡车 CAFÉ 标准计划于 2016 年生效。随着对二氧化碳排放要求的调整，这些标准将会影响柴油燃料和替代燃料类的卡车。这个相对成本的影响是未知的。总的来说，天然气的发动机技术不如柴油和汽油发动机的技术成熟，而且不确定哪种类型的天然气发动机将来最成功以及它们的成本将会有多少。但是，天然气发动机的相对不成熟会使其创新的步伐会更大。

出于多个原因，最近的燃油价格差距可能会在未来继续保持或扩大。在页岩气开采中更大的可采收率和技术的进步，可以使液化天然气的价格保持稳定甚至更低，而对于石油和柴油燃料的价格是由全球市场来决定。环球透视（HIS，2010）最近的一份报告表明，从长远来看（从现在到 2030 年），石油与天然气价格的比率可能上升到大约 3:1。然而天然气价格也曾经有过不稳定的历史，每加仑当量的 CNG 价格有时比相应的柴油还贵。

在 2012 年的年度能源展望（AEO）中，美国能源信息署（EIA）实施了一个被称作"重型天然气汽车（HDV）潜力"的案例，以扩大天然气加气基础设施（通过简单的假设），允许逐步增加重型天然气汽车所占的份额。"如果不是因为平均有 3 年的投资回收期，燃料经济性比较合理，谁会考虑购买天然气汽车"（EIA，2012c，p.39）。另外，HDV 的参考案例是从 AEO 2012 年度的参考案例中发展而来，假定第 3~第 6 类车辆使用 CNG，7~8 类车辆使用 LNG。

---

❶ 见 http://www.chebeague.org/fairwinds/risks.html，节选自联邦交通管理局的空气清洁项目报告的 3.3.4 部分液化天然气。

表 8.4 简要说明了到 2035 年，在这两种情况下，HDV 行业的预期销售、市场占有率和天然气消耗量。这两种情况之间的巨大差距反映出天然气汽车未来的前景具有很大的不确定性。天然气在重型天然气汽车中的高消耗会略微推高天然气的价格，从而导致其他终端使用部门对天然气的消耗量降低。总体上会使美国天然气的总消耗量比参考案例高 5%（EIA，2012c）。在 2014 年的年度能源展望（AEO）中，美国能源信息署（2014）将 LNG作为铁路货运和国内船舶燃料的一项选择，并预计到 2040 年，天然气用于货运铁路能源消耗的市场占有率将达到 35%，占国内海运船只能源消耗量的 2%。预计到 2040 年，天然气在轻型车、重型车、机车、巴士和海洋船只的使用，会达到 863 兆英热单位，比 2012 年的43 兆英热单位增长了 20 倍（EIA，2014）。

表 8.4 在 AEO 2012 年度能源展望中两种重型天然气汽车的主要预测

预测项目	2010 年	2035 年	
		重型车的参考情况	重型天然气汽车的可能情况
新的重型天然气汽车的销售量（占比），辆（%）	860（0.2）	26000（3）	275000（34）
重型天然气汽车的市场份额%	0.4	2.4	21.8
重型车行业的天然气需求 10^{12}ft^3	0.01	0.1	1.8
天然气在重型车使用能源中所占的份额，%	0.2	1.6	32

总而言之，天然气在运输方面的经济效益表明这种燃料值得更多的关注。在国会层面上正在讨论本田轻型天然气汽车需要的投资和基础设施的补贴，以比汽油和混合动力车更加有利。在燃料和汽车价格差异、燃料经济性以及车辆行驶里程（例如每年行驶$12.5 \times 10^4 \text{mile}$）等某些假定条件下，LNG 重型卡车可以在两年内返回他们增加的投资，但一般来说投资回收期会更长。此外，这种有点乐观的评估并没有直接考虑基础设施和安全的费用。

尽管如此，即使没有燃料或汽车的补贴，各种各样的开发项目都在发挥作用，以使天然气汽车更有经济优势。首先，考虑到可以获得大量新的页岩气资源，即使需求量大大增加，预计天然气的价格仍会保持在相对较低的水平；第二，天然气汽车技术的发展可能会比常规燃料车更快，因为后者的技术已经比较成熟；第三，如果天然气汽车的需求量增加，规模经济可以进一步降低价格；第四，随着碳排放政策加上日益严格的空气污染法规，以及对汽油和柴油车（以及天然气汽车）燃油经济性的更加严格限制，柴油车在未来可能会变得更加不利；第五，将天然气转化为乙醇技术的进步，尤其是对于 CNG 和 LNG，不需要大量的基础设施投资就有可能取代石油。

8.4.4 间接影响

矛盾的是，低天然气价格也会影响以天然气作为燃料或原料替代品的产品的价格。天然气价格会影响化肥的生产成本，它是用玉米制燃料乙醇的关键原料。此外，较低的天然气价格可能会刺激更多的投资，用于研发燃烧天然气和氢❶的双燃料汽车技术，尽管这种双燃料汽车目前在商业上还不可行。因为天然气可以用来发电，也是生产氢气的最经济的原料，它可能会影响电动汽车和氢能源汽车的商业应用（Lee等，2012）。

8.5　制造和工业部门

如图8.3所示，制造业实际上是天然气的最大用户。然而，由于国际竞争、经济衰退的加剧，以及逐步向服务性行业的转型，美国的制造业在近几十年来一直在衰退。经济活动的这种变化以及能源效率的提高，导致这一行业在过去15年内天然气消耗量减少了20%（Lipschultz，2012），甚至回到了20世纪70年代初的水平。然而，由于页岩气开发带来的天然气价格下降，刺激了制造业一系列的扩张计划，尤其是在石油化工和化肥等天然气密集型的行业。欧洲的一些大制造商正计划将他们的生产企业迁回美国，以利用更便宜的天然气。例如，一家名为亨斯曼（Huntsman Corp.）的化学公司，过去在美国以外的地区要花费其可自由支配成长资本的90%，现在因为国内廉价的大然气，据说只需花费70%（Johnson和Tullo，2013）。天然气的繁荣也可以使美国吸引国外投资，如总部设在德国的巴斯夫最近宣布在路易斯安那州修建一家化工厂就是明证。❷

制造业可以通过其他多种方式从丰富的天然气中获益。首先，设备制造商和建筑材料供应商可能会由于页岩气产量的增长而增加需求；第二，石化企业会从更便宜的原材料和能源投入中降低成本从而获利，通过价值链的影响，这个好处随后会继续传递，至少会给下游行业带米一些成本优势（例如塑料和橡胶）；最后，通过增加消费需求和政府开支，由一个制造业的复苏所带来的收入、就业和税收的增长可能会刺激更广泛的经济增长。

美国化学理事会（2012）调查了页岩气开发在美国8项能源密集型制造业中的潜在经济效益。这项研究是基于经济的投入—产出模型（IMPLAN模型），评估了三个层次的经济收益：直接影响、间接影响和诱导影响。❸根据这项研究，以2010年的宁值美元来衡量，在2015—2020年期间，直接影响包括了1210亿美元的额外工业产值和720亿美元的基本建设投资，这相当于高出参考产值7.3%的涨幅水平。间接影响（对供应商行业）估计有额外1438亿美元经济产值的增长。这样的经济增长随后会导致其他行业通过收入和税收获得768亿美元的经济增长。表8.5为8个制造业根据他们的天然气消耗量情况，估算的直接工业产值的增长。这些收益基于每个行业的基准产量，从1.8%～17.9%不等。在这8个行业中，化学制品、塑料和橡胶产品的效益比较突出（估计在增加的总产值中占85%）。

其他一些研究机构和咨询公司也就页岩气繁荣对美国制造业的经济效益和就业的影响，

---

❶　如Hythane™（20%体积的H_2）或"HCNG"（30%体积的H_2）的混合物。
❷　巴斯大公司，"金达尔州长和巴斯夫公司致力于在盖斯马的甲胺厂建设"，http：//www.basf.com/group/corporate/en_GB/news—and—media—relations/news—releases/news—releases—usa/P—10—0109。
❸　这里，直接影响是指行业本身所带来的产量和就业的影响；间接影响是指行业通过从其供应链采购获得的这些影响；诱导影响，指那些被行业直接或间接雇佣人员的支出对就业和产量的影响（美国化学理事会2012）。

提出了他们自己的预测。来自普华永道的报告（PwC，2011，p.1）估计，"较低的原料和能源成本可以帮助美国制造商在 2025 年之前每年减少 116 亿美元的天然气费用。"

表 8.5　制造业的天然气消耗量与直接产值的增长情况

制造业	天然气年消耗量 ft^3	天然气在能源总消耗量中所占的份额，%	直接工业产值的增长（2015—2020 年）%	直接工业产值的增长（2015—2020 年）2010 年 10 亿美元
化学制品[①]	1.7×10^{12}	33	14.5	70.2
纸	460×10^9	20	2.2	3.7
塑料和橡胶制品	125×10^9	78	17.9	33.28
玻璃	150×10^9	53	3.3	0.656
钢铁	375×10^9	35	4.4	5.03
铝	180×10^9	49	7.6	1.69
铸造业	120×10^9	44	2.4	0.617
金属制品业	235×10^9	61	1.8	5.81

①包括医药品。
资料来源：美国化学理事会（2012）。

表 8.6 显示了美国最近几年公布的一系列新建或扩建项目，这些项目部分归功于页岩气的繁荣。根据美国化学理事会（2014）的数据，截至 2014 年 2 月已公布了 148 个以上的化工项目，共计新投资 1002 亿美元。得克萨斯州、路易斯安那州、俄克拉何马州和宾夕法尼亚州都是页岩气生产的大户，是这些项目的首选之地。这些项目一旦上线，将主要增加天然气的基本负荷需求。例如，日生产能力为 1500t 的氨厂每天可以消耗天然气 $44 \times 10^6 ft^3$，估计相当于 165000 辆 CNG 汽车的消耗量（Lipschultz，2012）。

然而这些项目不像电力部门那样，只需要对现有的燃气发电厂进行燃料转换，它们大多需要大量的投资，并且要有一个长达 5 年的投资回收期才能获得收益。因此，制造业的经济效益更容易受到天然气价格波动的影响，而关于 LNG 出口的潜在问题则推高了价格。

目前，美国能源部已经批准了 7 项许可，LNG 可以出口到未与美国签订自由贸易协议的所有国家❶，以后可能还会开放更多的政策。然而，这些出口可能会提高天然气价格，减少以天然气为原料的用户利润，这个损失估计是可控的（国家紧急救济署经济咨询，2012）。将天然气液化并运输到日本和中国的成本总计大约为 5.50 美元 $/10^{12} ft^3$（Johnson 和 Tullo，2013）。LNG 的到岸价格通常与石油价格挂钩，100 美元 /bbl 的油价换算成 LNG 的到岸价格为 12.00～15.50 美元 $/10^6 Btu$（Lipschultz，2012），这可能会使美国天然气价格远低于天然气进口国的价格。

---

❶　只有 4 个自由贸易协定的国家（韩国、澳大利亚、墨西哥和加拿大）是天然气的消费大国，其中只有韩国是 LNG 的主要进口国。世界上最大的 LNG 进口国，如日本、中国和英国，都是非自由贸易协定的国家（Johnson 等，2013）。

表 8.6　美国公布的与页岩气供应有关的制造业项目

行业	公司	项目	位置	投资额亿美元	宣布时间
石油化工[1]	甲烷公司	从智利搬迁来的甲烷厂	路易斯安那州 Ascension 县	5.5	2012 年 1 月
石油化工[2]	威廉姆斯公司	乙烯厂的扩建	路易斯安那州 Geismar	3.5~4	2011 年 9 月
石油化工[3]	道氏化学制品公司	新建乙烯厂	得克萨斯州 Freeport	不适用	2012 年 4 月
纺织业[4]	桑塔纳纺织品有限责任公司	粗斜纹棉布厂	得克萨斯州 Edinburg	1.8	2008 年 7 月
化肥[5]	CF 工业	氮肥复合物制造厂的扩建	路易斯安那州 Donaldsonville	21	2012 年 11 月
化肥[6]	奥拉斯考姆建筑工业	氮肥复合物生产厂	爱荷华州东南部	14	2012 年 9 月

[1]路易斯安那州州长办公室"金达尔州长、梅赛尼斯公司宣布 5.5 亿美元的甲醇厂投资"，2012 年 7 月 25 日。http://gov.louisiana.gov/index.cfm?md=newsroom&tmp=detail&articleID=3545。

[2]威廉姆斯有限公司"威廉姆斯扩建盖斯马尔乙烯厂以服务于石化行业"，2011 年 9 月 20 日。http://www.energy.williams.com/profiles/investor/ResLibraryView.asp?ResLibraryID=47352&GoTopage=5&Category=1799&BzID=630&G=343。

[3]道氏化学制品公司，"道氏在得克萨斯州新建乙烯生产厂"，2012 年 4 月 19 日。http://www.dow.com/texas/freeport/news/2012/20120419a.html。

[4]爱丁堡政治"巴西的桑塔纳纺织公司在爱丁堡打造 1.8 亿美元的制造厂"，2008 年 7 月 4 日。http://www.edinburgpolitics.com/2008/07/04/santana-textiles-corporation-of-brazil-to-build-180-million-manufacturing-plant-in-edinburg/。

[5]路易斯安那州经济发展"CF 实业公司宣布在唐纳森维尔增加 21 亿美元的投资"，2012 年 11 月 1 日。http://www.louisianaeconomicdevelopment.com/index.cfm/news-room/detail/217。

[6]华尔街日报"埃及对爱荷华州的天然气投资 14 亿美元"，2012 年 9 月 5 日。http://online.wsl.com/article/3B 1000 0872396390443589304577633932086598096.html。

资料来源：媒体报道。

下面我们将对廉价天然气供应影响最突出的石油化工、化肥和钢铁生产三个行业进行详细介绍。

8.5.1　石油化工

石化行业将天然气和天然气凝析液（NGLs）用作燃料和原材料，是最大的天然气消费者之一。据估计，化学品和石油炼制品占所有工业天然气消耗量的 46%（Lipschultz，2012）。对于石化行业所使用的天然气凝析液主要包括乙烷、丙烷和丁烷。在美国，乙烷和丙烷是生产乙烯的主要原料，它是生产塑料的一个关键组分，是世界上最常见的一种化学构成。乙烯生产能力的扩大，可能会提高各种各样的制造业的产量，如电子产品、服装和包装，因此对整个制造业有着深远的影响。

美国化学理事会（2011）针对石化行业的研究表明，由于过去几年廉价天然气的供应，计划投资 162 亿美元建设新的石化和衍生品产能，这预计会增加美国大约 25% 的乙烷产能。同样，普华永道（2012，p.3）估计天然气凝析液的生产"预计在未来 5 年中将增加 40% 以上，2016 年将超过 3.1×10^6 bbl/d"。美国化工行业投资 150 亿美元将增加 33% 的乙烯生产能力。

包括陶氏化工、台塑集团、雪佛龙菲利普斯化学公司和拜耳公司在内的多家石化公司已经宣布，计划建立新的工厂或扩大现有的乙烯和乙烯生产能力，部分原因是因为有页岩气原料的充足供应（PWC，2011）。陶氏化工（2011，p.11）表示，公司"未来三年在美国墨西哥湾沿岸的投资将增加其在美国 20% 的乙烯生产能力"。一项基于石化产品的经济成本模型分析表明，随着天然气价格从 12.5 美元 $/10^6$Btu 下降到 3.00 美元 $/10^6$Btu，估计乙烯的价格会从 1009 美元 /t 下降至 323 美元 /t，与聚乙烯和乙二醇的下跌程度相似（PwC，2012）。成本的下降将使美国的化工制造商与其国际竞争对手相比有着显著的成本优势。

此外，石化产品制造商正从以石油为基础的原料转向使用以天然气为基础的替代品。欧洲和亚洲的石化生产商以前主要用石脑油（一个各种炼油产品的通用术语）作为生产乙烯的原料，正转向使用乙烷来降低成本，这导致了美国和国际市场的石脑油价格下跌（Pirog 和 Ratner，2012）。预计通过研发努力，在未来几年利用乙烯基化学品替代石油基产品的数量将激增。最终，许多下游制造部门随后将受益于成本更低的化学原料供应，估计这些原料可以被用于 90% 的制造产品，并可能替代高成本的材料，如金属、玻璃和皮革（PwC，2012）。

8.5.2 化肥

天然气可用于生产氨，氨是大多数氮肥的主要成分，也是许多成品磷肥的主要成分，硝基肥料生产商的生产成本中估计氨的成本大约占 70%~90%（Pirog 和 Ratner，2012）。虽然美国是世界上生产氨的第四大国，但在 2000 年代美国的氨生产能力下降了 40%，在页岩气繁荣时期到来之前才有所改变❶。因为天然气价格的上涨主要针对工业用户，许多氨厂会搬迁到海外或者关闭。然而，大量低成本页岩气资源的出现已扭转这一局势，显著降低了这个行业的成本。

随着过去几年对化肥的大量需求，廉价天然气带来的成本节约主要是由生产商而非消费者所获得（Pirog 和 Ratner，2012）。CF 实业公司——美国一家化肥品的主要生产商和经销商，报告其氮部分的毛利率从 2009 年的 7.84 亿美元增长到 2011 年的 25.63 亿美元，增加了 3 倍以上（CF 工业，2012）。因此，不论是国内还是国外的生产商，最近宣布的新投资决定都要扩大产能。然而，对待这个行业需要谨慎，因为很可能投资前天然气价格很低，随后价格出现急剧上升，这样投资会遭受损失。（Pirog 和 Ratner，2012）。

8.5.3 钢铁生产

加大页岩气开发对钢铁生产的好处主要有两个方面：对钻井设备需求的增加导致钢铁产品需求的增加，并且由于天然气价格下降，运营成本下降。例如，美国钢铁公司（美国最大的钢铁制造商）在 2011 年增加了 17% 的管材产量，用于石油天然气钻探和传输设备（Miller，2012）。随着钻井设备需求的增加，伴随这些需求推动钢材价格的上涨和成本的下降，增加了公司的利润。

此外，钢铁行业可以直接从煤炭到天然气的燃料转换中受益：在生产过程中直接用天然气代替煤炭和使用低价电格，这两者都可以通过增加天然气供应使之在一定程度上成为

---

❶ 化肥协会，"Natural Gas Access/Supply"，http：//www.tfi.org/issues/energy/natural-gas-accesssupply。

可能。例如，纽克公司（Nucor）和美国钢铁公司（US Steel）都表示有兴趣投资利用天然气直接还原铁的生产（PwC，2011）——这一过程通常使用煤来生产所需的"还原气。"

将煤改为天然气可以使成本降低 8~10 美元 /t，而整个钢铁生产的成本大约为 600 美元 /t（Miller，2012；Pirog 和 Ratner，2012）。因此，与需求的上升相比，降低成本的效果对整个行业来说并不重要。

展望未来，根据美国能源信息署预测（2014），天然气在工业部门的使用会增加 22%，从 2012 年的每年 8.7 千兆英热单位到 2025 年的每年 10.6 千兆英热单位。在 2011—2025 年期间，大部分化工企业的产量预计每年将增长 3.4%，部分依靠天然气和天然气凝析液产量的增长。

8.6 结论

天然气革命已经对美国经济的电力及制造业产生深远影响，在未来可能对运输行业的影响越来越大，尤其是重型卡车市场，我们已经看到 LNG 用作垃圾卡车的燃料已有较高的市场份额。

电力行业用于发电的天然气量越来越多，是由于使用了以前建造但未曾使用的生产能力。但天然气使用量的进一步增长有可能要放缓，一部分是由于消耗了过剩的发电产能，一部分是由于州级对可再生能源的规定。

依靠天然气作原料或利用天然气替代其他燃料的制造行业，肯定受到了较低天然气价格的推动，通过增加国外和国内投资，这一趋势在未来势必会持续下去。

至于交通，我们发现天然气在重型卡车市场的推广具有经济意义，但是由于将大然气用作液体燃料的原料还没有突破，它不太可能在主要的轻型汽车市场上占有一定份额。

这里未讨论更长远的前景，有化石燃料燃烧的地方就有可能达不到二氧化碳减排的目标。可以想象，如果能够更严格地控制甲烷的排放量，在发电或制造中用天然气来代替煤势必会有一个低碳的未来。然而，从二氧化碳排放的角度来看，用天然气取代石油有更多的问题，因为从石油中排放 CO_2 的周期远远低于煤，天然气至少在货车运输、液化活动中会增加碳排放。如果电力行业对天然气的需求下降，其他行业可能会从廉价天然气中获得更多收益。

以上内容也未讨论天然气在住宅和商业中的应用。美国能源信息署（2014）预计这一部门的需求基本保持平稳。但环球透视（2014）发现有机会扩大当地的分销网络，如在美国的东北部，可以获得更多的消费者。然而，这个监管部门管理投资审批的过时规定——基本上限制了那些回收期短的投资项目（基于天然气价格比他们现在预计的更不稳定的假设）——将会阻碍这类项目的计划。

参 考 文 献

Alternative Fuels Data Center（AFDC）（2011）Alternative fueling station total counts by state and fuel type. Alternative Fuels & Advanced Vehicles Data Center in the U. S. DOE. Retrieved 20 Apr 2011. Available at http：//www. afdc. energy. gov/afdc/fuels/stations_counts. html

American Chemistry Council （2011） Shale gas and new petrochemicals investment：benefits for the economy, jobs, and U. S. manufacturing. American Chemistry Council, Economics and Statistics Department, Washington, DC

American Chemistry Council （2012） Shale gas, competitiveness and new U. S. investment：a case study of eight manufacturing industries. American Chemistry Council. Economics and Statistics Department, Washington, DC

American Chemistry Council （2014） U. S. chemical investment linked to shale gas reaches $100 Billion. American Chemistry Council, Economics and Statistics Department, Washington, DC

Bryce R （2011） Ten reasons why natural gas will fuel the future. Energy policy and the environ ment report no. 8. Apr. Manhattan Institute for Policy Research. New York. Available at http：// www. manhattan-institute. org/ html/eper_08. htm

Burtraw D. Palmer K, Paul A, Woerman M （2012） Secular trends, enviromnental regulations, and electricity markets. Discussion paper 12-15. Resources for the Future. Washington, DC

Celebl M, Graves F, Russell C （2012） Potential coal plant retirements：2012 update. Discussion paper. Oct. The Brattle Group, Washington, DC

Center for Climate and Energy Solutions （C2ES） （2012） Natural gas use in the transportation sector. Center for Climate and Energy Solutions, Arlington, Available at http：//www. c2es. org/ publications/natural-gas-use-transportation-sector

CF Industries （2012） CF industries 2011 annual report：our global table. CF Industries Holdings. Deerfield

Chemical D （2011） 2011 annual report：welcome to solutionism™. The Dow Chemical Company. Midland

Cianca D （2011） Natural gas passenger vehicles coming to grand junction：Honda's civic GX expected locally by early fall. KJCT8. com of Pikes Peak Television Inc. , 7 Apr. Available at http：//www. kjct8. com/ news/27473206/detail. html

Energy Information Administration （EIA） （2008） Natural gas weekly update. Department of Energy. Washington. DC

Energy Information Administration （EIA） （2012a）. Annual energy review 2011. DOE/EIA-0384 （2011） . U. S. Department of Energy, Washington. DC

Energy Information Administration （EIA） （2012b） Electricity generation from coal and natural gas both increased with summer heat. Available at http：//www. eia. gov/todayinenergy/detail. cfm?id=8450#

Energy Information Administration （ElA） （2012c） Annual energy outlook 2012. DOE/EIA-0383 （2012） . U. S. Department of Energy. Washington. DC

Energy Information Administration （EIA） （2014） Annual energy outlook 2014 early release overview. U. S. Department of Energy, Washington, DC

Energy Information Administration （EIA） （n. d. ） Primary energy consumption by source and sector, 2012. U. S. Department of Energy, Washington, DC. http：//www. eia. gov/totalenergy/ data/monthly/pdf/flow/css_2012_energy. pdf

Energy Vision （2013） Tomorrow's trucks：leaving the era of oil behind. Energy Vision. New York

Federal Energy Regulatory Commission （2013） FERC authorizes information sharing by gas pipe- lines, electric utilities. News release, docket no. RM13-17-000. Federal Energy Regulatory Commission, Washington, DC. 15 Nov 2013. Available at https：//www. ferc. gov/media/news- releases/2013/2013-4/11-15-13. asp#. UlNgVV5j5g0

Fraas AG, Harrington W, Morgenstern RD （2013） Cheaper fuels for the light duty fleet：opportunities and barriers, Forthcoming discussion paper. Resources for the Future, Washington, DC

Gladstein, Neandross & Associates (2011) NGV roadmap for Pennsylvania jobs, energy security and clean air. Marcellus Shale Coalition, Canonsburg, Available at http: //marcelluscoalition. org/wp-content/ uploads/2011/04/MSC_NGV_Report_FINAL. pdf

Goulding AJ, Zhang Y, Hoang V (2011). Seeing past the hype: why natural gas vehicles (NGVs) may be more cost efiective than electric vehicles (EVs) for fighting climate change. 18 Feb. London Economics International LLC, Boston. Available at http: //www. londoneconomics. com/pdfs/LEI_NGV_paper_ updated_Final. pdf

Gray R (2011) . 2011 NatGas act introduced in congress. School transportation news, 6 Apr. Available at http: // www. stnonline. com/home/latest-news/3257-2011-natgas-act-to-be-introduced-to-congress

Hesterberg T, BunnW, Lapin C (2009) An evaluation of criteria for selecting vehicles fueled with diesel or compressed natural gas. Sustain Sci Pract Policy 5 (1) : 20-30

IHS CERA (2014) Fueling the future with natural gas: bringing it home. Available at http: //www. fuelingthefuture. org/assets/content/AGF-Fueling-the-Future-Study. pdf

IHS Global Insight (2010) Presentation by Mary Novak on U. S. Energy Outlook at annual Energy Information Administration conference, 6-7 Apr, Washington, DC

Johnson J, Tullo AH (2013) Chemical and gas suppliers battle over LNG exports. Chem Eng News 91 (10): 9-13

Kell-Holland C (2009) Payoff-one company rolled the dice on LNG and reaped the reward. LandLine Magazine, Mar/Apr: 53. Available at http: //www. cleanenergyfuels. com/pdf/LNG_ landline_apr09. pdf

Knittel CR (2012) Leveling the playing field for natural gas in transportation, Discussion paper 2012-03. Brookings Institution. Washington, DC

Lee A, Zinaman O, Logan J (2012) Opportunities for synergy between natural gas and renewable energy in the electric power and transportation sectors. Technical report NREL/TP-6A50-56324, Dec. National Renewable Energy Laboratory, Joint Institute for Strategic Energy Analysis, Golden

Lipschultz MC (2012) . Historic opportunities from the shale gas revolution. KKR report, Nov. Kohlberg Kravis Roberts & Co. L. P, New York

Logan J. Heath G. Macknick J, Paranhos E, Boyd W, Carlson K (2012) Natural gas and the transformarion of the U. S. energy sector: electricity. Technical report, NREL/TP-6A50-55538. The Joint Institute for Strategic Energy Analysis, Denver

Macmillan S, Antonyuk A, Schwind H (2013) Gas to coal competition in the U. S. powr sector. OECD/ IEA. Paris. Available at http: //www. iea. org/publications/insights/CoalvsGas FINAL_WEB. pdf

Massachusetts Institute of Technology (2009) The future of natural gas, an interdisciplinary study of MIT. MIT Energy Initiative, Cambridge, MA

Miller JW (2012) Steel finds sweet spot in the shale. Wall Str J, 26 Mar. Available at http: //online. wsj. com/ article/SB10001424052702304177104577305611784871178. html

Mufson S (2012) The demise of coal-fired power plants. The Washington Post, 23 Nov. Available at http: // articles. washingtonpost. com/2012-11-23/busines/35508510_1_coal-plant-coal-prices-coal-mines

NERA Economic Consulting (2012) Macroeconomic impacts of LNG exports. from the United States.NERA Economic Consulting, Wshington, DC

Pirog R, Ratner M (2012) Natural gas in the U. S. economy: opportunities for growth. Congressional Research Service, Washington, DC

Port of Los Angeles and Port of Long Beach (2011) San Pedro Bay Ports Clean Air Action Plan. Clean Air Action Plan (CAPP) Implementation progress report, quarterly report-lst quarter 2011. Available at http: //www cleanairactionplan. org/civica/filebank/blobdload. asp?BloblD=2518

PricewaterhouseCoopers (PwC) (2011) Shale gas: a renaissance in U. S. manufacturing?Dec. PwC. NewYork

PricewaterhouseCoopers (PwC) (2012). Shale gas: reshaping the U. S. chemicals industry. Oct. PwC. New York

Taschler J. Content T (2011) Interest soars in natural gas vehicles: as oil prices rise, more business fleets could use alternative fuel. The Milwaukee J Sentin. 9 Apr. Available at http: //www. json- line. com/business/ 119517879. html

Taylor GD. DuCote WG, Whicker GL(2006)Regional fleet design in truckload trucldng. Transp Res Part E 42(3): 167-190

Turher S (2010) Natural gas vehicles: what's here and what's coming. Presented at the waste-to-wheels: building for success conference. 1 Dec, Columbus. Available at http: //www. eere. energy. gov/cleancities/ pdfs/ngv_wkshp_turner. pdf

U. S. Environmental Protection Agency (2012) Inventory of U. S. greenhouse gas emissions and sinks 1990-2010. EPA 430-R-12-001. Apr. U. S. Environmental Protection Agency, Washington. DC

U. S. Environmental Protection Agency and the U. S. Department of Transportation's National Highway Traffic Safety Administration (2011) Greenhouse gas emissions standards and fuel efficiency standards for medium-and heavy-duty engines and vehicles. Federal Register 76 (179) : 57106-57513

Weiss J, Bishop H, Fox-Penner p, Shavel I (2013) Partnering natural gas and renewables in ERCOT. The Brattle Group, Cambridge, MA

White House (2012) Fact sheet: all-of-the-above approach to American Energy. Office of the Press Secretary, 7 Mar. Available at http: //www. whitehouse. gov/the-press-office/2012/03/07/ fact-sheet-all-above-approach-american-energy

White House (2013) Fact sheet: President Obama's blueprint for a clean and secure energy future. Office of the Press Secretary, 15 Mar. Available at http: www. whitehouse. gov/the-press- oftice/2013/03/15/fact-sheet-president-obama-s-blueprint-clean-and-secure-energy-future

第 9 章　从页岩气角度实现经济、社会人口、环境以及监管问题之间的平衡

Clifford A.Lipscomb，Sarah J.Kilpatrick，Yongsheng Wang，William E.Hefley

[摘　要] 与任何新兴产业的发展一样，页岩气的发展也带来了机遇和挑战。在经济上，与就业和税收相关的利益必须与潜在的成本相平衡，包括环境、财产价值、诉讼和融资。页岩能源产业必须积极面对这些挑战和下游的影响。本章总结了这些挑战和对下游的影响，并讨论了与这些难题相关的急需未来研究的问题，可以为读者提供全面的认识。

9.1　概述

前面的章节已经表明，页岩气开发可以从多个角度来考虑。其中有些方面本质上就具有经济性，包括增加天然气行业的产量和就业机会。经济影响分为直接影响、间接影响（即当地企业从当地其他行业购买商品和服务）以及次生影响（收入再支出）的乘数效应，可以通过地方和区域经济逐渐扩大。其他方面是非经济性的（例如社会人口、环境影响和对页岩气开发的监管）。无论从何种角度来看，当决策者或监管机构对页岩气开发的某些方面作决策时必须权衡考虑，这一决定是否有助于当地基础设施的改善，否则就禁止页岩气的开发（在撰写本文时，佛蒙特州和其他社区正在考虑这个决策）。

页岩气开发也带来了一些特殊问题。行业要解决这些问题的根源，在于对问题的感知程度（例如，由于页岩气开发导致的气候变化、安全和健康问题以及财产价值的影响），这些问题可以通过增加产量和就业机会，增加市一级的税收，以及在公开市场上销售额外可用的天然气资源来改善。通常页岩气开发的成本会影响一些个人和实体，而由不同的个人和实体获得这些收益。是把这个成本强加给一些团体，还是让其他人获得好处？所做的决策需要在他们之间找到平衡。是不是应将规章制度落实到位以减少州或当地政府的成本？哪些成本强加给了市民和业主？从广义上来讲，页岩气开发是如何影响美国的能源结构和

作者简介：
Clifford A.Lipscomb（克利福德 A. 利普斯科姆）
美国，GA30120，卡特斯维尔，巴托街北 106 号，格林菲尔德咨询有限责任公司；
e-mail：cliff@greenfieldadvisors.com.
Sarah J.Kilpatrick（莎拉 J. 基尔帕特里克）
美国，WA 99168，塔科维拉，南大街 1351735 号，格林菲尔德咨询有限责任公司；
e-mail：sarah@greenfieldadvisors.com。
Yongsheng Wang（王永生）
美国，宾夕法尼亚州 15301，华盛顿，林肯大街南 60 号，华盛顿和杰佛逊学院；
e-mail：ywang@washjeff.edu。
William E.Hefley（威廉 E. 赫夫利）
美国，宾夕法尼亚州 15260，匹兹堡大学约瑟夫 M · 卡茨商学院和匹兹堡大学工商管理学院；
e-mail：wehefley@katz.pitt.edu。

安全？对世界有什么影响？

9.2 天然气行业的挑战

上述问题引发了人们对天然气行业所面临挑战的广泛讨论。通过采取水力压裂技术的非常规页岩气开发，在石油天然气行业掀起的并不是第一波热潮。许多人回忆以前在有石油的地方曾经到处都是抽油机和井架，其中一些抽油机和井架现在仍在运转，而随着行业技术的进步，其他设备已被淘汰。当我们谈到石油天然气行业面临的挑战时要考虑很多事情，我们应该把目光放长远一点，考虑它现在的状况以及它将来的走向。

回顾过去石油和天然气的繁荣以及近年来页岩油气开发的热潮，都有过类似的状况：工人搬迁到新的地方，在那里他们要么是临时居住要么是永久居住；当他们到那儿后，住房通常是供不应求；钻探活动带来了更多的与石油和天然气有关的工作；有了这些岗位而冷落了其他间接和衍生的工作岗位。换句话说，我们并不是在面对什么新鲜事物，但关于这一话题的报道还有不少争议。

我们认为当今的油气开发有别于之前进行油气开拓的那些日子，唯一的挑战或许是公共政策和环境。事实上，美国环保署直到 1970 年才开始进行管理，是在油气最初的繁荣后相当长时间才开始的。而公共政策和环境在过去几年较少引起广泛关注，这可能是当前影响行业的最重要因素。在下面的章节中，我们将讨论石油／天然气行业的影响，同时概括前面一些章节的突出成果，并建议需要在未来开展的其他研究。

9.3 经济影响

事实上，对非常规页岩气开发要有相关的经济激励措施相当重要，这正是为什么各级政府都在对现实（甚至是感知）环境的权衡时存在纠结的原因。本书的前面几章已经表明，就业、收入和住房的影响可能是这些影响中研究最多的，其次是一定程度上的社会人口的影响。

创造就业机会可能是从页岩气开发获得的最明显和最经济的收益。2009 年，仅宾夕法尼亚州 Marcellus 页岩地区的经济影响就创造了 23385～23884 个就业机会，带来了 12 亿美元的劳动收入，让宾夕法尼亚州增加了 19 亿美元的经济收入（Kelsey 等，2011）。但不同的研究计算所得的数据不同，同年，西弗吉尼亚州在油气行业雇用了 9869 人，支付了 5.519 亿美元的工资，对州的总价值影响超过 120 亿美元，创造了大约 24400 个工作岗位（其中该年度产生了 7600 个）（Higginbotham 等，2010）。2012 年，根据得克萨斯州 14 个县生产的石油和天然气，总的经济影响是 460 亿美元，支持了 86000 个就业岗位。加上附近另外 6 个不生产油气的县，Eagle ford 地区总共有 610 亿美元的影响，支持了 116000 个就业岗位（Oyakawa 等，2013）。基于当前的状况，预计所有上述地区的就业机会还会有所增加。

重要的是要权衡不进行水力压裂的得失。尽管大量研究一直在关注水力压裂的经济影响，最近由科罗拉多大学博尔德分校研究人员进行的研究（Wobbekind 和 Lewandowski，

2014）强调了在科罗拉多州禁止水力压裂不利于经济发展的因素。研究结果表明，如果在 2015 年禁止水力压裂，那么从长远来看（2015—2040 年），将减少 93000 个就业岗位和 120 亿美元的国内生产总值（GDP）。在禁止的第一个 5 年，将减少 68000 个就业岗位和 80 亿美元的 GDP。

尽管页岩气开发创造的就业机会有很大的经济影响，但我们不能忘记租金和矿区使用费——鼓励所有者允许页岩气发展，也为所有者带来收入。在最近的研究中有一个令人关注的成果是宾夕法尼亚州东北部的租金和矿区使用费收入的储蓄率。从 Marcellus 页岩教育和培训中心（宾夕法尼亚州技术学院和州立大学合作）的研究（Kelsey 等，2012a；2012b；2012c；2012d；2012e）表明，在宾夕法尼亚州的 Bradford, Sulliran, Susquehanna, Tioga 和 Wyoming 各县，租金的储蓄率大约是 55%（边际储蓄），矿区使用费收入的储蓄率约为 66%（边际储蓄）。

2012 年，平均储蓄率占个人可支配收入的比例为 8.2%（经济分析局，2014），远远高于预期的储蓄率。通常租赁收入的税收是 17.52% 左右。对于租赁收入的实际支出，大约有 9.02% 用于购买机动车辆，房地产占 5.15%，农业占 4.36%，房地产改善占 1.75%，医疗和保险占 1.65%，其余支出在度假、旅游、娱乐（0.36%），消费品（0.2%），食品（0.01%），剩下的 4.79% 用于其他未具体分类的项目支出。了解这些从水力压裂活动获得的资金如何支出，是了解当地市场如何回应水力压裂活动的关键。

在协定中通常没有考虑将一种类型的土地用作另一种用途，也未考虑土地的最佳使用条件并对土地进行有效地变更。农民可以继续在有页岩气井的土地上种庄稼，但井场公路和钻井井场等基础设施可能将大块的土地分隔开来，使农场规划更具挑战性。虽然房屋通常供不应求，但可以创造新的就业机会。并且研究表明，工人往往只是暂时迁移或者通勤到新的地区。这可能是由于从得到井位到生产阶段的时间相对较短。来自匹兹堡大学的研究（Hefley 等，2011）表明，井场建设通常需要 5 天时间，钻井 18~21 天，水力压裂 1~3 天，完井 10~15 天，然后这口井就会一直生产直到它关井或停产。如果一个地区只有一口井，工人们需要安置的时间较短，但如果有大量这样的井，住房供应也充足的话，搬迁的可能性更大，甚至更可行。

在北达科他州的 Williston，有 1.85 万人口，创造了 75000 个新工作岗位，房地产市场供不应求。据新闻报道（Gelber，2014；Wood，2013），酒店提供的"经济房"为 700 美元一晚，而石油天然气工人每月只可以赚到六位数，许多工人都居住在当地的沃尔玛停车场。他们注意到租金比 5 年前高了 4 倍，以前卖 60000 美元的房子现在标 20 万美金。虽然这可能是一个不寻常的例子，当城市面临经济繁荣时，也提醒我们对这些经济问题的深思。

如果市政府希望永久性地吸引这些工人，他们需要确保其规划能够提供足够的房屋（或建筑许可）；否则，当这些工人在附近工作或从其他可提供住房的地区来上班时，这些工人有可能住在旅馆或其他临时住房。研究表明，石油 / 天然气工人通常来自于其他州（例如，来自得克萨斯州的工人住在宾夕法尼亚州）。这表明当地市场缺乏经过培训或合格的工人。如果地区市场要保障他们的税收收入，重要的是为这些类型的工作制订培训和教育方案，否则这些资金将流向其他地区。充足的住房供应（无论是临时性还是永久性的），

主要是要确保这些就业机会留在当地,并要让这些经济"繁荣"所带来的增长在生产结束时不会就此结束。❶

对于水力压裂活动会对房产价值带来何种变化的研究并不太多(即那里不存在污染或存在的污染不为人所知)。Boxall 等(2005)发现,对靠近传统石油/天然气设施的房产价值有负面影响(这篇文章是写在水力压裂普遍应用之前)。Gopalakrishnan 和 Klaiber (2012)研究了页岩气勘探对宾夕法尼亚州 Washington 县房产价值的影响。其结果表明,对接近天然气勘探现场(井场)的房地产会有不利影响,这种影响会随时间和距离而逐渐消失(这种影响似乎在距离天然气勘探现场 2mile 处就消失了)。他们还发现,对以井水作为主要饮用水源和靠近农业用地的房地产的不利影响更大。同样,Muehlenbachs 等(2014)利用特征价格模型,通过分析邻近直井和水平井的房屋的供水情况,来确定是否会对地产价值产生不同的影响。他们的研究结果表明,由于天然气井积极的经济影响,有"自来水"(即公共用水)的房屋其房产价值会增加。然而,对于那些有"地下水"(即私人水井)的房子,气井的存在使房屋价值降低。这些差异可能是由于对可能存在的地下水污染风险的认识,这在很大程度上是钻井的共同特征,而不一定是由水力压裂引起的。

有关住房的一个问题是,非常规页岩气开发井场的存在是否会影响房主获得抵押贷款和(或)业主财产保险的能力。这些问题源于潜在的环境危害和页岩气活动可能发生的风险。如果有环境污染或污染风险的存在(例如,如果在一个房地产上进行钻探活动),有些银行将不会给那些住宅抵押贷款;保险公司可能不负责赔偿这些钻探活动对房产所造成的损害或污染(Radow,2011;全美互助保险公司,2012)。虽然缺乏抵押能力和保险看似小事,但缺乏抵押贷款能力意味着买家可能需要支付现金或其他等值财产,或者所有者因为不允许抵押贷款而不能出售房产。此外,也无法确保房主或投资者的房产能正常交易,以保护其投资。如果所有者持有这类房地产是作为投资的目的或世代的财富,那么这些问题可能会使业主被套牢在房地产上而没有退出的措施。当然,如果房主正好是地下资源的所有者,他们将通过矿区使用费来获得补偿。然而,问题是当矿权所有者不是房地产所有者时就需要进行拆分。在这种情况下,支付给地表所有者的赔偿金与矿区使用费相比是微不足道的。

要确定一口页岩气井是否开发,以及进行钻井和水力压裂时所发生的影响,除了经济变量,还有因页岩气开发而直接或间接导致的非经济的影响。这些影响可以分为社会人口、环境和监管的影响。

9.4　社会人口的影响

虽然大多数人认为页岩气开发不会有社会影响,但这是一个值得考虑的重要组成部分。随着大量页岩气勘探和钻井活动的开展,农村地区以前是安静的,通常是自然农业的状态,当附近进行这些工业活动后会带来巨大的影响。对于居民来说,他们的土地以前用于耕

---

❶　相关问题是非常规页岩气(油)开发的热潮已对当地机场有所影响。最近在 Minot,Williston 和 Dickinson(北达科他州)增加的商业航空活动,导致机场设施缺乏,需要更大的航站楼(O'Donnell,2014)。

种，可能需要他们权衡考虑是出售地表的权利还是当世代的农民，这是一个改变人生的大事。研究表明，Marcellus 页岩地区奶牛场的产量可能会随着开采的强度而下降（Adams 和 Kelsey，2012；Finkel 等，2013）。还有研究（Frey，2012）表明，随着大量的天然气钻井资金涌入，Marcellus 页岩地区的乳品业可能会更加现代化，或者是减产，或者改变成其他农业形式。不管实际发生了什么，变化都在意料之中，我们可以根据变化进行调整。

后面加入的临时工人对天然气钻井活动不熟悉，也有可能对社区产生影响。虽然这些人呆在该地区，但他们所在的社区不可能从中受益。这些工人通常不会向他们工作的社区缴纳财产税或收入税，但仍然利用或变相使用当地提供的服务（如道路和警察部队）。他们作出的唯一直接的贡献可能就是临时住宿的消费税（一些社区称之为"酒店 / 汽车旅馆税"）以及他们在该地购买的一些商品和服务的消费税。对于小城镇来说，这些"陌生人"的涌入可能会引起关注，或者会改变当地的文化。这些变化可能是积极的也可能是消极的，特别是小型社区可能会纠结于这些社会人口的变化。

以前我们谈到对房地产的影响，主要是注重住房的供不应求以及租金或住房成本的增加（临时或永久），实际上还可能会导致当地居民由于缺乏可负担得起的住房而离开该地区，这在有大型租赁市场的地区尤其如此。在繁荣的市场上，销售的能力可能会导致在市场上升的同时，有投资的人出售。例如，拥有大房子的老人宁愿卖掉他们的房子搬迁到新的地方，以利用卖房的收益作为退休金。相反，如果住房供应增长，然后石油 / 天然气开采活动结束，由于工人（临时或永久性）撤离该地区，业主可能会看到他们的房产价值下跌。最终，这些社区的人口构成会发生改变，社区要应对这些变化。

社会人口问题还包括受教育的机会。在有就业增长的地区，通常有望增加中小学的入学人数。然而，正如第 8 章所述，宾夕法尼亚州的教育工作者未看到中小学入学人数的大幅增加。这可能是由于住房供不应求（即家庭不能在该地找到合适的地方居住），或是由于石油（天然气）的临时性工作在某个地方持续的时间相对较短。

得克萨斯大学（UTSA）的研究人员在对 Eagle Ford 页岩以及得克萨斯州的研究表明，技术学院正在开设新的项目，专门用于培训和教育石油天然气行业的员工，这源于第 7 章 Tunstall 的介绍。Eagle Ford 页岩气的开发对当地劳动力的教育构成将会有持续的影响，因为这些项目在社区和州资助的学院和大学已经上线。

9.5 环境影响

环境问题或者是缺乏对环境问题的认识，可以说是在页岩气行业最有争议的部分。是否进行石油天然气生产以及生产规模的大小往往取决于环境问题，并通过增加就业机会和税收来平衡。

Muehlenbachs 等最近（2014）研究论证了"依赖地下水的家庭正遭受页岩气开发的负面影响"，这些负面影响的大小在 0~1.5km 范围内。该研究认为，对于在 1km 范围内有一口气井的房屋，如再增加另外一个井场，则其房地产价值明显有 16.7% 的负面影响。这是一个重要的发现，因为它考虑了由于地下水污染风险认知的负面影响和租赁付款的积极影响以及其他邻近的影响；这些结果表明，仅凭地下水污染风险的认识，对于邻近页岩气井的房屋，会对其房地产价值产生负面的影响。随着全国越来越多的气井完钻，更加显示出进行页岩开发活动研究以及对公众进行教育的紧迫性和重要性。

国家科学院（美国国家科学院，2012）的一项研究指出，与能源开发有关的"诱发地震"在阿拉巴马州、阿肯色州、加利福利亚州、科罗拉多州、伊利诺伊州、路易斯安那州、密西西比州、内布拉斯加州、内华达州、新墨西哥、俄亥俄州、俄克拉何马州和得克萨斯州都有所察觉。他们的研究结果表明，目前实施的水力压裂并不一定对诱发地震活动有高度风险；然而，对处理废水的回注会构成一定风险。总的来说他们的研究表明，注入/驱替流体的体积、排量和温度，以及孔压、周围储层的渗透性、断层性质、地层的应力条件、离注入点的距离和注入的持续时间，这些因素在理解"诱发地震"的相关风险都发挥了至关重要的作用。

近年来，天然气蓬勃发展的一个原因（除了该行业技术的进步）是天然气被认为是比煤更清洁的能源❶。根据美国能源信息署的报告，天然气被用作能源产生的二氧化碳略超过煤的一半❷。例如2012年，碳排放量减少3.8%，部分原因是因为暖冬、汽车能源效率的提高，以及正在进行的从煤炭到天然气的转换❸。虽然天然气可以减少碳的排放，但天然气开发相关的温室效应主要是由甲烷引起的。研究表明，由于天然气开发的能效差异，甲烷泄漏有着不同的特点❹。如果天然气部门能保持甲烷的低泄漏，则天然气作为能量来源将比煤炭更有效。然而，如果甲烷泄漏不可控，温室效应的问题就不会有所好转。

目前，只要行业监管控制好甲烷的泄漏以及对饮用水的潜在影响，天然气似乎是一个能替代煤的切实可行的、更清洁的能源。如果提议的清洁能源计划能够获得批准，可以在管理中发挥重要作用❺。在未来，我们可能会发现，天然气只不过是煤和其他更清洁能源（如风能和太阳能）的过渡。对新型的能源可能会有他们自己的权衡。就像煤一样，即使天然气成为全球经济的主要清洁能源，但天然气的供应是有限的，还需要对其他可再生能源进行探索。

9.6　监管和政策的影响

9.6.1　税收

石油天然气行业是税收的一个庞大的组成部分。在两个有相似生产力的市场，人们很可能会选择税收更有利的市场。我们认为，决策者用这些增加的税收来保护当地社区免受可能出现的环境风险，并保持可持续的发展是非常重要的。随着技术的进步和页岩气生产

---

❶ "天然气确实比煤炭好" http：//www.smithsonianmag.com/science-nature/natural-gas-really-better-coal-180949739/（2014年7月27日检索）。

❷ 美国能源信息署"常见问答"用化石燃料发电时每千瓦小时产生多少二氧化碳？http：//www.eia.gov/tools/faqs/faq.cfm?id=74&t=11（2014年7月27日检索）。

❸ "美国二氧化碳排放量下降3.8%" http：//www.livescience.com/40600-us-carbon-dioxide-emissions-drop.html（2014年7月27日检索）。

❹ Brandt AR等人（2014）"北美天然气系统的甲烷泄漏"政策论坛 http：//www.novim, org/images/pdf/ScienceMethane.02.14.14.pdf（2014年7月27日检索）。

❺ 美国环境保护署"清洁能源计划建议的规定" http：//www2.epa.gov/carbon-pollution-standards/clean-power-plan-proposed-rule（2014年7月27日检索）。

的放缓，或许搬迁到产量更高或经济上可行的地区，将有助于确保这些市场的增长能够从现在一直持续多年。

这就提出了一个有趣的问题：社区会使用在页岩气开发中增加的税收来为他们在页岩气开发过后的生活做准备吗？映入我们脑海的会是阿拉斯加以及阿拉斯加的永久基金。当阿拉斯加人意识到他们从阿拉斯加输油管道获得的大笔收益不会永远持续下去时，阿拉斯加公民"于 1976 年通过投票决定修改宪法，把至少 25% 的石油收益投到一个专用基金……这将为他们那些以后不再有石油收入来源的子孙后代储备资金。"可以说，这个基金是成功的，因为它是由宪法修正案产生，非常公开，不是作为一个银行来运作，有管理者的监督职能，并接受立法监督❶。在有页岩气开发的各州产生了大量额外的税收，决策者也希望建立像阿拉斯加那样的永久基金。

9.6.2　限制和分区要求

大多数城市都有农村、住宅、商业和工业的分区，或者是这些分区的组合。分区通常是为了让工业活动远离居民区，这样做实际上是有助于保护当地居民的房产价值。随着水力压裂活动的开展，应同样应用分区或限制条款的要求。无论是否发生任何类型的环境状况，在本质上货运交通和钻井噪声都会使这类活动工业化。那么为什么市政当局允许水力压裂活动可以有别于其他行业的做法，可以任意地靠近？限制要求和分区在利用和享有个人财产的保护中发挥着重要作用。例如，宾夕法尼亚州最高法院废除了 13 号法案的部分内容，并将石油和天然气活动的分区管辖权返回给当地社区。❷

9.6.3　资金

这个话题是关于页岩气开发金融资本的来源。在一个特定地区进行石油或天然气开采之前，大多数公司都使用他们的自有资金来提供钻探设备、租赁合同等费用。然而，有些石油／天然气公司是通过出售特种债券来筹集资金。在美国还有一个相对强劲的高收益的债券市场。正如彭博商业周刊所述，最近允许 Rice 能源公司（一个低信用等级的天然气生产商）发行债券，计划在宾夕法尼亚州的 Marcellus 页岩和附近的 Utica 页岩投资 12 亿美元，用于页岩气的开发，即使该公司发行债券筹资了 9 亿美元，但仍被标准普尔评为 CCC＋级（Loder 2014）。考虑到页岩气产量会在第一年急剧下降的情况，页岩气生产商要通过钻更多的井来维持生产水平，这意味着需要更多的借款。关于资金的真正问题在于，这是否是一个可持续的商业模式。这取决于技术发展推动成本的降低和市场需求，从而保持天然气价格的稳定。由于美国天然气的价格很低，大约是欧洲和中国价格的 20~25%，潜在的利润巨大，吸引了许多大型能源公司来争抢这块馅饼。❸它也鼓励更多的能源密集型制造公司将他们的业务从海外迁回到美国本土。

---

❶ 阿拉斯加永久基金公司"常见问答"http：//www.apfc.org/home/Content/aboutFund/fundFAQ.cfm（2014 年 7 月 25 日检索）。
❷ 宾夕法尼亚州最高法院决定不再考虑 13 号法案的决议。http：//stateimpact.npr.org/pennsylva-nia/2014/02/21/pa-supreme-court-will-not-reconsider-act-13-decision/（2014 年 7 月 24 日检索）。
❸ "威廉姆斯投入近 60 亿美元以增加页岩油、气的股份"http：//online.wsj.com/articles/williams-strikes-nearly-6-billion-deal-to-expand-into-shale-oil-natural-gas-1402865062（2014 年 7 月 24 日检索）。

9.7 平衡影响的政策

考虑到地质学家、化学家、经济学家和政策分析家们正在对页岩气开发进行大量的科学研究，在这个时候任何的政策性建议都可能还不成熟。像纽约州等地在这时候暂停水力压裂，大概是在等待水力压裂对环境影响的进一步研究结果。而我们可以通过查看最近由 Brown 等人（2013）开展的一项民意调查结果，来讨论与水力压裂相关的最佳政策。这项研究报告是对宾夕法尼亚州和密歇根州居民的调查结果。毫不奇怪，"受访者认为水力压裂在他们各自州的经济效益是美国水力压裂的主要好处之一"（p.15），也无怪乎各个政党对水力压裂的态度有着不同看法：共和党人普遍比民主党更赞同使用水力压裂。然而也揭示了"密歇根州和宾夕法尼亚州的绝大多数受访者都非常赞同天然气应该被视为一种公共资源"（p.18）。这说明了任何政策在制定之前必须回答的一个根本问题——谁拥有天然气。所有权问题取决于谁是产权的所有者，谁拥有土地的所有权，也就拥有土地上面的空气和地下的矿产权利。如 Schick 所述（1961），这个想法至少可以追溯到英国普通法中的"伯里 V·蒲伯"一案（1587），Harold Demsetz（1967）写道：

> 产权是一个社会工具，它的重要性在于帮助人们在与他人交易的时候，达成那些可以合理持有的期望值。这些期望值在法律、习惯以及社会的道德观念上得到体现。产权所有者获得同伴的同意，允许让他以特定的方式采取行动。

Cole 和 Grossman（2002）指出，产权制度形成所有市场交换的基础：

> ……社会产权的分配影响资源使用的效率。更为普遍的是，通常假设定义明确的产权是所有市场运作的理论和实证研究的基础。文献进一步假设，当权利没有明确界定时市场会失去调控。因此，用经济学的话来说，产权是最重要的。

产权（即所有权）是一个比分区、征税以及披露页岩气开发所使用的相关化学药品更重要的问题。因为天然气的所有权决定了谁能够合法地开采天然气：占用土地开始钻井，并在公开市场出售所开采的天然气。私有财产权和公共利益之间的冲突已不是一个新鲜话题。20 世纪 70 年代早期，随着环境保护署的建立，公共利益在环境质量方面有所提高。人们还是被许多问题所困扰，例如如何平衡汽车污染和清洁空气的矛盾，是否应该禁止个人驾驶的权利以保护公众清洁空气的利益等。最终，通过生产更多能效高、环保的汽车，现在人们依然可以开车。Sax（1971）讨论了这些社会问题，并指出"……与其笨手笨脚地贴上教条主义的标签和法律的指控，我们还不如把精力用在确定利用什么手段解决冲突，以使我们的总净收益最大化，以及我们如何最好地实现这一目标。"这是一项明智之举，与今天我们关于页岩气开发的讨论非常相关。

9.8 未来的研究

市、州如何计划和调整税收政策，最大限度地从水力压裂活动中获利，是我们还需要开展研究的一个重要领域。当地社区如何计划，并以类似的方式成功吸引来自其他地区的

石油 / 天然气工人，也是一个非常有意义的话题。

天然气需求的增长如何影响当地基础设施（例如废水处理和运输、车辆运输）是又一个值得研究的领域。有很多研究关注能够创造多少就业岗位和增加多少税收收入，但给市政府带来的成本方面的研究并不多。如果我们像任何一名优秀的会计员那样正在进行检查和权衡，我们应该知道为了确定税收和成本，要从成本 / 效益的角度看这个项目是否可行。

对于水力压裂所带来的任何已经发生并为大家所知的环境事件的相关成本研究，重要的是理解与这些活动相关的真正风险是什么。目前，我们可以把其他类型的污染事件作为一个指标，从当前市场获得的经验数据可以对我们的规划过程有所帮助。例如，如果市政当局知道以单井为基础的损害赔偿范围，一旦发生污染事件，他们会根据允许的气井数量来对税款进行分配。这只是个例。此外，如果保险公司明白他们需要处理的金额，可能就会愿意投保污染险（真实的或是感知的），他们应该会处理发生的此类事件。

此外，未来的研究将不局限于美国。最近对于是否取消石油出口的禁令引发了大量讨论，目前美国已经取消禁令（Brow 等，2014）。与此相关的是，美国的页岩气开发将影响全球的天然气市场。液化天然气（LNG）加气站在沿海城市的发展（例如未来在俄勒冈州修建的约旦湾 LNG 加气站，年初已由美国能源部同意 ❶）对国内和国际都会有影响，使美国可能成为天然气净出口国（美国能源信息署预计会是在 2020 年之前）。

参 考 文 献

Adams R. Kelsey TW（2012）Pennsylvania dairy farms and Marcellus shale，2007-2010. Marcellus Education Fact Sheet. Penn State Cooperative Extension，University Park

Boxall PC，Chan WH，McMillan ML（2005）The impact of oil and natural gas facilities on rural residential property values：a spatial hedonic analysis. Resour Energy Econ 27：248-269

Brown E. Hartman K，Borick C，Rabe BG，Ivacko T（2013）The national surveys on energy and environment. Public opinion on fracking：perspectives from Michigan and Pennsylvania. University of Michigan，The Center for Local，State，and Urban Policy，Gerald R. Ford School of Public Policy（May）

Brown SPA et al（2014）Crude behavior：how lifting the export ban reduces gasoline prices in the United States，Issue brief 14-03-REV. Resources for the Future，Washington，DC

Bureau of Economic Analysis（2014）Comparison of personal saving in the National Income and Product Accounts（NIPAs）with personal saving in the Flow of Funds Accounts（FFAs）http：// www. bea. gov/ national/nipaweb/nipa-frb. asp. Accessed 5 May 2014

Bury v. Pope（1587）Cro. Eliz. 118[78Eng. Rep. 375]

Cole DH，Grossman PZ（2002）The meaning of property rights：law versus economics?Land Econ 78（3）：317-330

Demsetz H（1967）Toward a theory of property rights，the American economic review，57：2，papers and proceedings of the 79th annual meeting of the American Economic Association，pp347-359.

Finkel ML，Selegean J，Hays J et al（2013）Marcellus shale drilling's impact on the dairy industry in Pennsylvania：a descriptive report. New Solut 23（1）：189-201

Frey J（2012）The future of the Pennsylvania dairy industry with the impact of natural gas，Center for Dairy

---

❶ 能源部在俄勒冈州沿海修建 Oks LNG 加气站。

Excellence, Harrisburg

Gelber M (2014) What it takes to strike job gold in North Dakota's oil boom. http：//jobs. aol. com/ articles/2014/03/20/oil-boom-north-dakota-what-it-takes/. Accessed 21 May 2014

Gopalakrishnan S, Klaiber HA (2012) Is the shale boom a bust for nearby residents?Evidence from housing values in Pennsylvania. Working paper, The Ohio State University, Columbus

Hefley WE et al (2011) The economic impact of the value chain of a Marcellus shale well, Pitt busi- ness working papers. University of Pittsburgh Katz Graduate School of Business, Pittsburgh

Higginbotham A et al (2010) The economic impact of the natural gas industry and the Marcellus Shale development in West Virginia in 2009. Bureau of Business and Economic Research College of Business and Economics West Virginia University, Morgantown, West Virginia

Kelsey TW et al (2011) Economic impacts of Marcellus shale in Pennsylvania：employment and income in 2009. Marcellus Shale Education & Training Center (a collaboration of Pennsylvania College of Technology and Penn State Extension), State College, Pennsylvania

Kelsey TW et al (2012a) Economic impacts of Marcellus shale in Bradford county：employment and income 2010. Marcellus Shale Education & Training Center (a collaboration of Pennsylvania College of Technology and Penn State Extension), State College, Pennsylvania

Kelsey TW et al (2012b) Economic impacts of Marcellus shale in Sullivan county：employment and income 2010. Marcellus Shale Education & Training Center (a collaboration of Pennsylvania College of Technology and Penn State Extension), State College, Pennsylvania

Kelsey TW et al (2012c) Economic impacts of Marcellus shale in Susquehanna county：employ- ment and income 2010. Marcellus Shale Education & Training Center (a collaboration of Pennsylvania College of Technology and Penn State Extension), State College, Pennsylvania

Kelsey TW et al (2012d) Economic impacts of Marcellus shale in Tioga county：employment and income 2010. Marcellus Shale Education & Training Center (a collaboration of Pennsylvania College of Technology and Penn State Extension). State College, Pennsylvania

Kelsey TW et al (2012e) Economic impacts of Marcellus shale in Wyoming county：employment and income 2010. Marcellus Shale Education & Training Center (a collaboration of Pennsylvania College of Technology and Penn State Extension), State College, Pelmsylvania

Loder A (2014) Junk bonds fuel the shale boom. Bloomberg BusinessWeek, 5 May 2014, pp45-46

Muehlenbachs L, Spiller E, Timmins C (2014) The housing market impacts of shale gas develop- ment. Resources for the future discussion paper 13-39-REV, Jan, Washington, DC

National Academy of Sciences (2012), Induced seismicity potential in energy technologies. The National Academies Press, Washington, DC

Nationwide Mutual Insurance Company (2012) Nationwide statement regarding concerns about hydraulic fracturing, press release dated 13 July 2012. http：//www. nationwide. com/ newsroom/071312-FrackingStatement. jsp. Accessed Jan 2013

O'Donnell JK (2014) Where the oil boom is making airports zoom. Bloomberg BusinessWeek, 28 Apr 2014, pp27-28

Oyakawa J et al (2013) Economic impact of the Eagle Ford Shale. Center for Community and Business Research. Institute for Economic Development, The University of Texas as San Antonio, San Antonio, Texas

Radow EN (2011) Homeowners and gas drilling leases：boon or bust. New York State Bar Association Journal (Nov/Dec)

Sax JL (1971) Takings.private property and public rights.Yale Law J 81 (2)：149-186

Schick FB（1961）Space law and space politics.Int Comp Law Q 10（4）：681-706

Wobbeking R，Lewandowski B（2014）Hydraulic fracturing ban the economic impact of a statewide fracking ban in Colorado.The Business Research Division,Leeds School of Business，The University of Colorado Boulder

Wood G（2013）Williston.ND，Oil boom mean rents as high as New York City's.http://realestate.aol.com/blog/2013/01/14/Williston-north-dakota-oil-boom-rental-costs/.Accessed 21 May 2014

国外油气勘探开发新进展丛书（一）

书号：3592
定价：56.00 元

书号：3663
定价：120.00 元

书号：3700
定价：110.00 元

书号：3718
定价：145.00 元

书号：3722
定价：90.00 元

国外油气勘探开发新进展丛书（二）

书号：4217
定价：96.00 元

书号：4226
定价：60.00 元

书号：4352
定价：32.00 元

书号：4334　　　　　　　　书号：4297
定价：115.00元　　　　　　定价：28.00元

国外油气勘探开发新进展丛书（三）

 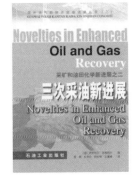 

书号：4539　　　　　书号：4725　　　　　书号：4707
定价：120.00元　　　　定价：88.00元　　　　定价：60.00元

 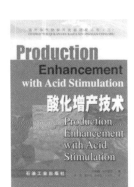 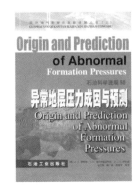

书号：4681　　　　　书号：4689　　　　　书号：4764
定价：48.00元　　　　定价：50.00元　　　　定价：78.00元

国外油气勘探开发新进展丛书(四)

书号：5554
定价：78.00 元

书号：5429
定价：35.00 元

书号：5599
定价：98.00 元

书号：5702
定价：120.00 元

书号：5676
定价：48.00 元

书号：5750
定价：68.00 元

国外油气勘探开发新进展丛书(五)

书号：6449
定价：52.00 元

书号：5929
定价：70.00 元

书号：6471
定价：128.00 元

书号：6402
定价：96.00 元

书号：6309
定价：185.00 元

书号：6718
定价：150.00 元

国外油气勘探开发新进展丛书（六）

书号：7055
定价：290.00 元

书号：7000
定价：50.00 元

书号：7035
定价：32.00 元

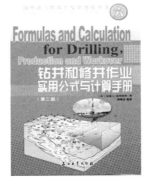
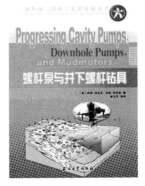

书号：7075
定价：128.00 元

书号：6966
定价：42.00 元

书号：6967
定价：32.00 元

国外油气勘探开发新进展丛书（七）

书号：7533
定价：65.00元

书号：7802
定价：110.00元

书号：7555
定价：60.00元

书号：7290
定价：98.00元

书号：7088
定价：120.00元

书号：7690
定价：93.00元

国外油气勘探开发新进展丛书（八）

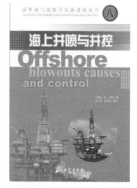

书号：7446
定价：38.00元

书号：8065
定价：98.00元

书号：8356
定价：90.00元

书号：8092
定价：38.00元

书号：8804
定价：38.00元

书号：9483
定价：140.00元

国外油气勘探开发新进展丛书（九）

书号：8351
定价：68.00元

书号：8782
定价：180.00元

书号：8336
定价：80.00元

书号：8899
定价：150.00元

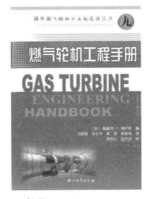

书号：9013
定价：160.00元

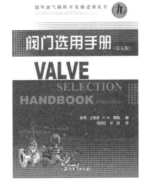

书号：7634
定价：65.00元

国外油气勘探开发新进展丛书（十）

书号：9009
定价：110.00元

书号：9989
定价：110.00元

书号：9574
定价：80.00元

书号：9024
定价：96.00元

书号：9322
定价：90.00元

书号：9576
定价：96.00元

国外油气勘探开发新进展丛书（十一）

书号：0042
定价：120.00元

书号：9943
定价：75.00元

书号：0885
定价：136.00元

书号：0916
定价：80.00元

书号：0867
定价：65.00元

书号：0732
定价：75.00元

国外油气勘探开发新进展丛书（十二）

书号：0661
定价：80.00元

书号：0870
定价：116.00元

书号：0851
定价：120.00元

书号：1172
定价：120.00元

书号：0958
定价：66.00元

国外油气勘探开发新进展丛书(十三)

书号：1046
定价：158.00元

书号：1167
定价：165.00元

书号：1645
定价：70.00元

书号：1259
定价：60.00元

书号：1875
定价：158.00元

书号：1477
定价：256.00元